As-C-IV-99

JEMEN-STUDIEN

HERAUSGEGEBEN VON HORST KOPP

Band 10

Gerd Villwock

Beiträge zur physischen Geographie
und Landschaftsgliederung
des südlichen Jemen (ehemals VDRJ)

1991

DR. LUDWIG REICHERT VERLAG · WIESBADEN

Beiträge zur physischen Geographie und Landschaftsgliederung des südlichen Jemen (ehemals VDRJ)

von

Gerd Villwock

1991

DR. LUDWIG REICHERT VERLAG · WIESBADEN

Das Signet stammt aus: Paul et Guillemette Bonnefant: Les vitraux de Sanaa. –
Paris 1981 (Seite 33, Abbildung 1).
Der Abdruck erfolgt mit freundlicher Genehmigung der Autoren.

Als Habilitationsschrift auf Empfehlung
der Mathematisch-naturwissenschaftlichen Fakultät der Universität Halle
gedruckt mit Unterstützung der Deutschen Forschungsgemeinschaft

Gedruckt auf säurefreiem Papier
(alterungsbeständig – pH 7, neutral)

Die Deutsche Bibliothek – CIP-Einheitsaufnahme

Villwock, Gerd:
Beiträge zur physischen Geographie und Landschaftsgliederung
des südlichen Jemen (ehemals VDRJ) von Gerd Villwock. –
Wiesbaden : Reichert, 1991
(Jemen-Studien ; Bd. 10)
Zugl.: Halle, Univ., Habil.-Schr.
ISBN 3-88226-216-8
NE: GT

© 1991 Dr. Ludwig Reichert Verlag Wiesbaden
Das Werk einschließlich aller seiner Teile ist urheberrechtlich geschützt.
Jede Verwertung außerhalb der engen Grenzen des Urheberrechtsgesetzes
ist ohne Zustimmung des Verlages unzulässig und strafbar. Das gilt insbesondere für Vervielfältigungen, Übersetzungen, Mikroverfilmungen und
die Einspeicherung und Verarbeitung in elektronischen Systemen.
Gesamtherstellung: MZ-Verlagsdruckerei GmbH, Memmingen
Printed in Germany

Vorwort des Herausgebers

Die politischen Veränderungen der jüngsten Zeit haben sich auch auf die Jemen-Studien positiv ausgewirkt. Zum ersten Male kann hier eine Habilitationsschrift (= Dissertation B) aus der ehemaligen DDR vorgelegt werden, und ebenfalls erstmalig befaßt sich eine Arbeit dieser Schriftenreihe ausschließlich mit dem Südjemen, der früheren Volksdemokratischen Republik Jemen. Damit wird die nahezu simultane Vereinigung Deutschlands und Jemens in doppeltem Sinne nachvollzogen.

Die Arbeit von Gerd Villwock schließt zunächst eine große Wissenslücke über Südarabien. Die umfassende Landschaftsanalyse Südjemens wendet nicht nur bewährte Methoden der Landschaftsforschung erfolgreich an, sondern legt auch das agrarische Nutzungspotential eingehend dar und steuert damit wichtige Grundlagen für die Entwicklungsplanung im vereinten Jemen bei. Intensive Feldarbeiten und Methoden der Fernerkundung bereichern unsere Kenntnis der Landschaftsstruktur Südjemens in großem Umfang. Weiterführende Arbeiten, deren gewünschte Zielsetzungen in der Studie ebenfalls schon angesprochen werden, erhalten somit eine gesicherte Basis. Darüber hinaus besitzt die Arbeit eine methodische Vorbildfunktion für ähnliche Studien in wenig erschlossenen Regionen mit dürftiger Datenbasis.

Ich danke dem Autor herzlich für die stets erfreulich gute Zusammenarbeit und der Deutschen Forschungsgemeinschaft für den bewilligten Druckkostenzuschuß sowie dem Verleger für die gewohnt reibungslose Abwicklung der Drucklegung.

Tübingen, im Juni 1991   Horst Kopp

VORWORT

Die Anregung für die vorliegende Arbeit entstand während eines halbjährigen Arbeitsaufenthaltes 1984/85 in der damaligen Volksdemokratischen Republik Jemen (VDRJ) im Rahmen der gemeinsamen geologischen Expedition DDR-VDRJ. Der damit gebotenen Möglichkeit, eigene fachliche und methodische Erfahrungen in einem hinsichtlich seiner natürlichen und gesellschaftlichen Verhältnisse gegenüber den bisherigen Arbeitsgebieten des Verfassers völlig andersartigen Raum anwenden und wesentlich erweitern zu können, erwuchs der Wunsch zu einer über die eigentlichen Expeditionsziele hinausgehenden Beschäftigung mit physisch-geographischen Problemen dieser Region, deren Menschen und Natur mir durch meine Arbeit vertraut worden sind. Da sich nach Abschluß der Untersuchungen und der Ergebnisdokumentation die Jemenitische Arabische Republik (JAR) und die VDR Jemen zur Republik Jemen vereinigten (1990), beziehen sich die Aussagen der Arbeit auf den südlichen Teil dieses Landes (Südjemen). In der Darstellung konnten diese politischen Veränderungen nicht mehr berücksichtigt werden.

Vor der Arbeit stand die Aufgabe und zugleich der Reiz, für eine Region, die bisher in der geographischen Forschung seit den Arbeiten von H.v.WISSMANN weitgehend unbeachtet blieb, bei einem begrenzten Stand der geowissenschaftlichen Informationen erstmals eine zusammenfassende Kennzeichnung wesentlicher Aspekte ihrer natürlichen Bedingungen vorzunehmen. Dabei wurden im Verlauf der Untersuchung immer wieder die durch den gegenwärtigen Bearbeitungsstand bedingten Grenzen der Aussagemöglichkeiten deutlich; aber der Bedarf an geowissenschaftlichen Kenntnissen für die Region bewog mich doch, durch eine Zusammenfassung und Erweiterung des derzeitig möglichen und mir zugänglichen Wissensstandes einen Beitrag zur weiteren Aufhellung der physischen Geographie des südlichen Jemen zu leisten. Dabei bin ich mir der Grenzen und Unzulänglichkeiten vieler Untersuchungsergebnisse, die nur durch weitere Forschungen beseitigt werden können, vollauf bewußt. Jede folgende Verbesserung des Kenntnisstandes wird neuartige und genauere Aussagen gestatten.

Ich möchte mich bei all jenen herzlich bedanken, die die Durchführung der vorliegenden Arbeit unterstützt und gefördert haben. Insbesondere gilt dieser Dank den Kollegen des ehemaligen VEB Geologische Forschung und Erkundung Halle, vor allem den Herren Dr. H. Schramm und Dr. J. Jungwirth für die Unterstützung und das Verständnis während der Geländearbeiten im Jemen. Gern erinnere ich mich auch der Hilfe und Gastfreundschaft der jemenitischen Kollegen und Freunde während meines Aufenthaltes.

Jede wissenschaftliche Arbeit gewinnt durch die Diskussion mit Fachkollegen. Hier möchte ich besonders den Herren Professoren Kugler, Mücke, Linke, Richter (alle Halle) und Haase (Leipzig) für ihre Anregungen und Hinweise danken. Gleichfalls gilt Dank den Herren Dr. Jäger (Halle) und Dr. Travaglia (FAO Rom) für die Bereitstellung von Literatur. Die Sektion Geographie der Martin-Luther-Universität Halle ermöglichte mir nach der Rückkehr aus dem Ausland die konzentrierte Durchführung der Auswertearbeiten. Weiterhin schulde ich all jenen, die mich bei der Literaturbeschaffung und den umfangreichen technischen Arbeiten unterstützten, meine aufrichtige Dankbarkeit. Dieser Dank gilt insbesondere den Damen Lange, Reuter, Kellermann und Schröter von der Sektion Geographie in Halle.

Herrn Professor Kopp (Tübingen) danke ich herzlich für die gebotene Möglichkeit und seine Bemühungen, diese Arbeit in die Reihe Jemen-Studien aufzunehmen. Der DFG gilt mein Dank für den gewährten Druckkostenzuschuß.

Die Arbeit verdankt schließlich ihr Zustandekommen vor allem auch dem Verständnis meiner Frau Annetta, die gemeinsam mit meinem Sohn während meiner Arbeit im Ausland und in der intensiven Arbeitsphase viele Entbehrungen auf sich nahm.

Halle, im März 1991   Gerd Villwock

INHALTSVERZEICHNIS

	Seite
VORWORT DES HERAUSGEBERS	V
VORWORT	VII
INHALTSVERZEICHNIS	IX
VERZEICHNIS DER TABELLEN	XII
VERZEICHNIS DER ABBILDUNGEN	XIV
VERZEICHNIS DER FOTOS IM ANHANG	XVI
VERZEICHNIS DER ANLAGEN	XVII

		Seite
1.	ZIELSTELLUNG	1
2.	THEORETISCHE AUSGANGSPUNKTE FÜR DIE UNTERSUCHUNG	3
2.1	Vorbemerkungen	3
2.2	Das Landschaftskonzept als theoretische Grundlage der physisch-geographischen Regionaluntersuchung	4
2.3	Verfahren für die Erkundung der großräumigen Landschaftsstruktur	5
2.3.1	Typologisch-systematische Verfahren	5
2.3.2	Regional-systematische Verfahren	6
2.3.3	Differenzierungsfaktoren der großräumigen Landschaftsstruktur	8
2.4	Landschaftserkundung in der unteren chorischen Dimension	9
3.	AUFGABEN UND FORMEN DER LANDSCHAFTSFORSCHUNG IN ENTWICKLUNGSLÄNDERN	11
4.	UNTERSUCHUNGSABLAUF UND EINGESETZTE METHODEN	15
4.1	Prinzipieller Aufbau der Untersuchung	15
4.2	Methoden der Informationsgewinnung	17
4.3	Auswahl von Vergleichsgebieten	19
5.	DAS UNTERSUCHUNGSGEBIET	22
5.1	Allgemeiner Überblick	22
5.2	Klimazonale und geotektonische Position	23
5.3	Stand der geowissenschaftlichen Erkundung	25
6.	GRUNDZÜGE DER LANDSCHAFTSGENESE	28
6.1	Grundlagen der Darstellung	28
6.2	Hauptfaktoren und Zeitphasen der großräumigen Landschaftsgenese	28
7.	GROSSRÄUMIGE AUSPRÄGUNG DER LANDSCHAFTLICHEN PARTIALKOMPLEXE	32
7.1	Vorbemerkungen	32
7.2	Makroklima	32
7.2.1	Methodische Grundlagen und Datenlage	32

7.2.2	Zirkulationsbedingungen und witterungsklimatische Verhältnisse	34
7.2.3	Räumliche Differenzierung der Hauptklimaelemente	36
7.2.3.1	Strahlungsbilanz und Lufttemperatur	36
7.2.3.2	Niederschlagsverhältnisse	45
7.2.3.3	Luftfeuchtigkeit	54
7.2.3.4	Potentielle Verdunstung	56
7.2.4	Klimatische Wasserbilanz	60
7.2.5	Klimatypen und -regionen	63
7.3	Geologisch-lithologische Verhältnisse	67
7.3.1	Vorbemerkungen	67
7.3.2	Geologisch-tektonische Teilgebiete	67
7.3.3	Lithologische Verhältnisse	69
7.4	Georelief	70
7.4.1	Vorbemerkungen	70
7.4.2	Makroformentypen des Reliefs	71
7.4.3	Aktuelle Morphodynamik	78
7.5	Hydrogeographische Verhältnisse	80
7.5.1	Vorbemerkungen	80
7.5.2	Oberflächenabfluß	80
7.5.3	Grundwasserverhältnisse	83
7.5.4	Hydrogeographische Gliederung	85
7.6	Böden	88
7.6.1	Datenlage	88
7.6.2	Bedingungen und Merkmale der Bodenbildung	88
7.6.3	Räumliche Differenzierung der Bodendecke	90
7.7	Vegetation	95
7.7.1	Vorbemerkungen	95
7.7.2	Floren- und vegetationsgeographische Einordnung	96
7.7.3	Grundzüge der großräumigen Vegetationsgliederung	96
7.7.3.1	Methodische Grundlagen	96
7.7.3.2	Vegetationsformationen	97
8.	LANDSCHAFTLICHE RAUMGLIEDERUNG	103
8.1	Bisherige Landschaftsgliederungen	103
8.2	Prägungsfaktoren der Landschaftsstruktur	103
8.3	Verfahren und Ergebnisse der landschaftlichen Raumgliederung	113
8.3.1	Typologisch-systematische Landschaftsgliederung in der oberen chorischen Dimension	113
8.3.2	Regional-systematische Landschaftsgliederung	118
9.	BEURTEILUNG DER AGRARWIRTSCHAFTLICHEN RESSOURCEN	120
9.1	Methodische Grundlagen	120
9.2	Schätzung der potentiellen biotischen Primärproduktivität	120

9.3	Bewertung der ackerbaulichen Ressourcen	121
9.3.1	Verfahren zur Bewertung der ackerbaulichen Ressourcen der Landschaftstypen	123
9.3.2	Bewertung der Landschaftstypen der oberen chorischen Dimension	127
10.	ANALYSE DER LANDSCHAFTSSTRUKTUR IN DER UNTEREN CHORISCHEN DIMENSION FÜR AUSGEWÄHLTE TEILGEBIETE	131
10.1	Vorbemerkungen	131
10.2	Kriterien für kleinräumige Landschaftsdifferenzierung in warmariden Gebieten	131
10.3	Kartierungsmethodik	133
10.4	Analyse der Landschaftsstruktur in ausgewählten Teilgebieten	134
10.4.1	Südwestliches Hadramawt	135
10.4.2	Küstengebirge von Mukallā	151
10.4.3	Delta des Wadi Hajar	155
10.4.4	Teilgebiet Mukayrās-Lawdar	155
11.	DIE NUTZUNG DER LANDSCHAFTLICHEN RESSOURCEN	163
11.1	Aspekte der historischen Landnutzung	163
11.2	Gegenwärtige Nutzung der Landschaftsräume	166
11.3	Haupttendenzen der gegenwärtigen nutzungsbedingten Landschaftsveränderungen	171
12.	WEITERE AUFGABEN UND ANSÄTZE DER LANDSCHAFTSFORSCHUNG IM RAHMEN DER RESSOURCENERKUNDUNG	176
12.1	Inhaltliche und methodische Ansätze	176
12.2	Vorschlag für ein System der Landschaftskartierung	178
13.	ZUSAMMENFASSUNG DER ERGEBNISSE	181
SUMMARY (ENGLISCH/ARABISCH)		186
LITERATURVERZEICHNIS		190
BILDTAFELN		207
ANLAGEN		in Rückentasche

Verzeichnis der Tabellen

1	Arbeitsstufen der Landschaftserkundung in Entwicklungsländern	13
2	Klimaökologisch vergleichbare Gebiete zu Regionen der VDRJ	19
3	Generelle Strahlungsbilanz für Südarabien	24
4	Landschaftsgenetische Großeinheiten	31
5	Verwendete Abkürzungen für klimatische Parameter	34
6	Jahresbilanz des Strahlungshaushaltes	37
7	Räumliche Differenzierung der Temperaturverteilung	38
8	Jahresgang des thermischen Vertikalgradienten zwischen Stationen der VDRJ	39
9	Thermische Höhenstufung der westlichen Gebirge und der Südabdachung von Hadramawt	39
10	Ausprägung des thermischen Küstengradienten	41
11	Absolute Extremwerte der Tagesmitteltemperatur	44
12	Jahres- und Tagesgang der Temperatur	44
13	Niederschlagsverhältnisse im jemenitischen Gebirge und Hochland	47
14	Jahreszeitliche Verteilung der Niederschläge für ausgewählte Stationen	49
15	Niederschlagsgebiete	50
16	Interannuäre Variabilität der Niederschläge	53
17	Kennzeichnung der Niederschlagsverhältnisse nach Wahrscheinlichkeitswerten	53
18	Trocken- und Feuchtperioden für die Stationen Aden und Mukallā	53
19	Ausgewählte Starkniederschläge	54
20	Kennwerte der Luftfeuchte	55
21	Potentielle Verdunstung und Landschaftsverdunstung für Stationen der VDRJ und vergleichbarer Gebiete	57
22	Wasserbilanzen von ausgewählten Stationen	61
23	Klimatypen und Klimaregionen	63
24	Hauptmerkmale der Typen des Regionalklimas	66
25	Anteil der lithologischen Gruppen (Oberflächengestein)	69
26	Klimatischer Erosionskoeffizient	79
27	Morphodynamische Gebietstypen	79
28	Hydrologische Daten für Einzugsgebiete	81
29	Grundwasserbilanz ausgewählter Talbereiche	84
30	Hauptmerkmale der hydrogeographischen Regionen	87
31	Schwellenwerte des Niederschlags für klimatische Normbodenbildungen in warmariden Gebieten	91
32	Dominante Bodentypen-Gesellschaften	94
33	Vegetationsformationen	99
34	Typen der Differenzierungsmerkmale für die großräumige Landschaftsgliederung	115
35	Dominante Landschaftstypen der oberen chorischen Dimension	117

36 a: Bonitierung der jährlichen Niederschlagssumme	124
b: Bonitierung der Anzahl humider Monate	125
c: Bonitierung der Jahresmitteltemperatur	125
37 Bonitierung der Bodeneigenschaften	125
38 Bonitierung des hydrologischen Wasserdargebots	126
39 Gruppierung der Ausprägungsgrade der Ressourcen-Teilkomplexe	127
40 Gruppierung der Landschaftstypen der oberen chorischen Dimension nach ihrer Eignung für den Ackerbau	128
41 Territoriale Ackerbau-Ressourcen	129
42 Angaben zu ackerbaulich nutzbaren und genutzten Flächen	129
43 Teilgebiete für die Landschaftsanalyse in der unteren chorischen Dimension	130
44 Landschaftstypen der unteren chorischen Dimension im Teilgebiet Ad Dali'ah	139
45 Landschaftstypen der unteren chorischen Dimension im Teilgebiet Wadi Jibith	140/141
46 Landschaftstypen der unteren chorischen Dimension im Teilgebiet Wadi Jardān	144/145
47 Landschaftstypen der unteren chorischen Dimension im Teilgebiet Unterlauf des Wadi Hadramawt	146/147
48 Landschaftstypen der unteren chorischen Dimension im Teilgebiet Bergland nordwestlich von Mukallā	152/153
49 Landschaftstypen der unteren chorischen Dimension im Teilgebiet Delta des Wadi Hajar	156/157
50 Landschaftstypen der unteren chorischen Dimension im Teilgebiet Lawdar-Mukayrās	160/161
51 Landnutzung in der VDRJ	167
52 Anteil ackerbaulich genutzter Flächen an den Landschaftsregionen	169
53 Abschätzung des Viehbesatzes und Vergleich mit Ländern der Sahelzone	170
54 Teilgebiete für eine mittelmaßstäbige Landschaftskartierung der VDRJ	179

Verzeichnis der Abbildungen

1	Prinzipieller Untersuchungsablauf	16
2	Vergleich der Klimatypen der VDRJ mit Klimaten anderer Gebiete	20
3	Geotektonische und zonalklimatische Position	23
4	Jahresgang der Strahlungsverhältnisse und Bewölkung im Westteil der VDRJ	36
5	Regressionsgeraden der vertikalen Temperaturverteilung	38
6	Monatsmitteltemperaturen Januar/Juli	40
7	Jahresmitteltemperatur	41
8	Jahresgang der Monatsmitteltemperaturen	42
9	Jahresgang der Monatsamplitude der Temperatur	43
10	Jahresmittel des Tagesgangs der Temperatur	43
11	Mittlere jährliche Niederschlagsverteilung	46
12	Mittlere Monatsmengen des Niederschlags	48
13	Jahresgang des pluviometrischen Koeffizienten	49
14	Jährliche Summen des Niederschlags für Aden und Mukallā	51
15	Wahrscheinlichkeit der Monats- und Jahressummen des Niederschlags	52
16	Jahresgang der relativen Luftfeuchtigkeit und des Wasserdampfdrucks	55
17	Potentielle Verdunstung	58
18	Landschaftswasserbilanz und potentielle Landschaftsverdunstung	59
19	Jahresgang der potentiellen Verdunstung	60
20	Landschaftsökologische Wasserbilanz für fünf Stationen	61
21	Klimatypen und -regionen	64
22	Landschaftswasserbilanz der Klimagebiete	65
23	Geologisch-tektonische Gliederung	68
24	Morphosequenzen der Makroformentypen	72/73
25	Hydrogeographische Gliederung	86
26	Pedoregionen	93
27	Vegetationsformationen	98
28	Aspekte der Differenzierung der großräumigen Landschaftsstruktur	104
29	Landschaftsprofil Dhala-Aden	106
30	Landschaftsprofil Awdhali-Hochebene - As-Sauda	106
31	Landschaftsprofil Jaww Khudayf - Awaliq-Gebirge	107
32	Landschaftsprofil Jawl Seiban - Bi'r Ali	107
33	Landschaftsprofil Al Faj - Jibal al Kar - Mukallā	108
34	Landschaftsprofil Thamūd - Mukallā	109
35	Landschaftsprofil Nördliche Mahrā-Plateaus - Ra's Sharwayn	110
36	Dominanzreihung der Hauptmerkmale der großräumigen Landschaftsdifferenzierung und ihre bestimmenden Prägungsfaktoren	112
37	Anzahl der Landschaftstypen und -einheiten je 1° Feld	117

38	Potentielle Netto-Produktivität von Biomasse	122
39	Modellansatz für die großräumige Beurteilung der Ackerbauressourcen	124
40	Beziehungsgefüge chorischer Landschaftseinheiten warmarider Gebiete	132
41	Landschaftsgliederung der unteren chorischen Dimension Teilgebiet Ad Dali'ah	138
42	Landschaftsgliederung der unteren chorischen Dimension Teilgebiet Wadi Jibith	142
43	Landschaftsgliederung der unteren chorischen Dimension Teilgebiet Wadi Jardān	143
44	Landschaftsgliederung der unteren chorischen Dimension Teilgebiet Oberlauf des Wadi Hadramawt	148
45	Hauptmerkmale des ökologischen Haushaltes der Talböden im Plateaubereich	151
46	Landschaftsgliederung der unteren chorischen Dimension Teilgebiet Bergland nordwestlich von Mukallā	154
47	Landschaftsgliederung der unteren chorischen Dimension Teilgebiet Delta des Wadi Hajar	158
48	Landschaftsgliederung der unteren chorischen Dimension Teilgebiet Lawdar - Mukayrās	159

Verzeichnis der Fotos im Anhang

1 Jibal Jihaf-Massiv nordwestlich von Ad-Dali
2 Becken von Ad-Dali
3 Hochplateau des Jibal al-Kar östlich von Maula Matar
4 Wadi Hiru im zentralen Küstengebirge
5 Küstenbergland von Mukallā mit Quelloase Thilah al-Ulya
6 Hochfläche des Jawl nördlich des Wadi Huweirah
7 Hochfläche des Jawl nördlich des Wadi Hawl
8 Wadi Djirdan, ca. 70 km nordöstlich von Atak
9 Wadi Qurayr, ca. 25 km östlich von Habban
10 As-Sauda-Bergland nordwestlich von Schukra
11 Dathina-Becken und Steilabfall des Kaur al-Awalik
12 Westrand der Djau Khudeif-Serirebenen bei Ajadh
13 Küstenebene bei Aden mit Sabkhah-Flächen
14 Nebka-Sandfelder in der Küstenebene westlich von Zinjibar
15 Kontrahierte Vegetationsausbildung auf dem Plateau des Jibal Sabrat
16 Ackerflächen auf anthropogen-alluvialen Schluffterrassen im Wadi Djirdan

Verzeichnis der Anlagen

1 Geowissenschaftlicher Kenntnisstand, eigene Geländebefahrungen, bearbeitete Teilgebiete und Vorschläge für die mittelmaßstäbige Landschaftskartierung

2 Raumstruktur des Georeliefs

3 Ausprägung der Faktoren für die Ackerbaueignung in den Landschaftseinheiten der oberen chorischen Dimension

4 Historische und gegenwärtige Landnutzung

5 Landschaftsstruktur der VDRJ in der oberen chorischen Dimension (Vorderseite)
Landschaftsregionen der VDRJ (Rückseite)
(Beigabe mit freundlicher Genehmigung durch Hermann Haack GmbH Gotha, Erstausgabe in Petermanns Geographische Mitteilungen 133 (1989), H. 2)

6 Hauptphasen und -prozesse der tertiär-quartären Landschaftsgenese Südwest-Arabiens

7 Hauptphasen der pliozän-quartären Landschaftsgenese Süd-Arabiens

8 Verfügbare meteorologische Daten für das Gebiet der VDRJ und für benachbarte Gebiete

9 Kennzeichnung der Makroformentypen des Georeliefs

10 Merkmale der wichtigsten Bodentypen

11 Vergleich der Vegetationsformationen der VDRJ mit Formationen benachbarter Gebiete

12 Hauptmerkmale der Vegetationsformationen

13 Hauptmerkmale der Landschaftstypen der oberen chorischen Dimension

14 Hauptmerkmale der Landschaftsregionen

15 Vorschlag für ein System der Landschaftskartierung der VDRJ

1. ZIELSTELLUNG

Die Planung und der Aufbau eigenständiger ökonomischer und sozialer Strukturen steht als eine wesentliche, langfristig zu lösende Aufgabe vor der großen Gruppe der Entwicklungsländer Afrikas, Asiens und Lateinamerikas. Im Prozeß der Entwicklung in diesen Ländern besitzt die Kenntnis der natürlichen Bedingungen und Ressourcen eine erstrangige Bedeutung und bildet einen Hauptschwerpunkt wissenschaftlicher Untersuchungen (SDAZUK 1976). In diesem Zusammenhang kommt der geographischen Forschung in den Entwicklungsländern eine wesentliche Rolle bei der Erkundung der natürlichen Ressourcen und der Lösung von Problemen der Umwelterhaltung und -gestaltung sowie bei der Erarbeitung praktikabler und rationeller Methoden zur Inventarisierung und Bewertung der Naturbedingungen zu (vgl. u.a. TROLL 1966).

Die Volksdemokratische Republik Jemen (VDRJ) als ein schwach entwickeltes Agrarland im Süden der Arabischen Halbinsel ist mit einer Vielzahl ökonomischer und sozialer Probleme konfrontiert. Einen wesentlichen Aspekt bildet hierbei der noch sehr unzureichende Kenntnisstand über die natürlichen Ressourcen der Wirtschaft, wobei den Voraussetzungen für die Landwirtschaft eine besondere Bedeutung zukommt. Hieraus ergeben sich vielfältige und umfangreiche Anforderungen an eine komplexe geowissenschaftliche Erforschung des Landes, die ihre Schwerpunkte in der klimatologischen, hydrologischen und pedologischen Bearbeitung von Teilgebieten und der landesweiten Untersuchung von verfügbaren Ressourcen besitzt (vgl. ADAR-REPORT 1976, ABDULBAKI 1984). Den Rahmen und Ausgangspunkt für derartige Arbeiten muß die Entwicklung eines ausreichenden Kenntnisstandes über die Ausprägung der Naturbedingungen im Gesamtterritorium bilden. Die vorliegende Arbeit soll durch Untersuchungen zur Landschaftsstruktur der VDRJ in verschiedenen Dimensionsbereichen zu einer solchen landesweiten Kennzeichnung und Beurteilung der natürlichen Bedingungen beitragen. Das methodologische Grundgerüst bildet dabei der Ansatz der physisch-geographischen Landschaftsforschung. Ausgehend von dem derzeitigen Kenntnisstand und den Möglichkeiten von Geländeuntersuchungen erweist sich der methodische Weg des deduktiv-differenzierenden Herangehens an die Problemstellung als notwendig. Über die Interpretation vorhandener, in unterschiedlichen Genauigkeits- und Abstraktionsniveaus vorliegender geowissenschaftlicher Ausgangsdaten, mittels der Gewinnung von Informationen durch Methoden der Geofernerkundung sowie der deduktiven Ableitung von Erkenntnissen aus besser untersuchten, ähnlich ausgestatteten Gebieten zielt die Arbeit zunächst auf eine großräumige Darstellung der landschaftlichen Partialkomplexe und ihre Synthese in der Landschaftsstruktur des Gesamtgebietes. Zur Untersetzung dieser Untersuchungen will die Arbeit weiterhin Beiträge zur Kennzeichnung der kleinräumigen Differenzierung der Landschaftsverhältnisse für einige ausgewählte Teilgebiete im westlichen und zentralen Teil der VDRJ erbringen. Grundlage hierfür sind eigene Geländeerkundungen des Verfassers sowie die Auswertung von Luftbildern und vorhandenen Kartierungen.

Eine weitere Fragestellung für die Untersuchung ergibt sich aus der Betrachtung des Zusammenhanges zwischen den Naturbedingungen und ihrer wirtschaftlichen Inwertsetzung. Dabei soll zum einen eine auf das Gesamtgebiet bezogene Beurteilung der landschaftlichen Gegebenheiten hinsichtlich ihrer Eignung für die agrarwirtschaftliche Nutzung angestrebt werden. Daneben sind in Verbindung mit der großräumigen Analyse der historischen Entwicklung und des gegenwärtigen Zustandes der Landnutzung die Haupttendenzen der nutzungsbedingten Veränderungen in den natürlichen Verhältnissen herauszuarbeiten.

Die vorliegende Arbeit sieht damit als eine physisch-geographisch orientierte Regionaluntersuchung ihre Aufgabe und ihr Ziel in einer den derzeitig für die VDRJ zugänglichen Kenntnisstand zusammenfassenden Darstellung der natürlichen Bedingungen und der Hauptaspekte ihrer wirtschaftlichen Nutzbarkeit und Nutzung.

Neben ihrer vorrangigen Bedeutung für die Einschätzung der gebietlichen Ressourcen und der Entwicklung der derzeitig noch sehr lückenhaften Gebietskenntnisse im Land besteht ein weiteres Anliegen in der Erweiterung des geographischen Bearbeitungsstandes von warmariden Regionen der Erde durch die Untersuchung eines Teilraumes, der bisher auch in neueren zusammenfassenden Darstellungen (z.B. bei MC GINNIES 1968, GOODALL/PERRY 1979, WALTER/BRECKLE 1984) nur sehr randlich bzw. exemplarisch behandelt werden konnte. Da eine auf die landschaftlichen Verhältnisse bezogene Darstellung für das untersuchte Gebiet in der internationalen Literatur noch fehlt, will die Arbeit einen ersten Ansatz zur Schließung dieser Lücke leisten.

Im Vorhaben der Untersuchung liegt schließlich auch noch ein wesentlicher methodischer Aspekt. Es sollen Möglichkeiten und Wege zur Erkundung und Darstellung der Landschaftsstruktur von Gebieten zusammengestellt und entwickelt werden, deren geowissenschaftlicher Bearbeitungsstand gegenwärtig nur eine begrenzte und fragmentarische Datenbasis zur Verfügung stellt und für die andererseits umfangreiche, flächendeckende Detailuntersuchungen auf Grund ihrer Größe sowie des infrastrukturellen Erschließungsgrades ökonomisch und technologisch nicht durchführbar sind. Dabei sollen insbesondere Wege des mehrdimensionalen Ansatzes mit ihren spezifischen Aussagemöglichkeiten und -grenzen sowie Verfahren der synthetischen Darstellung durch Raumgliederungsmethoden verdeutlicht werden.

2. Theoretische Ausgangspunkte für die Untersuchung

2.1 Vorbemerkung

Die physisch-geographische Regionaluntersuchung zielt in ihrem Gegenstand und ihrer Methodik auf die Bearbeitung der natürlichen Verhältnisse von individuellen Territorien unterschiedlicher Größenordnung und umfaßt bezogen sowohl auf einzelne Merkmale und Partialkomplexe der Landschaft wie auch auf den Landschaftskomplex die Abgrenzung von Raumeinheiten sowie ihre inhaltliche Charakteristik (LESER 1974). Die wesentlichen Grundlagen für derartige Untersuchungen ergeben sich aus der *Theorie der Landschaftsforschung* im Sinne der landschaftlichen Methode nach SCHMITHÜSEN (u.a. 1976) bzw. des Landschaftskonzepts (nach PREOBRAZHENSKY 1984), die eine integrative Verknüpfung von allgemeinsystematischer und regionaler Arbeitsweise in der Geographie gestatten (vgl. auch NEEF 1967). Entsprechend der generellen Problematik der Begriffsverwendung in der Geographie soll den folgenden Ausführungen eine kurze Erläuterung wesentlicher Termini im hier verwendeten Sinne vorangestellt werden:

Landschaft – Konkreter räumlicher Ausschnitt der Erdoberfläche, der durch eine einheitliche natürliche Struktur und gleiches Wirkungsgefüge gekennzeichnet ist (nach NEEF 1967).

Landschaftsstruktur – Gesamtheit der wesentlichen Eigenschaften der Landschaft, umfaßt stoffliche, dynamische und energetische Merkmale in der Inhalts(Elementar)struktur und Gefüge-, Lage- und Verkopplungsmerkmale in der Raum(Areal)struktur (nach SCHMITHÜSEN 1976, KUGLER 1983, HAASE 1984).

Partialkomplex – Teil des landschaftlichen Geokomplexes (Landschaftskomplex), in dem eine Gesamtheit von Merkmalen aus einer oder mehreren geographischen Sphären zum Ausdruck kommt (z.B. Klima, Relief, Boden, Vegetation). Unter systemtheoretischem Aspekt sind Partialkomplexe Teilsysteme des Geosystems. Innerhalb der Partialkomplexe können stoffliche und prozessuale Bestandteile (Geokomponenten, -elemente) unterschieden werden (nach NEEF 1963 b, HAASE 1967, RICHTER 1968).

Landschaftseinheit – allgemeine Bezeichnung für die räumliche Ausprägung eines Landschaftstyps innerhalb der Landschaftsstruktur (nach SCHMITHÜSEN 1976, LESER 1976).

Region – ausgewiesener individueller, zumeist großräumiger Ausschnitt des Territoriums, der durch die regional-systematische Arbeitsweise (siehe Kapitel 2.3) ausgegliedert wird (nach LEHMANN 1967).

Gerd Villwock

2.2 Das Landschaftskonzept als theoretische Grundlage der physisch-geographischen Regionaluntersuchung

Ausgehend von der Erkenntnis der räumlichen Strukturiertheit der Erdoberfläche und des Kausalitätsprinzips geographischer Sachverhalte, an der vor allem A.v.HUMBOLDT (1779-1859), C. RITTER (1779-1859) und F.v.RICHTHOFEN (1833-1905) wesentlichen Anteil hatten, entwickelte sich in einem komplizierten, zum Teil widersprüchlich verlaufenden wissenschaftshistorischen Prozeß während des 19. Jahrhunderts und der ersten Hälfte des 20. Jahrhunderts die landschaftliche Betrachtungsweise als bedeutender methodischer Ansatz innerhalb der regional arbeitenden Geographie (vgl. dazu die wissenschaftshistorischen Darstellungen bei SCHMITHÜSEN 1976, LESER 1976). In der wissenschaftlichen Entwicklung der theoretischen und methodischen Grundlagen der Landschaftsforschung, die unter anderem in den Arbeiten von TROLL (1950), ISAČENKO (1965), NEEF (1967), SCHMITHÜSEN (1976), LESER (1976) und HAASE (1984) befruchtet und zusammenfassend zum Ausdruck gebracht werden, lassen sich zwei grundlegende Ansätze des Landschaftskonzepts unterscheiden:

(1) Der Ansatz der *naturräumlichen Gliederung* beruht auf der Abgrenzung und Kennzeichnung von Räumen nach dem Wirkungsgefüge landschaftsprägender Geokomponenten auf betont deduktivem Weg von größeren zu kleineren Landschaftseinheiten. Dieser seit dem Beginn des 20. Jahrhunderts verstärkt beschrittene Weg der Landschaftsuntersuchung in kleinen und mittleren Maßstäben führte zu einer Vielzahl von regionalen Darstellungen (vgl. Zusammenstellung bei SCHMITHÜSEN 1976).

(2) Insbesondere durch die Arbeiten von TROLL (u.a. 1950), PAFFEN (1953), SCHMITHÜSEN (u.a. 1942), NEEF (u.a. 1963 a,b, 1967), RICHTER (u.a. 1967) und HAASE (1964) wurde *der landschaftsökologische Ansatz* in der Landschaftsforschung und das hierarchische Ordnungsprinzip der landschaftlichen Dimensionen entwickelt (vgl. LESER 1976). Den auf diesem Ansatz beruhenden kleinräumigen Landschaftsanalysen liegt ein integrativer Systemzugang für die Untersuchung landschaftlicher Grundeinheiten und ihrer induktiven, vorwiegend gefügebezogenen Integration durch das Prinzip der naturräumlichen Ordnung (RICHTER 1967) zu heterogenen Landschaftseinheiten der chorologischen (chorischen) Dimension zugrunde.

Für die auf regionale Darstellungen orientierten Landschaftsuntersuchungen bildet die entsprechend dem jeweiligen Aussageziel sinnvolle Verknüpfung beider Ansätze der Landschaftsforschung wesentliche methodische Grundlagen (vgl. u.a. LEHMANN 1967, NEEF 1963 a, LESER 1974).

Theoretische Ausgangspunkte

2.3 Verfahren für die Erkundung der großräumigen Landschaftsstruktur

Innerhalb der regional orientierten Raumanalyse bildet die Gesamtdarstellung der Landschaftsstruktur größerer Territorien (Länder, Ländergruppen, Teilgebiete von Ländern) eine wesentliche Fragestellung (vgl. LESER 1974, NIKOLAEV 1979). Für die Abgrenzung und inhaltliche Kennzeichnung physisch-geographischer Raumeinheiten in den entsprechend der Größe der Territorien zumeist im großräumigen Maßstabsbereich (1:500 000 bis kleiner 1:1 Mill.) angelegten Untersuchungen stehen prinzipiell zwei Wege zur Verfügung, die sich in ihrem methodischen Ansatz und ihren Aussagen unterscheiden (vgl. ISAČENKO 1965, LEHMANN 1967, ARMAND 1975). Sie werden in Anlehnung an KUGLER (1983) als (1) typologisch-systematische Verfahren und (2) regional-systematische Verfahren bezeichnet. Die beiden Verfahren spiegeln damit die bereits von HETTNER (1927) formulierte Einheit von nomothetischen und idiographischen Grundansätzen in der geographischen Forschung wider (vgl. auch SCHMITHÜSEN 1976).

2.3.1 Typologisch-systematische Verfahren

Die typologisch-systematisch orientierte Erkundung größerer Territorien (typologische Rayonierung bei ARMAND 1975) beruht auf einer Erfassung der Landschaftsstruktur innerhalb der oberen Dimensionsstufen der chorischen Betrachtungsweise und zielt auf eine überschaubare, systematische Gliederung der untersuchten Gebiete. Dabei erfolgt die Kennzeichnung und Abgrenzung von Landschaftseinheiten durch die Kombination wesentlicher invarianter, vorwiegend einzelne Partialkomplexe charakterisierende Leitmerkmale (vgl. NEEF 1963 b, RICHTER 1967). Als Leitmerkmale kommen dabei in erster Linie klimatische, morphologische und lithologisch-substratielle Eigenschaften des Geokomplexes sowie Merkmale der Landschaftsgenese und des Raumgefüges in Betracht (vgl. HAASE 1973). Gundlage für diese Verfahren sind damit in der dimensionsstufenadäquaten Detailliertheit vorliegende und auf merkmalstypologischen Klassifikationen beruhende Kartierungen der zu verwendenden Hauptmerkmale.

Das Auffinden charakteristischer raumstrukturprägender Kombinationen der Leitmerkmale bildet den Ausgangspunkt für die Aufstellung von Landschaftstypen und für die Festlegung von Kriterien ihrer inhaltlichen und räumlichen Abgrenzung. Die Inhalts- und Abgrenzungsmerkmale der Landschaftstypen werden somit vorrangig durch die typologisch erfaßten Hauptmerkmale bestimmt. Die Zuordnung von mit den invarianten Leitmerkmalen in korrelativem Zusammenhang stehenden varianten Eigenschaften des Geokomplexes (z.B. Merkmale des Wasserhaushaltes, der Böden und Vegetation) führt zu einer Erweiterung der inhaltlichen Kennzeichnung der ausgehaltenen Landschaftstypen. Durch die Verwendung des typologisch-systematischen Ansatzes bei der räumlichen Gliederung werden im Resultat Landschaftseinheiten dargestellt, deren Inhalte und räumliche Verbreitung allgemein-gesetzmäßige Merkmale der großräumigen Landschaftsstruktur widerspiegeln (vgl. ISAČENKO 1965, ARMAND 1975). Damit ist eine vollständige Abstraktion von sich aus den spezifischen Lageeigenschaften ergebenden individuellen Merkmalen und Einflußbedingungen der Landschaftsstruktur verbunden.

Für das methodische Vorgehen der dem Prinzip der deduktiv-differenzierenden naturräumlichen Gliederung (siehe Kap. 2.2) folgenden Verfahren lassen sich zusammenfassend folgende Arbeitsschritte festhalten:

1. Darstellung der Raumstruktur der partialkomplexbezogenen Leitmerkmale bzw. Auswertung vorhandener Kartierungen
2. Untersuchung der Interferenz der Merkmalsareale und Ableitung charakteristischer, die Raumstruktur prägender Kombinationen der Leitmerkmale
3. Aufstellung von Landschaftstypen und Bestimmung ihrer grenzbildenden Kriterien
4. Abgrenzung der Verbreitungsareale der Landschaftstypen als Landschaftseinheiten
5. Zuordnung von korrelativ ableitbaren Folgemerkmalen

Als Beispiele für nach typologisch-systematischen Verfahren vorgenommene Landschaftsgliederungen größerer Territorien können unter anderem die naturräumliche Gliederung für die DDR (RICHTER 1978) bzw. für Teilgebiete (z.B. Gliederung Nordsachsens durch HAASE/RICHTER 1965) genannt werden. Die Gliederungen der "land classification" (siehe auch Kap. 3.) zielen ausgehend von Merkmalen des Georeliefs in der Niveaustufe der "land systems" ebenfalls auf eine typologische Darstellung der Landschaftsstruktur (vgl. u.a. WRIGHT 1972, MITCHELL et al. 1979).

2.3.2 Regional-systematische Verfahren

Die auf eine Kennzeichnung und Abgrenzung von landschaftlichen Raumeinheiten größerer Gebiete in ihrer vollen lage- und merkmalsbezogenen Individualität orientierten Verfahren der Landschaftserkundung (Regionalisierung bei SCHMITHÜSEN 1976, individuelle Rayonierung bei ARMAND 1975) werden besonders von LEHMANN (u.a. 1967) als wesentliches methodisches Prinzip einer "regionalgeographischen Arbeitsweise" hervorgehoben. Das Ziel dieses Ansatzes besteht in der Untersuchung der Raumstruktur des faktoriell gesteuerten, lagegebundenen Zusammenwirkens dominanter Prägungsmerkmale in größeren räumlichen Verbänden (LEHMANN 1967). Im Ergebnis entsteht eine Gliederung des Territoriums in individuelle, lagegebundene Einheiten, die bei einer hohen inneren Differenzierung und zumeist größerer Flächenausdehnung durch repräsentative, das Gesamtareal charakterisierende typologische Merkmale gekennzeichnet sind. Die Landschaftsräume, die in ihrer Flächengröße oberhalb chorischer Landschaftseinheiten liegen, werden von LEHMANN (1967) als Regionen bezeichnet. Prinzipiell kann der methodische Ansatz für die regional-systematischen Verfahren der Landschaftserkundung auf zwei Wegen erfolgen (vgl. HAASE 1978 a, KUGLER 1983):

Theoretische Ausgangspunkte

(1) Selektiv-generalisierender Weg

Er beinhaltet die lagegebundene Aggregierung benachbarter chorischer Landschaftseinheiten über die abstrahierende Reduktion ihres Inhaltes auf ausgewählte, dominante Prägungsmerkmale (vgl. NEEF 1963 a, SCHMITHÜSEN 1976, HAASE 1978 a) oder durch die räumliche Zusammenfassung gebietscharakteristischer Assoziationen (vgl. KUGLER 1983). Die Voraussetzung für diesen Ansatz bildet eine vorausgegangene chorische Landschaftsuntersuchung. Nach HAASE (1978 a) kann diese sowohl durch eine flächendeckende Kartierung wie auch durch eine Analyse anhand ausgewählter Profilschnitte (Chorosequenzen) erreicht werden.

(2) Deduktiv-differenzierender Weg

Auf dem Weg der zunehmenden inhaltlichen Differenzierung raumstrukturprägender Landschaftsmerkmale sowie durch die Vergrößerung der Anzahl der kombinierten Merkmale und die lagegebundene Zusammenfassung ihrer Ausprägungsareale kann, wie NEEF (1968) zeigte, über mehrere Stufen eine großräumige Kennzeichnung der Landschaftsstruktur erreicht werden. Voraussetzung für diesen Weg sind in ausreichend differenzierter Form vorliegende flächendeckende Kenntnisse über die Ausprägung der dominanten Merkmale. Nach diesem Prinzip wurde der Großteil der bisherigen großräumigen Regionaldarstellungen vorgenommen (z.B. LAUTENSACH 1952, MEYNEN/SCHMITHÜSEN 1953/62).

Innerhalb der regional-systematischen Betrachtungsweise kann nach dem Abstraktionsniveau der für die Raumgliederung verwendeten Merkmale und der sich daraus ergebenden Größe der Landschaftsräume eine hierarchische Rangfolge regionaler Landschaftseinheiten aufgestellt werden. Eine Übersicht über die Vielzahl der verwendeten taxonomischen Ordnungsstufen geben unter anderem RICHTER (1967), HAASE (1978 a) und HOWARD/MITCHELL (1980).

Für die inhaltliche Kennzeichnung der regionalen Landschaftseinheiten wird eine Auswahl regionsspezifischer, typologisch gefaßter und individueller Merkmale verwendet, die für das Gesamtareal gültige repräsentative Aussagen erbringen (vgl. LEHMANN 1967, HAASE 1973). Dabei erfolgt die Charakterisierung der dominanten Hauptmerkmale und wesentlicher ökologischer Folgemerkmale unter Verwendung ihrer partialkomplexspezifischen, systematisch-klassifikatorischen Typenbildung. Von wesentlicher Bedeutung ist in diesem Zusammenhang die dimensionsadäquate Festlegung der zu verwendenden Merkmalstypen. Dazu stehen in theoretisch unterschiedlich ausgereifter Form partialkomplexbezogene Typenbildungen zur Verfügung, so für das Georelief bei KUGLER (1974), DEMEK et al. (1982), für den Partialkomplex Boden bei HAASE (1978 a) und für die Vegetation bei ELLENBERG/MÜLLER-DOMBOIS (1967), UNESCO (1973).

Zur individuellen Kennzeichnung der Regionaleinheiten gehört neben der Angabe von lagespezifischen Merkmalen (z.B. mittlere Höhenlage, Klimaparameter) auch die Bezeichnung durch Lokalnamen, die ihre Lagebeziehung und ihren landschaftlichen Grundcharakter ausdrücken. Bei entsprechendem Erkundungsstand können auch gefügebezogene Merkmale, wie z.B. Eigenschaften des Verteilungsmusters der subordinierten Einheiten und ihre charakteristischen räumlichen Abfolgen innerhalb der Region zur begleitenden

Kennzeichnung herangezogen werden (vgl. HAASE 1978 a). Die durch den landschaftsökologischen Ansatz angestrebte quantitativ-haushaltliche Kennzeichnung ist in der großräumigen Arbeitsweise noch mit erheblichen methodischen Problemen verbunden (vgl. NEEF 1963 b, 1967, LESER 1974). Erste Ansätze lassen sich über partielle Bilanzierungen für den Wasserhaushalt (vgl. LAUER/FRANKENBERG 1981, HENNING/HENNING 1984) und für die Biomassenproduktion (vgl. u.a. BAZILEVIČ/RODIN 1967, LIETH 1976) realisieren.

2.3.3 Differenzierungsfaktoren der großräumigen Landschaftsstruktur

In den oben dargestellten Verfahren der großräumigen Landschaftserkundung beruht die räumliche Abgrenzung von Landschaftseinheiten in erster Linie auf der Auswahl von wenigen dominanten Leitmerkmalen, die durch ihr Zusammenwirken den Landschaftscharakter determinieren. Das Auffinden dieser Differenzierungsmerkmale, die sich vor allem aus der Interferenz klimatischer und morphologisch-lithologischer Eigenschaften des Geokomplexes ergeben (vgl. RICHTER 1967, NEEF 1968, HAASE 1973), bildet den Ausgangspunkt der großräumigen Erfassung der Landschaftsstruktur. Nach LEHMANN (1967) und HAASE (1978 a) wird die landschaftliche Differenzierung durch die interferente Wirkung verschiedener Prägungsfaktoren in ihrem räumlichen Wandel ("Formenwandel" i.S. v. LAUTENSACH 1952) hervorgerufen. Dabei können zwei grundsätzliche, in ihrem Zusammenhang landschaftsstrukturformende *Gruppen von Prägungsfaktoren* unterschieden werden (vgl. auch ISAČENKO 1965).

(1) Prägungsfaktoren der klimatischen Differenzierung
LAUTENSACH (1952) kam bei seinen Untersuchungen zum geographischen Formenwandel zur Aufstellung von "Lagetypen", die vorrangig klimatische Differenzierungen zum Ausdruck bringen. In den besonders durch TROLL (u.a. 1959) entwickelten orographischen Gliederungsprinzipien geben sich ebenfalls klimadifferenzierende Wirkungsfaktoren zu erkennen. Es können vier wesentliche Faktoren unterschieden werden (vgl. auch HAASE 1978a), die in ihrer Wirkung zugleich die Ausprägung von Merkmalen der Morphodynamik, des Wasserhaushaltes, der Bodendecke und der Vegetation beeinflussen:

    1. Zirkulationsbedingter Faktor
    2. Faktor der zentral-peripheren Lage
    3. Faktor der Luv-Lee-Lage
    4. Faktor der Höhenlage.

(2) Genetische (paläogeographische) Prägungsfaktoren
Wesentliche inhaltliche und raumstrukturelle Aspekte der rezenten Landschaftsdifferenzierung, insbesondere der morphologisch-lithologischen Teilkomplexe sind ursächlich durch Faktoren der Landschaftsgenese bedingt (vgl. u.a. NEEF 1967, NEUMEISTER 1971). HAASE (1978 a) hebt in diesem Zusammenhang den "paläogeographischen Lagefaktor" hervor, "der die Einflüsse fossiler und reliktischer Formen der geographischen Substanz auf das aktuelle Wirkungsgefüge" (ebenda, S. 29) zum Ausdruck bringt. In bezug auf die landschaftliche Raumstruktur ergeben sich folgende genetische Prägungsfaktoren:

Theoretische Ausgangspunkte

1. Geotektonischer Prägungsfaktor

   als Ausdruck des Einflusses der tektonischen Entwicklung (z.B. epirogene Hebungen, Bruchschollentektonik, Vulkanismus) auf die Differenzierung der Raumstruktur. Er entspricht im wesentlichen dem Begriff der "Tektofazies" in der Geomorphologie (vgl. DEMEK et al. 1982).

2. Paläofazieller Prägungsfaktor

   als Ausdruck der Wirkung der geologisch-faziellen und morphogenetischen Entwicklung (z.B. Schelfentwicklung, denudative, äolische, glaziale Genese) insbesondere auf die lithologisch-substratiellen Verhältnisse. Dieser Faktor steht oft im Zusammenhang mit der paläoklimatischen Entwicklung (z.B. Wirkung periglaziärer oder feuchttropischer Bedingungen).

3. Historisch-anthropogener Prägungsfaktor

   als Ausdruck der Einflüsse von historisch gewachsenen Wirtschafts- und Nutzungsweisen auf die Landschaftsstruktur.

Die Analyse der Interferenz dieser Prägungsfaktoren führt zur Herausarbeitung von räumlich differenzierten, unterschiedlichen Kombinationen der verwendeten Leitmerkmale, wobei bedingt durch das jeweilige Zusammentreten bestimmter Prägungsfaktoren in unterschiedlich intensiver Wirksamkeit jeweils andere Merkmale den Charakter von grenzbildenden Kriterien annehmen können (vgl. NEEF 1963 b, ISAČENKO 1965, HAASE 1978 a).

Ein neuartiger methodischer Ansatz für die großräumige Landschaftserkundung ergibt sich aus der Anwendung kosmischer Fernerkundungsverfahren. Die auf Fernerkundungsdaten aufbauenden Gliederungs- und Regionalisierungsverfahren gehen vorrangig von der Analyse des sich im Bildmuster repräsentierenden Raumgefüges als Indikator der Landschaftsstruktur aus (vgl. u.a. VERSTAPPEN 1970, GRIGORYEV 1975, VINOGRADOV 1976, LÖFFLER 1981). Sie verwenden damit in erster Linie das Integrationsprinzip des Gefügestils im Sinne von RICHTER (1967) zur Abgrenzung von Landschaftseinheiten. Dabei führt die Interpretation des vor allem durch raumstrukturelle Merkmale des Reliefs, des Oberflächensubstrats und der Vegetation sowie durch charakteristische Nutzungsformen hervorgerufenen Bildmusters und der durch optisch-spektrale Eigenschaften der Oberfläche bedingten Bildtönungen (Schwärzung, Farbe) zur Ausgliederung charakteristischer landschaftsbezogener Musterformen und -assoziationen, die eine Abgrenzung von Landschaftseinheiten ermöglicht. Bei der inhaltlichen Kennzeichnung dieser Einheiten werden sowohl spektrale Bildinformationen wie auch terrestrisch gewonnene Daten genutzt.

2.4 Landschaftserkundung in der unteren chorischen Dimension

Den Gegenstand der chorischen Betrachtungsdimension in ihren unteren Ordnungsstufen bildet die vorrangig auf das landschaftliche Gefüge orientierte Analyse der Inhalts- und Raumstruktur kleinräumiger heterogener Landschaftsräume, wobei in erster Linie typologisch-systematische Verfahren eingesetzt werden (vgl. HAASE 1989). Wesentliche theoretische und methodische Grundlagen für die Arbeit in diesen Dimensionsstufen wurden unter anderem durch TROLL (u.a. 1950), PAFFEN (1953), NEEF (1963 b, 1967),

RICHTER (u.a. 1967) und HAASE (u.a. 1964, 1967, 1973) entwickelt und zuletzt von LESER (1976) und HAASE (1984, 1989) zusammenfassend dargestellt. Danach liegen der Abgrenzung und Kennzeichnung von Landschaftseinheiten folgende *Hauptprinzipien* zugrunde:

(1) Die Erkundung der chorischen Landschaftsstruktur zielt auf die Analyse inhalts- und arealstruktureller Merkmale des Landschaftskomplexes. Wesentliche Aspekte der Inhaltsstruktur sind gefügebezogene Merkmale, wie das Inventar an vergesellschafteten, subordinierten Einheiten und die inhaltliche Heterogenität als Ausdruck des internen landschaftsökologischen Kontrastes. Dazu treten partialkomplexbezogene Eigenschaften für das Gesamtareal (Rahmenmerkmale) bzw. für die innere Strukturierung (Kompositionsmerkmale). Der Kennzeichnung der Raumstruktur dienen Merkmale des Anordnungs(Gefüge-)musters, Mensureigenschaften (Flächenteile und -verhältnisse subordinierter Einheiten) sowie profilartige Darstellungen in Form von Sequenzen und Catenen.

(2) Die typologische Kennzeichnung erfolgt innerhalb einer Ordnungsstufe nach ausgewählten Leitmerkmalen, wobei insbesondere invariante, partialkomplexbezogene Inventarmerkmale verwendet werden.

(3) Innerhalb des unteren chorischen Dimensionsbereiches können nach dem Abstraktionsniveau der zur Kennzeichnung verwendeten Merkmale und der vergesellschafteten subordinierten Einheiten mehrere hierarchische Ordnungsstufen ausgehalten werden.

(4) Die Kartierung der chorischen Landschaftsstruktur geht von primär und rationell erkundbaren Merkmalen des Geokomplexes (z.B. Relief-, Bodenmerkmale) aus. Nach den Prinzipien der Merkmalskorrelation können weitere Kennzeichnungsmerkmale gewonnen werden. Nach MANNSFELD (1983) lassen sich entsprechend dem methodischen Ansatz und dem Anteil induktiver bzw. deduktiver Arbeitsschritte drei Intensitätsstufen der Landschaftserkundung in der unteren chorischen Dimension unterscheiden. Der induktive Weg geht dabei von der Aggregierung subordinierter Einheiten bzw. Merkmalsausprägungen aus, während auf deduktivem Weg Aussagen aus übergeordneten Strukturen und Zusammenhängen abgeleitet werden. Die Wahl des Verfahrens ist abhängig vom Aussageziel, dem Charakter der zu analysierenden Merkmale und von dem möglichen Erkundungsaufwand.

Landschaftsanalysen in der unteren chorischen Dimension wurden bisher, begründet durch den hohen Kartierungsaufwand, ausschließlich für kleinräumige Gebietsausschnitte bzw. Teilgebiete durchgeführt (vgl. u.a. die bei LESER 1976 und HAASE 1984 zusammengestellten Beispiele).

3. Aufgaben und Formen der Landschaftsforschung in Entwicklungsländern

Als ein Hauptaspekt der geowissenschaftlichen Arbeit in Entwicklungsländern erweist sich die Erkundung der natürlichen Ressourcen, wobei neben den montanwirtschaftlichen Ressourcen im Großteil der Länder Fragen der agrarwirtschaftlich nutzbaren Naturbedingungen zur Sicherung der Ernährungsgrundlage im Mittelpunkt stehen (vgl. SDAZUK 1976, SCHAFFER 1980). Im engen Zusammenhang damit steht als zweiter Schwerpunkt die Umwelterhaltung und -gestaltung in den von gravierenden ökonomischen und demographischen Veränderungen betroffenen Entwicklungsländern (vgl. UN-CONF. 1977c, LESER 1980 b). Der aus diesen Anforderungen erwachsene hohe Bedarf an Informationen über die natürlichen Bedingungen kann nur durch den Einsatz umfangreicher wissenschaftlicher Kapazitäten verschiedener Fachgebiete in weitgehend interdisziplinärem Vorgehen befriedigt werden. In diesem Rahmen haben auch physisch-geographische Forschungsansätze als *eine Form der angewandten regionalen Geographie* (LESER 1974) ein umfangreiches Betätigungsfeld sowohl bei der Inventarisierung von Landschaftszuständen als auch bei der Analyse der Landschaftsdynamik ("landscape monitoring").

Die praktische Anwendung von Methoden der Landschaftsforschung ist in sehr vielen Fällen durch ihre Einbeziehung in umfassendere geographische und sozialökonomische Fragestellungen gekennzeichnet. Für komplexe Entwicklungsstudien von Ländergruppen, Einzelländern bzw. Gebieten ("integrated surveys" bei VINK 1968) wird dabei eine Verbindung verschiedener Verfahren der Landschaftsuntersuchung mit ökonomischen und ethnographischen Analysen angestrebt (vgl. z.B. FISHER/BOWEN-JONES 1974, JANZEN 1980). Andererseits bauen landschaftsbezogene Arbeiten auch auf vorangegangene geologisch-lagerstättenkundliche Untersuchungen auf (z.B. BRUNDSEN et al. 1979).

Die *generellen Bedingungen und Anforderungen* für den physisch-geographischen Methodenansatz und die Aussageformen ergeben sich vorrangig aus den historischen und gegenwärtigen Verhältnissen in den Entwicklungsländern und weichen zum Teil erheblich von denen in bereits umfangreich erkundeten Gebieten ab. Als wesentliche Aspekte sind zu berücksichtigen (vgl. LESER 1980 b):

(1) Der Umfang und die Qualität vorhandener geowissenschaftlicher Informationen und Daten sind für den Großteil dieser Länder sehr begrenzt. Ein absolutes Defizit besteht hinsichtlich detaillierter geoökologischer Grundlagenforschungen.

(2) Für viele Gebiete fehlen ausreichende topographische Grundlagenkarten, so daß ihre Erzeugung unter Nutzung von Fernerkundungsmethoden Bestandteil der geowissenschaftlichen Erkundung sein muß. Meteorologische und hydrologische Datenmeßnetze sind sehr weitmaschig angelegt und verfügen zumeist nur über relativ kurze Meßreihen.

(3) Die Arbeitsbedingungen für die Geländeforschung sind durch landesspezifische Rahmenbedingungen, vor allem durch die erschwerte Zugänglichkeit vieler Gebiete, zumeist kompliziert und verlangen einen umfangreichen technisch-organisatorischen Aufwand.

(4) Entsprechend der Datensituation besteht ein großer Bedarf an geowissenschaftlichen Informationen. Grundlegende, großräumige Übersichten der natürlichen Bedingungen besitzen einen hohen Stellenwert. Ihre schnelle Erstellung verlangt den Einsatz rationeller Erfassungs- und Darstellungsmethoden bei gleichzeitiger ausreichender wissenschaftlicher Fundierung. Hierzu sind spezielle Methoden und -kombinationen anzuwenden, die mit einem ökonomisch-technischen Mindestaufwand bei noch begrenzter Datenbasis durchführbar sind. Solche "Grobmethoden" i.S. von LESER (1980b) gestatten nicht immer eine vollständige, methodisch subtile Analyse, erbringen aber unter den spezifischen Rahmenbedingungen wertvolle und neuartige Aussagen, einschließlich planerisch nutzbarer kartographischer Darstellungen.

(5) Die Komplexität der Problemstellungen und der rationelle Einsatz der Forschungskapazitäten verlangen ein interdisziplinäres Vorgehen. Dabei sind Erkundungsarbeiten zumeist sinnvoll mit der Aus- und Weiterbildung landeseigener Fach- und Hilfskräfte verbunden.

Besonders seit den 50er Jahren werden in den bislang wenig erkundeten Gebieten Afrikas, Asiens und Lateinamerikas verstärkt in einer heute nicht mehr überschaubaren Zahl vorliegende, physisch-geographische Untersuchungen mit unterschiedlichen thematischen und methodischen Ansätzen und Zielstellungen durchgeführt. Für die methodische Fundierung der vorliegenden Untersuchung sind insbesondere solche Arbeiten von Interesse, die ex- oder implizit das Landschaftskonzept als Ansatz zur Erfassung der natürlichen Bedingungen verwenden. Gundlegende Überlegungen zu der Landschaftserkundung in Entwicklungsländern unter Nutzung moderner Verfahren, insbesondere der Fernerkundung und der Geoökologie finden sich unter anderem bei TROLL (u.a. 1939, 1966), LESER (u.a. 1971, 1980 a, c) VINK (1975), GOODALL/PERRY (1979) und JÄKEL (1985). Im folgenden sollen einige Hauptaspekte der auf die Erfassung der Landschaftsstruktur orientierten Forschungs- und Erkundungsarbeiten in Entwicklungsländern betrachtet werden, wobei vorrangig Untersuchungen aus warmariden Gebieten herangezogen werden.

Als wesentliche methodische Grundlage für die Landschaftsforschung erweist sich auch in bisher wenig erkundeten Gebieten das Prinzip der Dimensionsbereiche der Landschaft (vgl. LESER 1980 a, THALEN 1980). Entsprechend den das Untersuchungsziel bestimmenden Genauigkeitsanforderungen und der Größe des zu betrachtenden Raumes sind Untersuchungen in verschiedenen Dimensionsbereichen notwendig und von Bedeutung. Der gewählte Dimensionsbereich bestimmt im wesentlichen die Auswahl der Untersuchungsparameter und den methodischen Ansatz. Besonders aus der bodenkundlichen Arbeitsrichtung wurde dazu ein auf planerische Aussagen bezogenes System von Erkundungsstufen entwickelt (siehe Tab. 1), wobei generell drei Betrachtungsbereiche (Vorerkundung, Detail-, Spezialerkundung) unterschieden werden.

Unter Berücksichtigung ihrer Zielsetzung und ihres methodischen Ansatzes können drei wesentliche Formen der Landschaftsforschung in Entwicklungsländern unterschieden werden:

Großräumige Landschaftsuntersuchungen zielen unter Anwendung der regionalsystematischen bzw. der typologisch-systematischen Arbeitsweise (siehe Kap. 2.3) auf die Kartierung und Kennzeichnung von Landschaftseinheiten nach dominanten Hauptmerkmalen. Die Nutzung korrelativer Beziehungen zwischen den Partialkomplexen erlaubt die Ableitung von Aussagen zu ökologischen Folgemerkmalen. Mit diesen Verfahren werden vorran-

Aufgaben der Landschaftsforschung

Tabelle 1: Arbeitsstufen der Landschaftserkundung in Entwicklungsländern

Dimensionsbereich	Maßstabsbereiche der Darstellung	THALEN (1980)	STORIE (1964), YARON/VINK (1973)	HOWARD/ MITCHELL (1980)	Hauptmethoden	Anwendung in der Planung (SCHAFFER 1980)
Obere chorische Dimension	1:1 Mill.	reconnaissance surveys	reconnaissance surveys	land province map	Fernerkundung (Kosmische Aufnahmen) Kartenauswertung	Internationale und nationale Generalpläne
	1:250 000 1:100 000			land system map	Fernerkundung (Kosmische und Luftaufnahmen) Partielle Geländeerkundung	Regionale Planung
Untere chorische Dimension		semi-detailed surveys	semi-detailed surveys			
	1:25 000		detailed surveys	land facet map land element map	Detaillierte Felderkundung, Messungen, Fernerkundung (Luftaufnahmen)	Generelle Projektplanung
Topische Dimension	1:5 000		detailed project surveys			Hauptpläne, spezielle technische Pläne

gig grundlegende Übersichtsdarstellungen und gleichzeitig die Grundlagen für weiterführende Detailuntersuchungen geschaffen. Darauf aufbauend können großräumige Beurteilungen der agrarwirtschaftlichen Ressourcen mit Hilfe von Bewertungsverfahren vorgenommen werden.

Landschaftsökologisch orientierte Verfahren beinhalten auf systemhafte und funktionale Zusammenhänge orientierte Untersuchungen von Ökosystemen und sollten gerade in Entwicklungsländern bei den hier verstärkt in Erscheinung tretenden Umweltschädigungen eingesetzt werden (vgl. UN-CONF. 1977 c, LESER 1980 b). Sie bilden eine wesentliche Voraussetzung für die Umweltgestaltung und die realistische Einschätzung der Ressourcen (vgl. JÄKEL 1985), wie Anwendungsbeispiele von LESER (u.a. 1971, 1980 c) zeigen. Nach LESER (1980 a, b) führt der Einsatz landschaftsökologischer Methoden in verschiedenen Dimensionsstufen, einschließlich detaillierter Grundlagenforschungen zu einer wissenschaftlichen Fundierung der landschaftsanalytischen Aussagen in den bisher wenig erkundeten Gebieten. Für großflächig vorzunehmende Raumuntersuchungen bietet sich eine Kombination von Gliederungs- und Bewertungsverfahren mit untersetzenden landschaftsökologischen Analysen in Testgebieten bzw. anhand von Testprofilen als praktikabler Lösungsweg an. In warmariden Gebieten konzentrieren sich solche Arbeiten auf die Analyse der Desertifikation (vgl. z.B. MENSCHING/IBRAHIM 1976, IBRAHIM 1984, OLSSON 1985).

Für spezielle Landnutzungsprojekte, insbesondere für hydrotechnische Maßnahmen und Bewässerungsvorhaben wurden *projektbezogene Spezialverfahren* entwickelt, bei denen sich die landschaftsanalytische Arbeit zumeist auf den jeweils relevanten Partialkomplex konzentriert. Raumbezogene Untersuchungen prüfen in abgestuften Dimensionsbereichen die Gebietseignung für die geplante Nutzung, während landschaftsökologische Detailaufnahmen der konkreten Projektplanung und -ausführung dienen (vgl. z.B. STORIE 1964, YARON/VINK 1973).

4. Untersuchungsablauf und eingesetzte Methoden

4.1 Prinzipieller Aufbau der Untersuchung

Zur Realisierung der dieser Arbeit zugrunde liegenden Zielsetzung (siehe Kap. 1) bietet sich eine Gliederung der Untersuchung in drei inhaltliche Teilkomplexe an. Die zentrale Stellung nimmt dabei die Untersuchung zur Landschaftsstruktur des Territoriums der VDRJ ein. Entsprechend der Zielstellung beinhaltet dieser Komplex einen zweiseitigen methodischen Ansatz, der eine großräumige Erkundung des Gesamtgebietes im oberen chorischen Dimensionsbereich und eine untersetzende Analyse der Landschaftsstruktur einer begrenzten Anzahl von ausgewählten Teilgebieten in der unteren chorischen Dimension umfaßt. Als eine wesentliche Voraussetzung für die umfassende Kennzeichnung der natürlichen Verhältnisse des Gesamtgebietes werden zunächst die landschaftlichen Partialkomplexe in ihren wesentlichen inhaltlichen und raumstrukturellen Merkmalen untersucht (Kap. 7). Im Resultat entstehen entsprechend den zur Verfügung stehenden Ausgangsdaten in unterschiedlichem Maße differenzierte Aussagen zur typologischen Charakteristik der Hauptmerkmale der Partialkomplexe (z.B. Typen des Regionalklimas, Formtypen des Reliefs usw.) und zu ihrer kartographisch fixierten Raumstruktur. Als zweiter Schritt schließt sich ausgehend von der Analyse der landschaftsstrukturprägenden Hauptfaktoren in synthetischer Zusammenfassung der partialkomplexbezogenen Untersuchungsergebnisse eine Gliederung des Gesamtterritoriums in typologisch und regionalsystematisch gefaßte Landschaftseinheiten an (Kap. 8). Für sieben nach den verfügbaren Ausgangsdaten (Luftbilder, thematische und topographische Karten) und den Geländekenntnissen des Verfassers ausgewählte Teilgebiete wird eine typologisch-systematische Gliederung der unteren chorischen Dimension vorgenommen (Kap. 10).

Die Ergebnisse der großräumigen Landschaftserkundung werden im zweiten Teilkomplex der Arbeit einer Beurteilung hinsichtlich ihrer Eignung für eine agrarwirtschaftliche Nutzung unterzogen (Kap. 9). Zu diesem Zweck werden Methoden einer gebietsspezifischen Bewertung der landschaftlichen Ressourcen entwickelt, die auf semiquantitativen Bonitierungen nutzungsrelevanter Partialkomplexmerkmale basieren. Ihre Anwendung auf die typologisch gekennzeichneten Landschaftseinheiten führt zu einer Gliederung des Gesamtgebietes in agrarwirtschaftliche Eignungsräume.

Im dritten Teilkomplex wird bezogen auf das Gesamtgebiet der Versuch unternommen, die historische und gegenwärtige Nutzung der Landschaftsräume zu kennzeichnen und Tendenzen der nutzungsbedingten Landschaftsveränderungen aufzuzeigen (Kap. 11). Beim gegenwärtigen Stand der raumbezogenen Informationen ergeben sich für die Bearbeitung dieses Problemkreises noch erhebliche inhaltliche und methodische Grenzen, so daß zunächst nur relativ allgemeine Aussagen erzielt werden können.

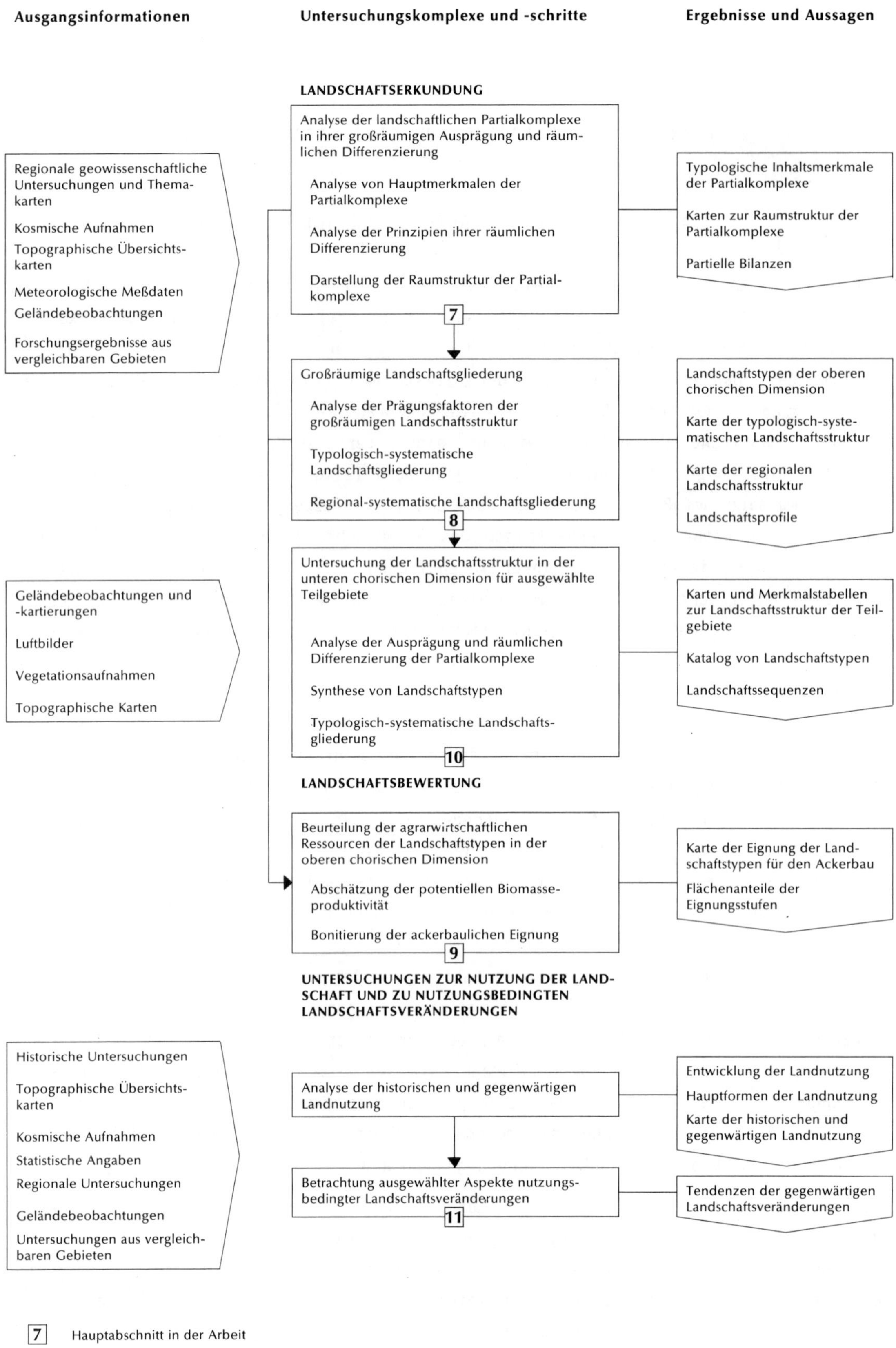

Ausgangsinformationen	Untersuchungskomplexe und -schritte	Ergebnisse und Aussagen
	LANDSCHAFTSERKUNDUNG	

Regionale geowissenschaftliche Untersuchungen und Themakarten
Kosmische Aufnahmen
Topographische Übersichtskarten
Meteorologische Meßdaten
Geländebeobachtungen
Forschungsergebnisse aus vergleichbaren Gebieten
	Analyse der landschaftlichen Partialkomplexe in ihrer großräumigen Ausprägung und räumlichen Differenzierung
	  Analyse von Hauptmerkmalen der Partialkomplexe
	  Analyse der Prinzipien ihrer räumlichen Differenzierung
	  Darstellung der Raumstruktur der Partialkomplexe [7]
		Typologische Inhaltsmerkmale der Partialkomplexe
		Karten zur Raumstruktur der Partialkomplexe
		Partielle Bilanzen

	Großräumige Landschaftsgliederung
	  Analyse der Prägungsfaktoren der großräumigen Landschaftsstruktur
	  Typologisch-systematische Landschaftsgliederung
	  Regional-systematische Landschaftsgliederung [8]
		Landschaftstypen der oberen chorischen Dimension
		Karte der typologisch-systematischen Landschaftsstruktur
		Karte der regionalen Landschaftsstruktur
		Landschaftsprofile

Geländebeobachtungen und -kartierungen
Luftbilder
Vegetationsaufnahmen
Topographische Karten
	Untersuchung der Landschaftsstruktur in der unteren chorischen Dimension für ausgewählte Teilgebiete
	  Analyse der Ausprägung und räumlichen Differenzierung der Partialkomplexe
	  Synthese von Landschaftstypen
	  Typologisch-systematische Landschaftsgliederung [10]
		Karten und Merkmalstabellen zur Landschaftsstruktur der Teilgebiete
		Katalog von Landschaftstypen
		Landschaftssequenzen

	LANDSCHAFTSBEWERTUNG	

	Beurteilung der agrarwirtschaftlichen Ressourcen der Landschaftstypen in der oberen chorischen Dimension
	  Abschätzung der potentiellen Biomasseproduktivität
	  Bonitierung der ackerbaulichen Eignung [9]
		Karte der Eignung der Landschaftstypen für den Ackerbau
		Flächenanteile der Eignungsstufen

	UNTERSUCHUNGEN ZUR NUTZUNG DER LANDSCHAFT UND ZU NUTZUNGSBEDINGTEN LANDSCHAFTSVERÄNDERUNGEN	
Historische Untersuchungen Topographische Übersichtskarten Kosmische Aufnahmen Statistische Angaben Regionale Untersuchungen Geländebeobachtungen Untersuchungen aus vergleichbaren Gebieten	Analyse der historischen und gegenwärtigen Landnutzung	Entwicklung der Landnutzung Hauptformen der Landnutzung Karte der historischen und gegenwärtigen Landnutzung
	Betrachtung ausgewählter Aspekte nutzungsbedingter Landschaftsveränderungen [11]	Tendenzen der gegenwärtigen Landschaftsveränderungen

[7] Hauptabschnitt in der Arbeit

Abbildung 1: Prinzipieller Untersuchungsablauf

Untersuchungsablauf und Methoden

Die Abbildung 1 verdeutlicht den methodischen Aufbau der Arbeit, die Beziehungen zwischen den inhaltlichen Teilkomplexen sowie die in den einzelnen Teilschritten verwendeten Ausgangsinformationen und erreichten Ergebnisse.

4.2 Methoden der Informationsgewinnung

Die sich im Zusammenhang mit der Untersuchung der Landschaftsstruktur ergebende Behandlung vielfältiger physisch-geographischer Teilprobleme und die Betrachtung verschiedener Dimensionsbereiche machte den Einsatz einer Vielzahl von Analyse- und Synthesemethoden notwendig. Die speziellen Verfahrensweisen und Genauigkeitskriterien der angewendeten Methoden werden jeweils im Zusammenhang mit den Sachproblemen dargestellt und erläutert (siehe Kap. 7.2 bis 7.7, 8.3, 9.3.1, 10.3, 11). Ihre methodologischen Grundlagen ergeben sich im wesentlichen aus der Anwendung des Landschaftskonzepts (siehe Kap. 2) sowie aus einer Reihe fachspezifischer Untersuchungskonzepte, insbesondere aus der Klimatologie, Vegetationsgeographie und Hydrogeographie. Im folgenden sollen die für die vorliegende Arbeit wesentlichen Methoden der Gewinnung und Aufbereitung von geowissenschaftlichen Daten betrachtet werden. Dazu gehören in erster Linie:

1. Auswertung von gebietsbezogenen geowissenschaftlichen Untersuchungen und Quellen
2. Interpretation von Fernerkundungsdaten
3. Geländebeobachtungen und -kartierungen des Verfassers

Die Bearbeitung der für das Territorium der VDRJ zugänglichen *geowissenschaftlichen Unterlagen* konzentrierte sich neben der Sichtung der nur in sehr begrenztem Umfang vorliegenden Literaturquellen (siehe Kap. 5.3 und die Angaben bei den jeweiligen Sachkapiteln) vor allem auf die Auswertung und Interpretation von kleinmaßstäbigen Themakarten des Untersuchungsgebietes bzw. großräumigen Übersichtskarten mit direktem Bezug zum Arbeitsgebiet. Dabei waren insbesondere Fragen der Maßstabsangleichung und der terminologischen Vergleichbarkeit zu lösen. Mit besonderen Problemen war die Einbeziehung älterer Reise- und Expeditionsberichte in die Datengewinnung verbunden. Neben der zumeist ohne Beachtung wissenschaftlicher Termini vorgenommenen, oft subjektiv gefärbten Beschreibung ist insbesondere die entsprechend dem jeweiligen Stand der kartographischen Dokumentation sehr unsichere Lokalisierung der Aussagen einer dem Untersuchungsziel dienenden Auswertung hinderlich, so daß auf diese Datenquelle nur vereinzelt zurückgegriffen werden konnte (siehe Kap. 7.7, 10, 11).

Einen Hauptschwerpunkt der Datengewinnung im Rahmen der vorliegenden Untersuchung bildete die *Interpretation von Fernerkundungsdaten*. Sie bieten für das durch terrestrische Erkundung noch sehr unzureichend erschlossene Gebiet die Möglichkeit einer erstmaligen flächendeckenden Erfassung wesentlicher inhaltlicher und vor allem raumstruktureller Merkmale der Landschaftsstruktur, insbesondere hinsichtlich seines geomorphologischen Teilkomplexes (siehe Kap. 7.4). Für die Nutzung der Geofernerkundung als rationelle Erkundungsmethodik lag dem Verfasser umfangreiches Material in Form groß- und mittelmaßstäbiger panchromatischer Luftbilder (1:50 000 - 1:100 000), fotografischer Aufnahmen der Gemini-Missionen (vgl. MITCHELL/PERRIN 1966, ABDEL-GAWAD 1970), Skylab-Aufnahmen (MC KEE 1979) und Landsat-Scanneraufnahmen (HUNTING MAP-Satellitenbildkarte, einkanalige Bildversionen) vor. Erste Möglichkeiten der geowissenschaftlichen Auswertung der Landsat-Aufnahmen für die VDRJ werden durch TRAVAGLIA/MITCHELL (1982) und VILLWOCK (1989 b) dargestellt.

Außer der Datengewinnung aus geowissenschaftlichen Unterlagen und Fernerkundungsdaten hatte der Verfasser die Möglichkeit, während eines halbjährigen Arbeitsaufenthaltes in der VDRJ (1984/85) eine Vielzahl direkter *Geländebeobachtungen* vorzunehmen (siehe Anl. 1). Durch ausgedehnte Geländebefahrungen konnten wesentliche Überblicksinformationen zur regionalen landschaftsräumlichen Differenzierung im Südwestteil des Hadramawt-Plateaus, im Bereich der zentralen und westlichen Küstengebirge und -ebenen sowie im westlichen Gebirge (Dhala-Region) gesammelt werden. Detaillierte Geländeuntersuchungen wurden im Zusammenhang mit den geologischen Kartierungsarbeiten des Verfassers vor allem in der südwestlichen Hadramawt-Region sowie im Küstengebirge von Mukallā durchgeführt. Im Mittelpunkt standen dabei lokal begrenzte Kartierungen wesentlicher Merkmale des Georeliefs und der Bodendecke und eine stichprobenhafte Aufnahme kennzeichnender Arten der Vegetation. Entsprechend der andersartigen Aufgabenstellung der Expedition konnten bei diesen Arbeiten nur einfache Methoden der Feldkartierung eingesetzt werden. Daneben wurden an einigen Lokalitäten kurzzeitige Messungen und Beobachtungen von meteorologischen Grunddaten (Temperatur, Luftfeuchte, Taufall, Bewölkung) vorgenommen.

Die topographische Grundlage für die kleinmaßstäbigen Kartierungen bildet die von Hunting Surveys Limited auf der Basis von kosmischen Aufnahmen (Landsat 1972/73) hergestellte vierteilige Satellitenbildkarte im Maßstab 1:500 000 (HUNTING MAP). Für den Westteil stand außerdem die durch Swiss Technical Co-operation Service (1977) erarbeitete Karte der JAR (1:500 000) zur Verfügung. Derzeitig liegt für den Großteil des Territoriums der VDRJ bereits ein auf der Grundlage von Luftbildern und terrestrischen Aufnahmen erzeugtes topographisches Kartenwerk im Grundmaßstab 1:100 000 in guter Qualität vor, das dem Verfasser bei den Feldarbeiten zur Verfügung stand. Hingewiesen sei an dieser Stelle noch auf das Problem der Transkription von geographischen Namen aus der arabischen Sprache, die zu einer Vielzahl von abweichenden Namensformen in der Literatur führte. Die vorliegende Arbeit verwendet weitestgehend die englischsprachige Transkription der Hunting-Satellitenbildkarte, um die Einheitlichkeit für das Gesamtterritorium zu wahren. Eine Ausnahme bildet Anlage 5, die beim Verlag H. Haack (Gotha) redaktionell bearbeitet wurde.

Untersuchungsablauf und Methoden

4.3 Auswahl von Vergleichsgebieten

Im Rahmen der vorliegenden Arbeit bestand auf Grund des begrenzten gebietsbezogenen Erkundungsstandes die zwingende Notwendigkeit, Erkenntnisse und Forschungsergebnisse aus anderen, derzeit besser bearbeiteten Gebieten in die verschiedenen Untersuchungsschritte einzubeziehen. Dementsprechend stellen der regionale Vergleich und die darauf aufbauende deduktive Ableitung von Aussagen für das Arbeitsgebiet (zu den methodischen Grundlagen vgl. u.a. NEEF 1967, LESER 1976) aus in ihren landschaftlichen Verhältnissen vergleichbaren Gebieten ein wesentliches methodisches Grundprinzip der vorliegenden Untersuchung dar. Den Ausgangspunkt für dieses Vorgehen bildet die Prüfung der Vergleichbarkeit der natürlichen Bedingungen des Arbeitsgebietes mit denen anderer Regionen und die darauf basierende Auswahl von Vergleichsgebieten. Die auf die landschaftsprägenden Hauptmerkmale konzentrierte Analyse der Vergleichbarkeit beinhaltet zum einen die Prüfung der klimaökologischen Äquivalenz sowie andererseits eine Betrachtung von geologisch-morphologischen Ähnlichkeiten.

Tabelle 2: Klimaökologisch vergleichbare Gebiete zu Regionen der VDRJ

Landschaftsregion der VDRJ	Vergleichsgebiete
Semihumide, winterkühle Hochlagen der westlichen Gebirge und der Hadramawt-Abdachung	Hochländer in NE-Äthiopien Küstengebirge von N-Somalia Randstufen und zentrale Hoch- und Bergländer Namibias Westrand der Kalahari (Namibia) NE-Südafrika Neu-Südwales (Australien) Ostfuß der Anden in N-Argentinien
Semiaride, winterkühle Hochlagen der westlichen Gebirge	Zentraler Teil Australiens Südliches Küstenbergland S-Afrikas Südwestliche Kalahari (Namibia) NW-Südafrika
Semiaride, warme mittlere Lagen der westlichen Gebirge	Mittlere Gebirge Somalias Namakwaland (Namibia) Thar-Wüste (NW-Indien) SE-Pakistan Zentraler Teil Australiens
Vollarides, luftfeuchtes Küstengebiet	SW-Küste des Persischen Golfes (Oman) Küsten des mittleren und südlichen Roten Meeres Atlantik-Küste von Mauretanien N-Küste Somalias
Vollaride, lufttrockene östliche und zentrale Gebiete	Nördlicher Sudan West-Sahara (Mauretanien, S-Algerien, N-Mali) Zentralarabien
Extrem aride Gebiete des Binnenlandes	N-Tschad N-Niger Ägyptische Wüstengebiete S-Algerien

Gerd Villwock

Für das Auffinden von hinsichtlich der *klimatischen Bedingungen* der VDRJ ähnlichen Gebieten wurde ein Vergleich der Typen des Regionalklimas der VDRJ (siehe Kap. 7.2.5) mit ausgewählten Klimastationen anderer Regionen in bezug auf die Hauptklimaelemente Niederschlag und Temperatur durchgeführt (siehe Abb. 2). Es wird deutlich, daß die Gebiete der westafrikanischen Sahelzone für das Untersuchungsgebiet im klimaökologischen Sinne keine direkten Vergleichsräume darstellen (siehe auch Kap. 11.3). Im Resultat ergeben sich die in Tabelle 2 aufgeführten Vergleichsgebiete, wobei aus ökologischen Gründen nur Gebiete mit sommerlichem Niederschlagsmaximum berücksichtigt werden.

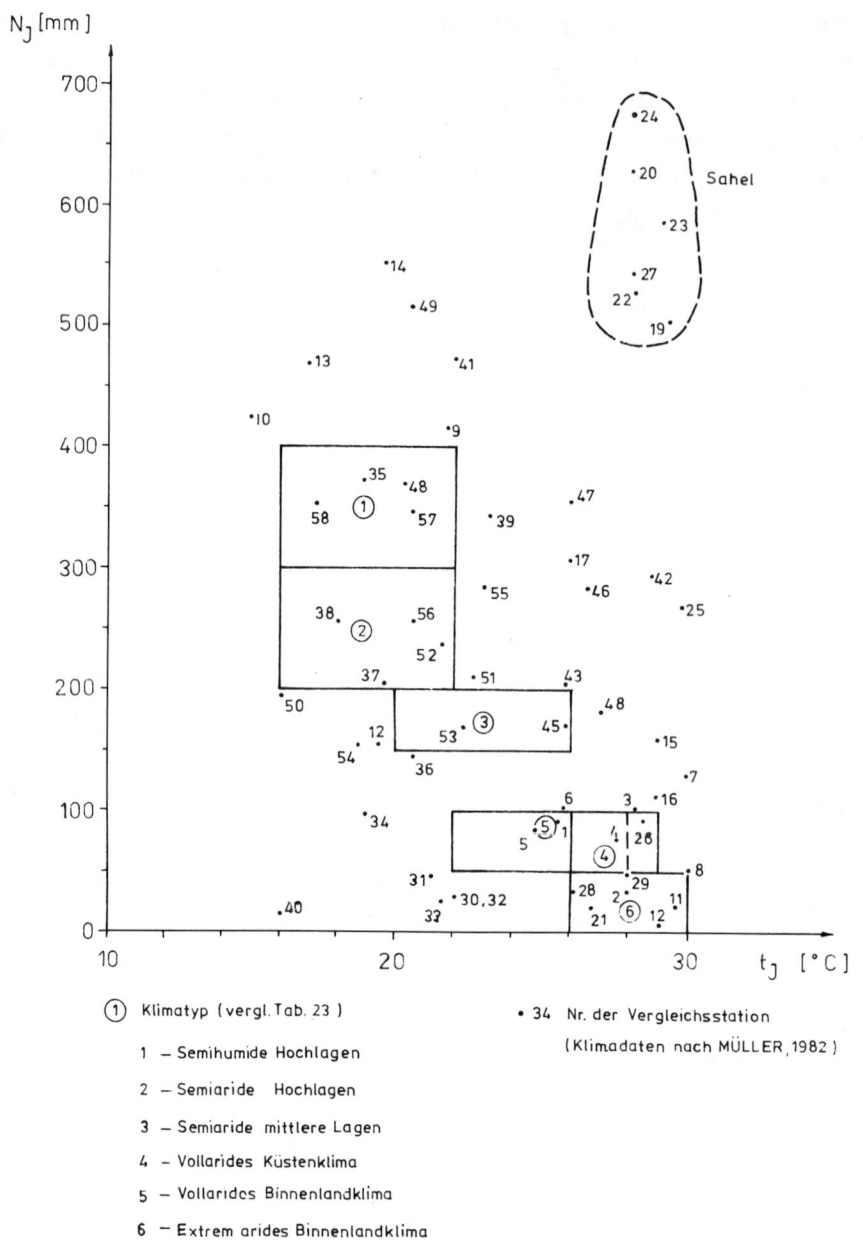

① Klimatyp (vergl. Tab. 23)

1 — Semihumide Hochlagen
2 — Semiaride Hochlagen
3 — Semiaride mittlere Lagen
4 — Vollarides Küstenklima
5 — Vollarides Binnenlandklima
6 — Extrem arides Binnenlandklima

• 34 Nr. der Vergleichsstation
(Klimadaten nach MÜLLER, 1982)

Abbildung 2: Vergleich der Klimatypen der VDRJ mit Klimaten anderer Gebiete

Untersuchungsablauf und Methoden

Die Auswahl von in ihren *geologisch-lithologischen und Reliefverhältnissen* sowie dem aktuellen Prozeßgeschehen vergleichbaren Gebieten erfolgte durch eine umfangreiche Literaturanalyse (vgl. die Literaturangaben in den Kap. 7.3 und 7.4). Als wesentliche, gut bearbeitete Vergleichsräume können in erster Linie Gebiete der zentralen und östlichen Sahara, der nördlichen Sahelzone, die Tibesti-Region (Nord-Tschad) und Zentralarabien herangezogen werden. Hinsichtlich der durch die geotektonische Position geprägten Landschaftsstruktur der Küstengebirge (vgl. Kap. 7.4.2) bestehen vergleichbare Verhältnisse unter anderem in Nordost-Äthiopien (Eritrea) und Nord-Somalia (Guban- und Haded-Gebirge). Auf die im einzelnen für deduktive Analogiebetrachtungen verwendeten Arbeiten aus den Vergleichsgebieten wird in den jeweiligen Sachkapiteln eingegangen.

Verwendete Stationen für den Klimavergleich

Nr.	Station	Höhe ü. M. (m)	Nr.	Station	Höhe ü. M. (m)
	Oman			**Mauretanien**	
1	Salalah	10	28	Nouakchott	21
2	Misrah Island	16	29	Atar	225
3	Muscat	4	30	Nouadhibau	4
	Saudi-Arabien/VAE			**Algerien/Lybien**	
4	Jiddah	6	31	Tamanrasset	1405
5	Ar Riyad	591	32	Ghudāmis	360
6	Ash Shariqah	5		**Ägypten**	
	Djibouti		33	Kairo	95
7	Djibouti	7	34	As Sullūm	170
	Somalia			**Namibia/Südafrika**	
8	Berbera	8	35	Windhoek	1728
9	Hargeysa	1370	36	Keetmanshopp	1066
10	Erigare	1737	37	Upington	809
11	Bosaco	2	38	Oudtshoorn	335
12	Galcayo	302	39	Messina	549
	Äthiopien		40	Lüderitz	23
13	Asmara	2300		**Botswana**	
14	Negelli	1500	41	Maun	942
	Sudan			**Kenia**	
15	Khartum	380	42	Garissa	128
16	Port Sudan	5			
17	Al Fashir	730		**Indien/Pakistan**	
			43	Karachi	4
	Tschad		44	Hydrabad/Pak.	29
18	Largeau	233	45	Multan	126
19	Abeché	550	46	Bikaner	224
20	Ndjamena	295	47	Johdpur	238
	Niger			**Argentinien**	
21	Bilma	355	48	Catamaroa	547
22	Zinder	510	49	Santiago d. Estero	199
23	Niamey	220	50	Mendoza	769
	Nigeria			**Australien**	
24	Sokoto	345	51	Mundiwindi	408
			52	Wiluna	518
	Mali		53	Giles	580
25	Gao	270	54	Tarcoola	120
26	Tessalit	520	55	Windorah	119
27	Mopti	280	56	Alice Springs	579
			57	Bourke	110
			58	Hay	94

5. Das Untersuchungsgebiet

5.1 Allgemeiner Überblick

Die Volksdemokratische Republik Jemen (heute Südteil der Republik Jemen) liegt im Süden der Arabischen Halbinsel zwischen ca. 19°00' und 12°30' nördlicher Breite sowie 43°30' und 53°00' östlicher Länge und wird von Saudi-Arabien im Norden und dem Sultanat Oman im Osten begrenzt. Die Südgrenze bildet die Küste des Golfes von Aden, einer Nebenbucht des Indischen Ozeans. Zum ungefähr 333 000 km² großen Territorium gehören außerdem noch die Insel Kamaran (130² km, im Roten Meer), Perim (10² km, in der Meerenge d. Bab al Mandab) und Sokotra (3625 km², im Indischen Ozean vor dem Kap Guardafui)[1] .Von den ca. 2,2 Millionen Einwohnern (nach UN-Schätzung 1985) sind 90% Araber, andere Volksgruppen sind Inder (2,5%) und Somali (2,2%). Ungefähr zwei Drittel der Bevölkerung leben in ländlichen Gebieten bei einer sehr geringen Bevölkerungsdichte zwischen 17 - 49 EW/km² im westlichen Landesteil und 1 - 4 EW/km² im Ostteil, wobei nur 2 % der Landesfläche überhaupt dichter besiedelt sind (St. d. Ausl. 1985). Einzige Großstadt ist die Hauptstadt Aden mit ihrem urbanisierten Umland (ca. 367 000 EW, 1985). Weitere kleine städtische Siedlungen liegen an der Küste (Mukallā, Ash Shihr, Sayhūt, Al Ghaydah), im westlichen Gebirge (Dhala) und im Wadi Hadramawt (Shibam, Say'un, Tarim). Die Bevölkerungsentwicklung weist nach UN-Schätzungen eine starke Zunahme von 2,2 % im Jahr auf. Mit einem Bruttosozialprodukt von 510 Dollar/Einwohner (1983) gehörte die VDRJ zu den am wenigsten entwickelten Ländern der Erde (nach UN: LDC u. MSAC-Land). Das Bruttosozialprodukt wurde zwischen 1975 und 1987 zu ca. 70 % durch Geldüberweisungen der Auslandsarbeiter (1980: 300 000, ca. 60 % der erwerbstätigen Bevölkerung) und zu 20 % aus Gewinnen des Hafens und der Ölraffinerie in Aden gebildet. Der wichtigste Wirtschaftszweig ist die Landwirtschaft, in der ca. 45 % der Beschäftigten arbeiten. Die natürlichen Verhältnisse gestatten nur auf ungefähr 0,6 % der Landesfläche Ackerbau (vgl. Kap. 9.3, 11.2), davon auf einem Drittel mit Bewässerungsmöglichkeit. Hauptkulturen bei geringen Ertragsleistungen und dominanter Subsistenzwirtschaft sind Hirse, Wassermelonen, Datteln und in geringerem Maße Mais und Weizen. Eine wichtige Rolle spielt die vorwiegend nomadische bzw. halbnomadische Viehhaltung (v.a. Ziegen und Schafe). Die industrielle Produktion ist bisher schwach entwickelt und beschäftigt nur 15 % der Erwerbstätigen. Erdölvorkommen wurden in jüngster Zeit in der Provinz Shabwa erschlossen. Die Verkehrserschließung des Landes ist in den letzten Jahren mit Hilfe ausländischer Firmen gefördert worden, weist aber bei schwierigen natürlichen Bedingungen insgesamt noch ein geringes Niveau auf.

---

[1] Die Inseln bleiben in der vorliegenden Arbeit außerhalb der Betrachtung.

5.2 Klimazonale und geotektonische Position

Die allgemeinen Rahmenbedingungen für die Ausprägung der natürlichen Bedingungen des Untersuchungsgebietes ergeben sich aus seiner Lageposition zu den globalen, großräumigen Wirkungsfaktoren der zonalen Verhältnisse (Strahlungs-, Wärmehaushalt, Zirkulation) und der geotektonisch-morphostrukturellen Situation, die im geosphärischen Betrachtungsbereich der Landschaftsforschung gefaßt werden können (vgl. NEEF 1963 a).

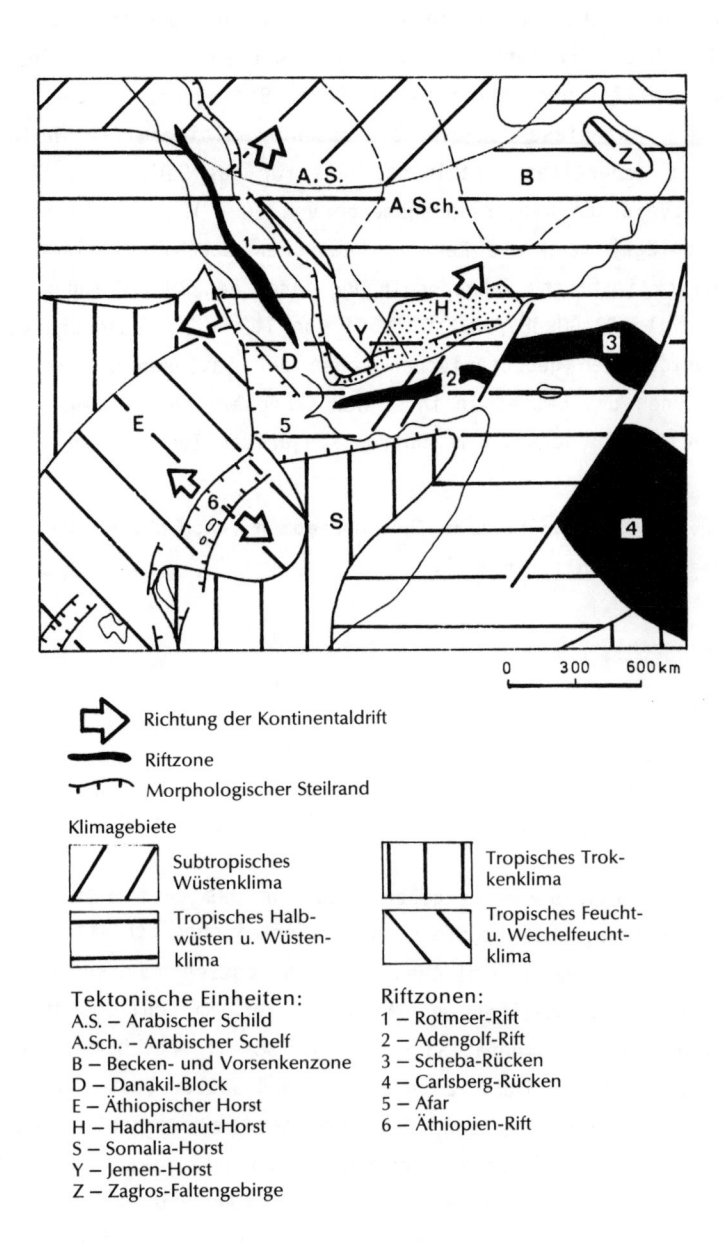

Richtung der Kontinentaldrift
Riftzone
Morphologischer Steilrand

Klimagebiete
Subtropisches Wüstenklima
Tropisches Halbwüsten u. Wüstenklima
Tropisches Trockenklima
Tropisches Feucht- u. Wechelfeuchtklima

Tektonische Einheiten:
A.S. — Arabischer Schild
A.Sch. — Arabischer Schelf
B — Becken- und Vorsenkenzone
D — Danakil-Block
E — Äthiopischer Horst
H — Hadhramaut-Horst
S — Somalia-Horst
Y — Jemen-Horst
Z — Zagros-Faltengebirge

Riftzonen:
1 — Rotmeer-Rift
2 — Adengolf-Rift
3 — Scheba-Rücken
4 — Carlsberg-Rücken
5 — Afar
6 — Äthiopien-Rift

Abbildung 3: Geotektonische und zonalklimatische Position (nach LAUGHTON 1966, PICARD 1969, TROLL/PAFFEN 1964)

Die Ausprägung der *zonalen Wirkungsfaktoren* wird durch die Position zum theoretisch möglichen Strahlungsgewinn in Abhängigkeit von der Breitenlage und durch die Lage innerhalb der atmosphärischen Zirkulation bestimmt. Hieraus resultieren der tatsächliche Strahlungs- und Wärmegewinn und die klimabestimmenden Relationen von Strahlungsbilanz, Niederschlag und Verdunstung. Für den Untersuchungsraum ergibt sich entsprechend seiner Breitenlage ein theoretischer Strahlungsgewinn von 317,3 W/m^2 (n. LEBEDEV/ SOROŠAN 1967 für 15° n.Br.). Bezüglich der globalen Zirkulation befindet sich das Gebiet innerhalb der Monsunzirkulation mit halbjährlich wechselnden Zirkulations- und Luftmassenverhältnissen im meridionalen Schwankungsbereich der innertropischen Konvergenz (ITC). Die Zirkulationsverhältnisse werden durch die infolge der Land-Meer-Verteilung spezifischen thermodynamischen Bedingungen erheblich modifiziert (siehe Kap. 7.2.2). Aus diesen Lageverhältnissen resultieren die in Tabelle 6 dargestellten Werte der generellen Strahlungsbilanz für das Gebiet der VDRJ. Bei der Annahme einer zonaltypischen Niederschlagsmenge von 50 - 100 mm/Jahr (ohne orographisch bedingte Niederschläge) kann die Relation zwischen Strahlungsbilanz und Verdunstung als wesentliche bioklimatische Rahmenbedingung durch den BUDYKO-Index (Strahlungsindex der Trockenheit, vgl. GRIGORJEV/BUDYKO 1965) von 1,2 - 2,7 ausgedrückt werden. Diese Wertspanne entspricht den geobotanischen Zonen der Savannen und Halbwüsten. WALTER/ BRECKLE (1984) ordnen das Gebiet in ihrer der geosphärischen Dimension entsprechenden klimaökologischen Großgliederung dem subtropisch ariden Zonobiom zu.

Tabelle 3: Generelle Strahlungsbilanz für Südarabien (nach BUDYKO 1974)
Jahresdurchschnitt in Wm^{-2}

Globalstrahlung	265 - 292
Strahlungsbilanz	93 - 106
Wärmeabgabe durch Verdunstung	13
Turbulenter Wärmestrom von der Oberfläche	80

Die *tellurischen Rahmenbedingungen* ergeben sich für das Gebiet zum einen aus seiner Lage im Südteil des Arabischen Schildes und der Arabischen Schelfregion (vgl. TEKTON. KARTA EVRASII 1966), die im wesentlichen die lithologischen Gegebenheiten mit präkambrisch-altpaläozoischen Magmatiten und Metamorphiten im Schildbereich und mächtigen mesozoisch-känozoischen Sedimentablagerungen im Schelfbereich bestimmt (s. Abb. 3). Von entscheidender Bedeutung für die generelle Land-Wasser-Verteilung und die morphostrukturellen Bedingungen ist die Lage des Gebietes am Nordrand der Adengolf-Riftzone als Verbindungsglied zwischen dem vorderasiatisch-ostafrikanischen Riftsystem und der Carlsberg-Struktur im Nordwest-Indik (vgl. LAUGHTON 1966, siehe Abb. 3). In diesem taphrogenetischen System erfolgte vermutlich seit dem Miozän eine aktive Veränderung der Kontinentstruktur mit der Öffnung des Rotmeer- und des Adengolf-Grabens durch Driftbewegungen und einer Trennung der Arabischen von der Afrikanischen Platte mit

Untersuchungsgebiet

Spreading-Raten von 0,78 - 1,35 cm/Jahr (GIRDLER 1966, PICARD 1969, LAUGHTON et al. 1970). Die Position von größeren Teilen des Untersuchungsgebietes ist damit durch eine junge geotektonische Formung in Verbindung mit aktivem Vulkanismus und einem dementsprechend geringen Alter der Morphostrukturen gekennzeichnet (siehe Kap. 6, 7.3, 7.4, Abb. 23).

5.3 Stand der geowissenschaftlichen Erkundung

Die neuzeitliche geowissenschaftliche Erforschung Südarabiens kann in ihrer zeitlichen Entwicklung in vier Hauptphasen gegliedert werden. Dabei werden Arbeiten zum Territorium der ehemaligen VDRJ bzw. mit starkem Bezug auf dieses Gebiet berücksichtigt. Einen Literaturüberblick bieten die Arbeiten von WISSMANN et al. (1942) und BEYDOUN (1964) zur geologischen Erkundung sowie von RATHJENS/WISSMANN (1934), LEIDLMAIR (1961), BAUMHAUER (1965) und WOHLFAHRT (1980) zur landeskundlich-geographischen Erforschung.

1. Phase (1830 - 1910)

Die erste, um 1830 einsetzende Phase beinhaltet vorwiegend landeskundlich orientierte Reisen und Expeditionen mit wertvollen archäologischen und ethnographischen Erkenntnissen sowie dem Ziel einer kolonialen Landesaufnahme. Geowissenschaftliche Aussagen erfolgen nur partiell und zumeist als allgemeine Beschreibungen, die schwer lokalisierbar sind. Die politischen Verhältnisse und die natürlichen Bedingungen erschwerten ebenso wie in der zweiten Phase die Zugänglichkeit weiter Gebiete. In diesen Zeitraum gehören die zumeist unter großen persönlichen Opfern durchgeführten Reisen unter anderem von HAINES (in den Jahren 1832 - 36), WELLSTED (1835), v. WREDE (1843), CARTER (1850), v. MALTZAN (1870 - 71), MUNZINGER (1870), HIRSCH (1893), BENT und BURY (1894 - 95, 1899), MÜLLER, LANDSBERG und KOSSMAT (1898), BARDAY (1899), HEIN (1902) und BURCHARDT (1902). FORSKAL (bereits 1775), DEFLERS, BLATTER, KRAUSE und SCHWEINFURTH führten in Teilgebieten erste Florenaufnahmen durch.

2. Phase (1910 - 1955)

Sie umfaßt eine Vielzahl von ersten systematischen, wissenschaftlich angelegten Erkundungen in Teilgebieten unter verschiedenen Aspekten. Neben geologischen Kartierungen kleinerer küstennaher Gebiete (u.a. durch KOSSMAT, LITTLE, PIKE, WAFFORD) gehören in diese Phase vor allem die umfangreichen Expeditionen von H. v. WISSMANN, D. v. d. MEULEN und C. RATHJENS. Sie stellen die ersten fundierten Regionalaufnahmen des Gebietes dar und erbrachten auf physisch-geographischem Gebiet eine Fülle grundlegender Erkenntnisse zu geologisch-geomorphologischen, klimatologischen und vegetationskundlichen Fragen (vgl. als zusammenfassende Arbeiten RATHJENS/WISSMANN 1943 für Nordjemen, WISSMANN et al. 1942, MEULEN/WISSMANN 1932 für den Südteil). Daneben werden wesentliche Beiträge zur Klärung der historischen Entwicklung erarbeitet (vgl. WISSMANN/HÖFNER 1952, WISSMANN 1953). Umfangreiche, zum Teil gut lokalisierbare Landesbeschreibungen und fotografische Dokumentationen liefern in dieser Zeit INGRAMS, PHILBY, STARK, THESIGER, BUNKER, THOMAS und HELFRITZ. Mit der Gewinnung erster Luftaufnahmen durch BOSCAWEN und RICKARDS wird die Erkundungsmethodik wesentlich erweitert und die Herstellung topographischer Karten möglich. Eine durch Quellenzusammenfassung gewonnene wirtschaftshistorische und -geographische Darstellung erfolgt durch GROHMANN (1930/33), während SCHWARTZ (1939) die bisherigen Kenntnisse zur Pflanzenverbreitung zusammenstellt.

3. Phase (1947 - 1970)

Vor allem durch britische Firmen (v.a. Iraq Oil Company) setzt nach dem zweiten Weltkrieg eine relativ umfangreiche geologische Erkundung ein, die zur grundlegenden Klärung der geologisch-tektonischen Struktur und zur Stratigraphie beiträgt (u.a. durch WETZEL, MORTON, GEUKENS, BEYDOUN, GREENWOOD). Unter der Nutzung von Luftaufnahmen werden flächendeckende kleinmaßstäbige geologische Übersichtskarten erarbeitet (siehe Kap. 7.3.1). BAGNOLD (1951) führt systematische Erkundungsarbeiten in den Sandgebieten von Rub al Khali durch, RATHJENS/KERNER (1956) geben eine erste Darstellung der Klimaverhältnisse.

4. Phase (seit 1965/70)

Diese Phase ist gekennzeichnet durch den Einsatz moderner geowissenschaftlicher Erkundungsmethoden (Fernerkundung, Geophysik, Geochemie) für eine Vielzahl von Fragestellungen. Vorwiegend handelt es sich dabei um durch oder mit Unterstützung ausländischer Konsultantengruppen (u.a. aus Großbritannien, UdSSR, Rumänien, VR China, CSSR, DDR) bearbeitete Spezialprojekte zur Erkundung der natürlichen Ressourcen. Dabei stehen Aspekte der geologisch-lagerstättenkundlichen Situation (Bearbeitung von Detailgebieten, mittelmaßstäbige Kartierungen), hydrologische Untersuchungen (vgl. ABDULBAKI 1984) und vereinzelte Erkundungen agrarwirtschaftlicher Ressourcen im Mittelpunkt. Wesentliche auf das Untersuchungsgebiet übertragbare Erkenntnisse zur landschaftlichen Raumstruktur werden in dieser Phase durch die Arbeiten zur Geomorphologie Arabiens (BARTH 1976, AL-SAYARI/ZÖTL 1978, JADO/ZÖTL 1984), die regionalklimatischen Studien von FLOHN (u.a. 1965 a) sowie die Vegetationsmonographie für die JAR von AL-HUBAISHI/MÜLLER-HOHENSTEIN (1984) erbracht. Moderne agrargeographische Untersuchungen in der JAR (vgl. HAIN 1969, KOPP 1981) enthalten auch für das Territorium des Südjemen verwendbare Aussagen.

Der geowissenschaftliche Erkundungsstand und damit die für eine physisch-geographische Regionaluntersuchung zur Verfügung stehenden Ausgangsdaten müssen insgesamt für das Bearbeitungsgebiet als noch sehr lückenhaft eingeschätzt werden. Hinzu kommt die schwere bzw. fehlende Zugänglichkeit für die in Form unpublizierter Berichte und Studien vorliegenden jüngeren Detailarbeiten. Sie konnten deshalb nur vereinzelt einbezogen werden bzw. aus anderen Arbeiten (v.a. ABDULBAKI 1984) erschlossen werden. Eine ausführliche Darstellung der Ausgangsdaten erfolgt jeweils bei der Betrachtung der Partialkomplexe in den Kapiteln 7.2 bis 7.7. Relativ ausreichend für das Untersuchungsziel ist die Datensituation zur Geologie (vgl. Kap. 7.3) und zum Georelief

Untersuchungsgebiet

(kosmische und Luftaufnahmen). Für einige Partialkomplexe liegen kleinmaßstäbige Übersichtskarten vor (UNESCO-FAO-Karten, TAVO-Karten zu Klima, Vegetation, Böden). Das vorhandene meteorologische Meßnetz ist sehr weitmaschig und auf den westlichen Landesteil konzentriert. Langjährige Reihen existieren nur für die Küstenstationen Aden und Mukallā. Hydrologische Messungen wurden nur vereinzelt und in kurzen Reihen durchgeführt. Die vorliegenden statistischen Angaben zur Bevölkerung, Wirtschaft und Landnutzung sind noch relativ ungenau und zum Teil mit einer hohen Fehlerquote behaftet (vgl. St. d. Ausl., 1985).

6. GRUNDZÜGE DER LANDSCHAFTSGENESE

6.1 Grundlagen der Darstellung

Die Ausprägung der stabilen Eigenschaften und des räumlichen Gefüges der Landschaftsstruktur ist das Resultat einer zeitlichen Entwicklung, die durch den Begriff der Landschaftsgenese gefaßt wird (LESER 1976) und sich in einer Folge von Geneseepochen (NEEF 1967) mit unterschiedlichem Charakter der jeweils landschaftsformenden Prozeßkombinationen realisiert. Steuernde Hauptfaktoren der Landschaftsgenese sind die endogene geotektonische Dynamik und die durch das Klima repräsentierte atmosphärische Dynamik (NEUMEISTER 1971), wobei dimensionsspezifische Unterschiede in der Wirksamkeit zu berücksichtigen sind. Während die großräumige landschaftliche Raumstruktur entscheidend durch die regionale geologisch-tektonische und zonalklimatische Entwicklung determiniert wird, ist die Landschaftsstruktur in den unteren Bereichen der chorischen Dimension in erster Linie das Ergebnis der kleinräumig wirksamen exogenen Dynamik in ihrer gesteins- und positionsbedingten Differenzierung. Die Untersuchung der Landschaftsgenese in der vorliegenden Arbeit zielt auf eine großräumige Übersicht der Abfolge von Phasen mit jeweils relativ einheitlicher Ausprägung der steuernden Hauptfaktoren und den dadurch bedingten Charakter der Landschaftsmerkmale innerhalb eines Zeitraumes, dessen Prozeßabläufe für die heutige landschaftliche Differenzierung von Bedeutung sind.

Die Ausgangsdaten für eine Klärung der Landschaftsgenese des Untersuchungsgebietes sind noch sehr lückenhaft und gestatten derzeit nur den Versuch einer ersten Annäherung der Darstellung. Dafür stehen in erster Linie die Ergebnisse der geologischen Erkundung des Gebietes (u.a. BEYDOUN 1964, 1966, GREENWOOD/BLEACKLEY 1967, PICARD 1969, LAUGHTON et al. 1970) und wenige geomorphologische Arbeiten in Teilgebieten (WISSMANN 1957, LEIDLMAIR 1962, ANDREAS et al. 1979, SCHRAMM et al. 1986, PORATH 1989) zur Verfügung. Vorsichtige Analogieschlüsse sind vor allem aus den Arbeiten von BAKIH (1976), AL-SAYARI/ZÖTL (1978), JADO/ZÖTL (1984) und BRIEM (1989) in Saudi-Arabien sowie aus den Untersuchungen im nord- und ostafrikanischen Raum (u.a. MENSCHING et al. 1970, MENSCHING 1968, 1974, PALLISTER 1963) möglich.

6.2 Hauptfaktoren und Zeitphasen der großräumigen Landschaftsgenese

Der Zeitraum der landschaftsgenetischen Entwicklung für Südarabien umfaßt das Tertiär und Quartär, in denen die entscheidenden raumstrukturbildenden endogenen und exogenen Vorgänge abliefen und die Bildung des Großteils der Oberflächengesteine und -substrate erfolgte. Ältere paläogeographische Entwicklungsphasen lieferten durch ihre Gesteins-

Landschaftsgenese

bildungen Teile des Baumaterials der heutigen Landschaft. Während älterer Denudationsphasen angelegte Verebnungen mit weitflächigem Rumpfflächencharakter (WISSMANN et al. 1942, GEUKENS 1966, BARTH in BLUME 1976) haben durch spätere Exhumierung in Teilen der westlichen Gebirge (Hochland von Mukayrās) Einfluß auf die rezente Raumstruktur.

Die Anlage 6 zeigt die Ausprägung der landschaftsgenetischen Hauptfaktoren in ihrer zeitlichen Abfolge und großräumlichen Differenzierung. Entscheidende raumstrukturprägende Impulse für das Gebiet gehen von der *endogenen Faktorengruppe* aus (siehe auch Kap. 7.3, Abb. 23). Epirogene Hebungen in im einzelnen noch wenig geklärten Phasen sind zumindest seit der Kreide für den Westteil und für die Gebiete mesozoisch-paläogener Sedimentation im Osten und Nordosten strukturprägend. Sie führten in den Sedimentiten zur Bildung flacher Synklinal-Antiklinal-Strukturen ("Hadramawt-Arches", vgl. BEYDOUN 1964). Die landschaftliche Raumgliederung des küstennahen Gebietes wird vor allem durch die die seit dem Miozän ablaufende, mehrphasige Taphrogenese der Adengolf-Riftstruktur begleitenden Bruchverwerfungen und -hebungen vorgezeichnet. Sie bewirkten intensive Schollenverstellungen und -abbrüche sowie die Bildung von lokalen Graben- und Diapirstrukturen (BEYDOUN 1964, PICARD 1969, BRIEM 1989). Auch die Anlage der weiten, NW-SE streichenden Depressionen im mittleren Landesteil (Tieflandsbucht von Mayfaah, Ramlat Sab'atayn) geht nach PICARD (1969) auf taphrogenetische Grabenbildungen zurück.

Vulkanische Dynamik beeinflußte zu verschiedenen Zeiten die Reliefgenese, wobei generell zwei Phasen unterschieden werden können (BEYDOUN 1964, GREENWOOD/BLEACKLEY 1967, CHIESA et al. 1983, GASS 1970). In der älteren Phase (Ob. Kreide-Oligozän/Miozän) kam es durch einen intensiven Trapp-Vulkanismus zur Bildung mächtiger, vorwiegend basaltischer Vulkanitdecken im äußersten Westen des Gebietes. Vor allem im Küstengebiet treten in einer jüngeren Phase (Pliozän - subrezent) kleinflächige basaltische Deckergüsse und Einzeleruptionen auf, die in einem zum Teil sehr juvenilen Formenschatz erhalten sind (z.B. J. Kharaz, as-Sauda, Balhaf-Gebiet).

Die landschaftsgenetische Wirkung der *exogenen Faktorengruppe* wird entscheidend durch die klimatischen Bedingungen gesteuert. Für die Darstellung der Klimaentwicklung des Gebietes im Zeitraum der Landschaftsgenese liegen bisher nur wenige paläoklimatische Befunde vor (vgl. MC CLURE 1976, AL-SAYARI/ZÖTL 1978), so daß für eine erste Übersicht Analogieschlüsse aus benachbarten Gebieten (NILSSON 1949, SEMMEL 1971, MENSCHING 1979, COUREL 1985) mit einbezogen werden müssen. Für die präpliozänen Verhältnisse stehen nur Ableitungen aus globalen Darstellungen (SINIZYN 1967) zur Verfügung. Das generelle Bild (siehe Anl. 6) zeigt einen Wechsel von vermutlich semihumiden Klimaverhältnissen im älteren Tertiär, semiarid-semihumiden Bedingungen im Pliozän zu einer Abfolge von ariden und semiariden Phasen im Quartär. Eine etwas genauere Darstellung läßt sich nach MC CLURE (1976) und JADO/ZÖTL (1984) für die pliozän-quartäre Phase vornehmen (siehe Anl. 7). Während die Spät-Pliozän/Früh-Pleistozän-Phase über einen langen Zeitraum semiarid-semihumide Bedingungen mit einem relativ hohen Feuchteangebot aufweist, ist für das übrige Quartär der Wechsel von hyperariden Phasen und semiariden Phasen bei insgesamt vermutlich zunehmender Aridität charakteristisch. Das Auftreten der semiariden Feuchtphasen, die eine nur schwache Zunahme der Niederschläge aufwiesen und für die deshalb die Bezeichnung "Pluvial" nicht verwendet werden sollte (AL-SAYARI/ZÖTL 1978), kann mit einer Nordverschiebung der innertropischen Zirkulationszone in glazialen Warmzeiten erklärt werden (MURZAEVA et al. 1984). Belege für eine vertikale Klimadifferenzierung im Quartär liegen aus dem Gebiet bisher nicht vor. Es kann aber aus dem Vergleich mit dem Hochland von Äthiopien, wo die Untergrenze der periglaziären Zone der letzten Kaltzeit bei 2 600 bis 3 500 m ü.M. lag (BÜDEL 1954, HURNI 1982), angenommen werden, daß periglaziäre Faziesbedingungen in den höchsten Bereichen des Gebietes (2 000 bis 2 400 m ü.M.) nicht auftraten.

Hinsichtlich der Prägung durch die exogene Dynamik läßt sich das Untersuchungsgebiet in zwei paläogeographische Großräume unterteilen, die in den älteren Phasen ihrer Landschaftsgenese eine unterschiedliche Entwicklung mit einem erheblichen Einfluß besonders auf die lithologische Raumstruktur (siehe Kap. 7.3.3, Abb. 23) durchliefen. Der Westteil ist seit dem Jura vorwiegend kontinentales Abtragungsgebiet mit lokaler Akkumulation und partieller Überlagerung durch Vulkanitdecken gewesen (vgl. BRIEM 1989). Dagegen bestimmten im östlichen Teil bis zum Eozän weitflächige transgressiv-marine und evaporitische Sedimentationszyklen das Prozeßgeschehen, die sich lokal, besonders im Küstengebiet, bis in das Oligozän-Miozän fortsetzten (BEYDOUN 1964).

Für die durch paläoklimatische, -morphologische und -pedologische Belege im Überblick rekonstruierbare exogene Dynamik der *pliozän-quartären Landschaftsentwicklung* sind drei Hauptphasen von Bedeutung (siehe Anl. 7). In der durch ein semiarid-semihumid determiniertes Prozeßgefüge gekennzeichneten Pliozän/Früh-Pleistozän-Phase erfolgte durch intensive fluviale Dynamik mit einer hohen Abtragungs- und Tiefenerosionsrate die Anlage der Grundstruktur des Talnetzes (vgl. WISSMANN et al. 1942, siehe Kap. 7.5.4) sowie die Bildung schichtakkordanter Flächensysteme und weitflächiger Binnenakkumulationsgebiete (vgl. HOLM 1960, siehe Kap. 7.4.2). Relativ intensive chemische Verwitterungsprozesse führten zu weitverbreiteten Boden- und Krustenbildungen (vgl. AL-SAYARI/ZÖTL 1978, ANDREAS et al. 1979, JADO/ZÖTL 1984). Auch die Genese von Karstformen in den Kalksedimentiten des Ostteils ist vermutlich in diese Phase zu stellen (vgl. WISSMANN 1957). Für die pleistozän-holozäne Phase mit vorherrschend ariden Prozeßbedingungen und eingeschalteten abgeschwächt-ariden Feuchtphasen ist durchgängig die Wirkung eines arid-morphodynamischen Prozeßgefüges im Sinne von MENSCHING (1968) anzunehmen (vgl. BARTH 1976). Durch die vorwiegend in episodischen Intervallen ablaufenden fluvial-proluvialen Abtragungs- und Akkumulationsvorgänge wurde das präexistente Relief in enger Anlehnung an die lithologischen Resistenzunterschiede aktiv weiterentwickelt und graduell überformt (Bildung von Stufenreliefs, Taleintiefung und Akkumulation, Fußflächen- und Schwemmebenenentwicklung, siehe Kap. 7.4.2). In hyperariden Phasen dominierte die äolische Dynamik und führte zur Anlage großräumiger Sand- und Dünenfelder im Binnenland (Rub Al Khāli, Ramlat Sab'atayn) und Küstengebiet. Die Feuchtphasen repräsentieren sich in der Landschaftsgenese durch eine verstärkte Akkumulation in den Tälern, in einer schwachen Boden- und Krustenbildung auf quartären

Landschaftsgenese

Sedimenten und Festgesteinen (siehe Kap. 7.6.2) sowie in kleinflächigen Sinterablagerungen und gravitativen Schollenrutschungen (vgl. AL-SAYARI/ZÖTL 1978, PORATH 1989).

In der dritten, vor ca. 3 000 Jahren einsetzenden Phase der Landschaftsgenese erfolgt in Teilräumen eine Beeinflußung des arid-morphodynamischen Prozeßgefüges durch die menschliche Nutzung. Hierauf wird in einem gesonderten Kapitel (11.) einzugehen sein.

Unter Zusammenfassung der Wirkung der endogenen und exogenen Faktorengruppen können für die VDRJ Teilräume mit weitgehend gleichartigem *landschaftsgenetischem Prägungsstil* als landschaftsgenetische Großeinheiten ausgewiesen werden (siehe Tab. 4).

Tabelle 4: Landschaftsgenetische Großeinheiten

Einheit	Hauptprozesse der Raumstrukturbildung
Westliche Gebirge und Hochländer	langzeitig kontinentale denudative Entwicklung mit teilweise vulkanischer Überdeckung im Paläogen, intensive Abtragung und Exhumierung alter paläogeographischer (Rumpfflächen) und tektonischer Strukturen
Plateaus von Hadramawt und Mahrā	marin-evaporitischer Sedimentationsraum im Paläogen, postoligozäne, vor allem pliozän-frühpleistozäne, lithologisch kontrollierte Raumstrukturbildung durch fluvial-proluviale Tal- und Flächengenese, pleistozän-holozäne, arid-dynamische Weiterentwicklung
Küstenregionen	Raumstrukturbildung durch intensive pliozän-subrezente Tektodynamik und syngenetische gesteinsselektive Abtragung und Akkumulation besonders im Pliozän-Frühpleistozän
Flachländer des Binnenlandes	Anlage in tektonisch bedingter Tiefenposition, fluvial-proluviale und äolische Akkumulation und Denudation im Pliozän-Quartär

7. Großräumige Ausprägung der landschaftlichen Partialkomplexe

7.1 Vorbemerkungen

Die Untersuchung der landschaftlichen Partialkomplexe bildet die grundlegende Voraussetzung für eine auf den Landschaftskomplex zielende Raumgliederung. In diesem Sinne ergibt sich ein wesentlicher Schwerpunkt der vorliegenden Untersuchung aus der Analyse der großräumigen Merkmalsausprägung und Raumstruktur der bestimmenden Partialkomplexe. Dabei wurde der Versuch unternommen, durch die Verknüpfung der nur im begrenzten Umfang vorhandenen gebietsbezogenen Ausgangsinformationen mit auf landschaftlichen Zusammenhängen beruhenden korrelativen Ableitungen und der Einbeziehung von Forschungsergebnissen aus besser untersuchten Vergleichsgebieten (siehe Kap. 4.3) die großräumige Ausprägung der Partialkomplexe Klima, Lithologie/Substrat, Georelief, Wasserverhältnisse, Boden und Vegetation für das Gesamtgebiet der VDRJ in einer ersten Annäherung darzustellen und kartographisch zu fixieren. Der Verfasser ist sich bewußt, daß die vorliegende Darstellung bei der gegenwärtigen Datenlage noch mit sehr vielen Ungenauigkeiten behaftet sein muß sowie zum Teil noch unvollständig ist.

Neben der Aufbereitung und Ergänzung bereits in kleinmaßstäbiger räumlicher Differenzierung vorliegender Aussagen zur Geologie, Hydrologie und zu den Boden- und Vegetationsverhältnissen konzentrierte sich die Untersuchung unter Nutzung der verfügbaren Primärdaten (meteorologische Meßreihen, Fernerkundungsdaten) besonders auf die erstmalige Synthese der raumstrukturellen Hauptmerkmale des Klimas und des Georeliefs. Dabei machten sich, wie sich auch im Umfang der Darstellung widerspiegelt, vor allem bei der Behandlung der klimatischen Verhältnisse vielfältige, auf die Aufdeckung der Grundzüge der räumlichen Differenzierung zielende Analysen notwendig.

7.2 Makroklima

7.2.1 Methodische Grundlagen und Datenlage

Wesentliche Merkmale der Landschaft in ariden Gebieten werden durch die klimatischen Bedingungen bei dominanter Wirkung der Niederschlagsverhältnisse geprägt, in deren Abhängigkeit die Ausbildung der Lebewelt, des Wasserhaushaltes, der Böden und des aktualmorphologischen Prozeßgeschehens stehen. Damit wird das Klima zu einem dominanten, im wesentlichen limitierenden Umweltfaktor in ariden Gebieten für die Art und Intensität der Landnutzung und den mit ihr in Verbindung stehenden gravierenden ökologischen Veränderungen.

Landschaftliche Partialkomplexe

Gegenstand einer großräumigen Klimabetrachtung sind die makroklimatischen Verhältnisse, für die WEISCHET (1956) den Begriff "Regionalklima" vorschlägt. Darunter sind die klimatischen Bedingungen einer landschaftlichen Großeinheit außerhalb der bodennahen Luftschicht zu verstehen, die durch die zonale Position, Meereshöhe, Lage zum Meer und Lage im Makrorelief bestimmt werden. Als Beobachtungsgrundlage dient das feste meteorologische Meßnetz, die Darstellung erfolgt, oft in Anlehnung an topographische Merkmale, im flächenhaften Zusammenhang (WEISCHET 1956).

Die *Datenlage* zu den klimatischen Bedingungen der VDRJ ist unzureichend und lückenhaft, so daß eine zum jetzigen Zeitpunkt vorzunehmende regionalklimatische Analyse des Gesamtgebietes noch mit vielen Unzulänglichkeiten und zum Teil unsicheren Aussagen verbunden sein muß. Der Versuch wird aber wegen der großen Relevanz des Klimas für die Landschaftsstruktur trotzdem unternommen, da auch in absehbarer Zeit nicht mit einer wesentlichen Verbesserung der Datensituation gerechnet werden kann. So sind die Resultate aller im folgenden dargestellten Verfahren zur Klimakennzeichnung unter diesem Aspekt zu werten. Ziel ist es aber, prinzipielle Wege der Untersuchung bei begrenzter Datenlage aufzuzeigen. Meteorologische Meßdaten stehen für das Gebiet nur in sehr begrenztem Umfang zur Verfügung. Sie werden an insgesamt zwölf meteorologischen und agrarmeteorologischen Stationen ermittelt, wobei außer für die seit langem betriebenen Stationen Aden (seit 1887) und Mukallā-Riyān (seit 1942) nur sehr kurze Meßreihen von zumeist weniger als zehn Jahren zur Verfügung stehen. Die Aussage solcher Meßreihen für die Klimakennzeichnung ist zwar sehr beschränkt, sie werden aber in der vorliegenden Untersuchung in Ermangelung besserer Daten für die Klärung der räumlichen Differenzierung unter Beachtung der oben genannten Einschränkungen einbezogen. An dem Großteil der Stationen erfolgt nur die Registrierung der Grunddaten Lufttemperatur, Niederschlag und relative Luftfeuchte, von denen zumeist nur die monatlichen Mittel- bzw. Summenwerte vorliegen. Daten anderer Klimaelemente sowie Jahresreihen des Niederschlags sind nur von der Hauptstation Aden und in geringerem Umfang von den Stationen Mukalla und Insel Perim vorhanden (siehe Anlage 8). Die Netzdichte der Stationen ist äußerst gering[2] und die Verteilung mit einer Konzentration auf den südwestlichen Landesteil (Umgebung von Aden) sehr ungleichmäßig (siehe Abb. 21). Für den Norden und den Osten liegen keine Meßdaten vor. Zur Klärung der klimatischen Raumstruktur werden ergänzend die Messungen einiger Stationen benachbarter Länder herangezogen (Hochlandstationen Taizz und Sana i.d. JAR, Küstenstationen Salalah/Oman und Hodeida/JAR).

Die bisherigen Darstellungen der klimatischen Verhältnisse für den südarabischen Raum beruhen im wesentlichen auf der Kombination korrelativer Ableitungen aus der Relief- und Vegetationssituation mit Einzelbeobachtungen und kurzreihigen Messungen an wenigen Stationen (vgl. die umfassendste Darstellung von RATHJENS/KERNER 1956, daneben WISSMANN 1933 und für Teilgebiete APELT 1929, HUZAYYIN 1945, WISSMANN 1957, LEIDLMAIR 1961). Gebietsbezogene Überblicksdarstellungen enthalten die Arbeiten von

---

[2] Anzahl der Stationen/1000 km² 0,04; Westteil 0,09, Ostteil 0,01.

TAKAHASHI/ARAKAWA (1981) und FAO (1978), während neuere Arbeiten aus der JAR (u.a. LOEW 1977, STEFFEN et al. 1978, KOPP 1981, REMMELE 1989) und im westlichen Teil Omans (JANZEN 1980) Analogieschlüsse gestatten. Zur Klärung der regionalen Zirkulationsverhältnisse haben vor allem die Arbeiten von FLOHN (1964, 1965 a, b, 1970) beigetragen.

Tabelle 5: Verwendete Abkürzungen für klimatische Parameter

t	Temperatur (in °C)
T	Temperatur (in °K)
ΔT	Temperaturamplitude
N	Niederschlag (in mm)
RF	Relative Luftfeuchte (in % bzw. Zehntel)
E	Sättigungsdampfdruck (in mm)
e	Wasserdampfdruck (in mm)
pV	Potentielle Verdunstung (in mm)
pLV	Potentielle Landschaftsverdunstung (in mm)
KWB	Klimatische Wasserbilanz (in mm)
LWB	Landschaftswasserbilanz (in mm)
h	Höhe über Meeresspiegel (in m)
J	Index für Jahreswerte
M	Index für Monatswerte

7.2.2 Zirkulationsbedingungen und witterungsklimatische Verhältnisse

Die witterungsklimatischen Verhältnisse werden durch die Lage des Gebietes innerhalb der Monsunzirkulation bestimmt (siehe Kap. 5.2). Daraus ergeben sich für Südarabien folgende *Zirkulationsjahreszeiten* mit jeweils unterschiedlichen Strömungs- und Luftmassenbedingungen (nach TREWARTHA 1961, FLOHN 1965 a, TAKAHASHI/ARAKAWA 1981):

1. Winterliche Passatzirkulation
2. Sommerliche Monsunzirkulation
3. Übergangszirkulation im Frühjahr und Herbst

Sie sollen im folgenden nach den generellen Zirkulationsverhältnissen und ihren witterungsklimatischen Hauptmerkmalen gekennzeichnet werden (zusammengestellt nach FLOHN 1964, 1965 a, b, LEBEDEV/SOROŠAN 1969, KRISHNAMURTI 1979, TAKAHASHI/ARAKAWA 1981).

(1) Die zonalen Verhältnisse im **Winter** sind durch westliche Höhenströmungen aus den stabilen Hochdruckgebieten Asiens gekennzeichnet. Für das Gebiet ergeben sich aus NE-SW-Druckgefälle zwischen hohem Luftdruck über Arabien und Tiefdruck über Ostafrika östliche und nordöstliche Bodenströmungen mit einer Konvergenzachse zwischen Nordjemen und Äthiopien sowie durch das Rotmeer kanalisierte SE-Strömungen. Die stabilen kontinentalen Luftmassen sind relativ kühl und bewirken nur geringe Niederschläge. Die westlichen Küstenbereiche erhalten durch lokale Zirkulationsbedingungen winterliche Niederschläge (siehe Tab. 14).

Landschaftliche Partialkomplexe

(2) Im **Sommer** (Juli-August/September) erfolgt eine globale, thermisch bedingte Veränderung der Zirkulation durch die Nordverlagerung der östlichen Höhenströmung. Die bodennahe Druckverteilung ist durch sehr stabile Tiefdruckverhältnisse über der Arabischen Halbinsel (thermisches Hitzetief) und dem Arabischen Golf gekennzeichnet. Die innertropische Konvergenzzone (ITC) befindet sich im Mittel bei 17 - 18° n.B., so daß für das Gebiet generell maritime SW-Strömungen (SW-Monsun) dominieren. Für den südarabischen Raum werden die generellen Monsunverhältnisse infolge der Meer-Kontinent-Verteilung erheblich abgewandelt durch:

- Geschwindigkeitsdivergenz der Monsunströmung durch hohes Druckgefälle zum arabischen Hitzetief und eine sich daraus ergebende Absinkungstendenz

- Feuchteverlust der monsunalen Luftmassen durch den Landweg über Ostafrika

- Auslenkung der SW-Strömung durch thermisch bedingte Zirkulation über den ost- und nordostafrikanischen Hochlagen

- geringe Mächtigkeit der maritimen Luftmassen bei Überlagerung durch trockene Kontinentalluft

- Reibungsdivergenz der küstenparallelen SW-Strömung am Festland

- Aufquellung kalten Tiefenwassers an der Küste (vgl. BOBZIEN 1921, SZEKIELDA 1988).

Wesentliche Folgen dieser regionalen Zirkulationsbedingungen sind eine Abschwächung bzw. das Ausbleiben monsunaler Klimawirkungen in Südarabien. Monsunale Bedingungen mit einer akzentuierten sommerlichen Regenzeit treten nur in den westlichen Gebirgs- und Hochlagen auf, wo es bei ausreichender Luftmassenmächtigkeit und konvektiven Tendenzen zu tropischen Konvektionsniederschlägen kommt. Das westliche Küstengebiet erhält dagegen kaum Sommerniederschläge, während in östlicher Richtung die Wirksamkeit monsunaler Niederschläge zunimmt (vgl. 7.2.3.2).

(3) Während des **Frühjahrs** (April/Juni) liegt das Gebiet am Südrand der außertropischen westlichen Höhenströmung. Geringer bodennaher Luftdruck über dem östlichen Zentralafrika (Sudantief) und die Ausdehnung des Mittelmeer-Höhentroges nach Süden mit divergierender westlicher Höhen- und konvergierender NE-Bodenströmung sowie zyklonale Einflüsse bestimmen die relativ labilen Zirkulationsverhältnisse. Sie führen in den westlichen Hochlagen zu z.T. bedeutenden konvektiven Niederschlägen, während im Küstengebiet und im Ostteil nur geringe Mengen auftreten (siehe Tab. 14).

(4) In der herbstlichen Übergangszirkulation sind bei Hochdruckverhältnissen mit östlicher Strömungstendenz in der Höhe in Bodennähe geringe Druckunterschiede charakteristisch. Die Bodenströmung stellt sich generell auf nördliche und nordwestliche Richtungen um, wobei durch die rasche Abkühlung stabile Luftschichtung vorherrscht. Die Niederschläge bleiben in dieser Zeit mit Ausnahme des westlichen Küstengebietes gering (siehe Tab. 17).

Die dargestellten allgemeinen Zirkulationsverhältnisse können durch die jährliche synoptische Situation erheblich variieren. So führen die infolge der Wellenstruktur der subtropischen Höhenströmung (Western Jet) hervorgerufenen Schwankungen in der globalen Zirkulation zur zeitweiligen Einengung der Monsunwirkung (vgl. WINSTANLEY 1973) mit der Folge geringer bzw. ausbleibender Niederschläge, während bei wellenbedingter Ausweitung ergiebige monsunale Niederschläge auftreten können (vgl. STRANZ 1975).

Die orographische Großstruktur und die Land-Wasserverteilung bewirken im südarabischen Raum die Ausprägung *lokaler tagesperiodischer Zirkulationssysteme,* die die allgemeinen Verhältnisse erheblich modifizieren (vgl. FLOHN 1965 a, b, REMMELE 1989). Es handelt sich um tageszeitliche Land-See-Windsysteme, die im Küstengebiet und den sich anschließenden Steilabdachungen (1 500 - 2 000 m ü.M.) mit einer Reichweite von 150 - 200 km auftreten. Sie bewirken eine verstärkte Konvektion in den Abdachungsbereichen bei landwärtiger Strömungsrichtung am Tag, die mit lokaler Nebel- und Niederschlagsbildung bei gleichzeitiger Divergenz im Küstentiefland verbunden ist. Nachts herrschen umgekehrte Verhältnisse mit absteigender Strömungstendenz zum Meer hin. Diese lokalen Systeme, die besonders in den Übergangsjahreszeiten wirksam werden, verstärken einerseits die Niederschlagsarmut des unmittelbaren Küstenbereiches und schaffen andererseits an den küstenparallelen Steilabdachungen relativ feuchtebegünstigte Bedingungen (siehe Kap. 7.7.3 und 8.2).

7.2.3 Räumliche Differenzierung der Hauptklimaelemente

7.2.3.1 Strahlungsbilanz und Lufttemperatur

Die generelle Strahlungsbilanz des Gebietes wurde bereits in Kapitel 5.2 dargestellt. Eine Kennzeichnung der räumlichen Differenzierung ist auf Grund der Datenlage nur in einer groben Schätzung für den Westteil der VDRJ möglich. Dafür standen Angaben zur Bewölkung für die Küstenebene (Aden) und für die Hochlagen (Sana/JAR) zur Verfügung, während die Albedoangaben nur als geschätzte Werte für den Gesamtraum vorliegen (0,3 n. KONDRATYEV et al. 1974, BAUMGARDNER et al. 1976). Auf Grundlage dieser Ausgangsdaten wurden die Größen des Strahlungshaushaltes nach Formeln von ALBRECHT (1965), FLOHN (1969) und HENNING/HENNING (1984) berechnet und in der Abbildung 4 dargestellt.

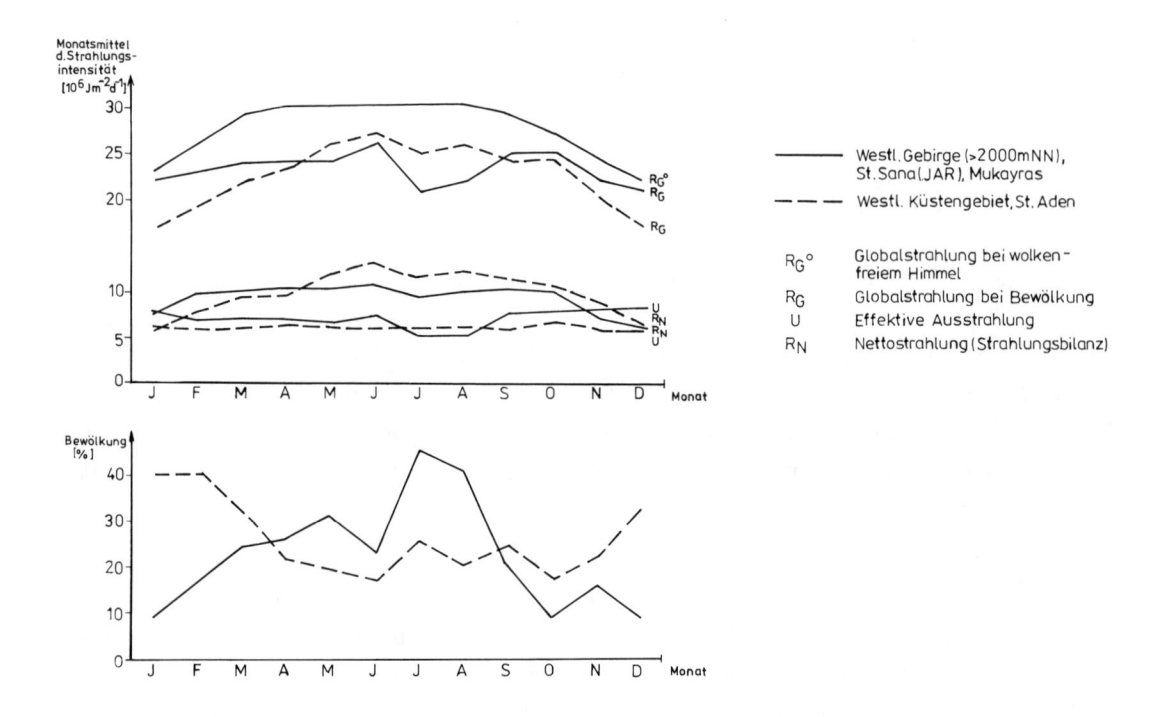

Abbildung 4: Jahresgang der Strahlungsverhältnisse und Bewölkung im Westteil der VDRJ

Landschaftliche Partialkomplexe

Der Jahresgang der *Nettostrahlung* des Küstengebietes mit Maxima im Mai-Juni und Minima bei Sonnentiefststand im Dezember-Januar zeichnet den Gang der totalen Globalstrahlung bei wolkenfreiem Himmel mit nur kleineren Abweichungen nach. Bei geringer Bewölkung im Großteil des Jahres (im Mittel 77 % der möglichen Sonnenscheindauer) sind hohe Einstrahlungen und bedingt durch eine große Albedo und erhebliche Bodenaufheizung hohe Ausstrahlungswerte charakteristisch (vgl. auch KESSLER 1973). Der Strahlungsgewinn der Hochlagen ist insgesamt geringer bei ausgeglichenerem Jahresgang und gleicher Lage der Extremwerte. In den monsunal geprägten Monaten (Juli-August) wird die Einstrahlung bewölkungsbedingt herabgesetzt (nur 56 % der möglichen Sonnenscheindauer), die Bilanz ist aber durch eine verminderte Ausstrahlung ausgeglichen. Die Tabelle 6 zeigt die in Jahresbilanzen ausgedrückten Werte des Strahlungshaushaltes für die beiden betrachteten Teilräume.

Tabelle 6: Jahresbilanz des Strahlungshaushaltes (in $10^8 Jm^{-2}$)

	Westliches Küstengebiet	Hochlagen der westlichen Gebirge
Globalstrahlung bei Bewölkung	84,9 (7 %)	82,2 (16 %)
Atmosphärische Gegenstrahlung	92,8 (9 %)	119,9 (5 %)
Effektive Ausstrahlung	25,5 (14 %)	21,7 (5 %)
Nettostrahlung	33,9 (15 %)	35,8 (24 %)

(9 %) – Intraannuäre Variabilität

In direkter Abhängigkeit von der Strahlungsbilanz sind die Werte der *Lufttemperaturen* auf dem Territorium der VDRJ generell hoch (Jahresmittel an den Stationen 16,3 - 28,7°C). Ihre räumliche Differenzierung wird im wesentlichen durch die Höhenlage, die Entfernung zum Meer und die west-östliche Küstenlage bestimmt.

Durch eine statistische Auswertung der für die VDRJ und benachbarte Gebiete vorhandenen Daten wurde der Versuch unternommen, wesentliche Aspekte der vertikalen und horizontalen Temperaturverteilung quantitativ zu fassen. Zur Kennzeichnung der vertikalen Differenzierung werden die Zusammenhänge zwischen Höhenlage (Höhe über Meeresspiegel) und Temperatur auf statistische Signifikanz geprüft und durch lineare Regressionsfunktionen wiedergegeben (siehe Tab. 7, Abb. 5). Dabei zeigen sich für die Höhenlagen unter 500 m ü.M. keine Zusammenhänge, während die Temperaturdifferenzierung der Gebirgsgebiete durch die Höhenlage hinreichend erklärt werden kann. Die horizontale Komponente der Differenzierung ergibt sich nach Ausschaltung des Höhenlageeinflusses mittels Berechnung der auf das Meeresniveau reduzierten Werte (unter Verwendung des ermittelten Vertikalgradienten) durch den statistischen Vergleich mit den Faktoren Meeresferne und west-östliche Küstenlage. Die berechneten Gradienten gestatten die Konstruktion kleinmaßstäbiger Isothermendarstellungen aus der topographischen Karte (siehe Abb. 6, 7).

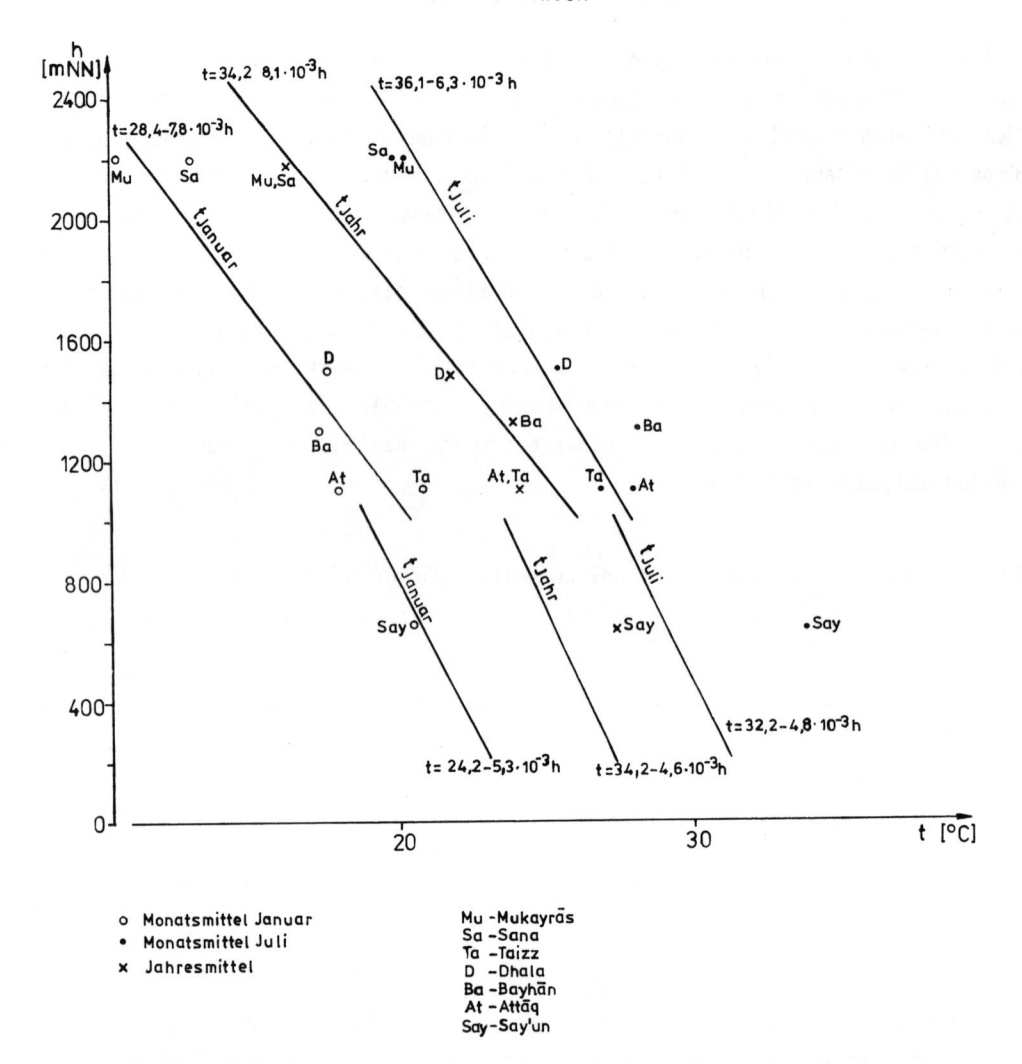

Abbildung 5: Regressionsgeraden der vertikalen Temperaturverteilung

Tabelle 7: Räumliche Differenzierung der Temperaturverteilung

		Winter	Sommer	Jahr
Vertikaler Gradient	unter 500 m	kein Zusammenhang	kein Zusammenhang	kein Zusammenhang
	500 - 1000 m	-0,5°/100 m	-0,5°/100 m	-0,5°/100 m
	über 1000 m	-0,8°/100 m	-0,6°/100 m	-0,8°/100 m
Horizontaler Gradient (Meeresentfernung)		kein Zusammenhang	+2,8°/100 km in Richtung NE, für westliche Gebirge kein Zusammenhang	+1,6°/100 km in Richtung NE, für westliche Gebirge kein Zusammenhang
West-östlicher Küstengradient		-0,3°/100 km in Richtung E	-0,6°/100 km in Richtung E	-0,5°/100 km in Richtung E

Landschaftliche Partialkomplexe

Tabelle 8: Jahresgang des thermischen Vertikalgradienten zwischen Stationen der VDRJ (Abnahme der Temperatur in °/100 m)

Stationen	Höhen-unter-schied	J	F	M	A	M	J	J	A	S	O	N	D
Aden-Dhala (3m) (1500m)	1497 m	0,53	0,56	0,52	0,48	0,47	0,48	0,49	0,57	0,62	0,50	0,45	0,58
Mukallā-Attāq (25m) (1100m)	1075 m	0,55	0,29	0,20	0,20	0,20	0,32	0,14	0,10	0,12	0,42	0,42	0,60
Dhala-Mukayrās (1500m) (2200m)	700 m	1,13	0,88	0,86	0,90	0,98	0,89	0,84	0,74	0,84	1,00	1,11	0,96

Hauptfaktoren der thermischen Differenzierung ist entsprechend der Reliefstruktur des Gebietes der *vertikale Temperaturgradient*, dessen Wert in Abhängigkeit von dem Höhenbereich und im Jahresgang variiert (siehe Tab. 7). Für den Bereich 500 - 1 000 m ü.M. ergibt sich eine mittlere Temperaturabnahme von 0,5°C je 100 m Höhenzunahme, die sich für den Bereich 1 000 - 2 000 m auf 0,8°C/100 m vergrößert. Die Maxima der Gradienten werden in den Winter- und Übergangsmonaten erreicht, während die Minimalwerte im Sommer auftreten (siehe Tab. 8, vgl. auch HURNI 1982 f. Äthiopien). Die Dominanz der vertikalen Temperaturdifferenzierung bewirkt in den westlichen Gebirgen und an der Südabdachung von Hadramawt eine charakteristische thermische Höhenstufung in fünf Bereiche (siehe Tab. 9), die mit den Verhältnissen in anderen tropischen Gebirgen (vgl. u.a. TROLL 1959, LAUER 1975 a, b, HURNI 1982) vergleichbar sind. Dabei wird in der obersten Stufe (oberhalb 2 000 m ü.M.) vermutlich die untere Frostgrenze (Auftreten regelmäßiger winterlicher Fröste) bzw. die tropische Wärmemangelgrenze erreicht (vgl. RATHJENS/WISSMANN 1934, WISSMANN 1948, RATHJENS/KERNER 1956).

Tabelle 9: Thermische Höhenstufung der westlichen Gebirge und der Südabdachung von Hadramawt

Höhenstufe (m ü.M.)	t_J (°C)	t_{Jan} (°C)	t_{Jul} (°C)	Höhenstufen tropischer Gebirge (n. TROLL 1959, LAUER 1975 a)
unter 500	über 26	über 22	über 30	Tierra calienta
500 - 1000	26 - 24	22 - 19	30 - 27	
1000 - 1500	24 - 22	19 - 17	27 - 25	Tierra templada
1500 - 2000	22 - 18	17 - 13	25 - 22	
über 2000	unter 18	unter 13	unter 20	Tierra fria

Die sommerliche Temperaturverteilung im nördlichen und östlichen Teil des Landes (Hadramawt, Mahrā) wird bei geringerer Höhendifferenzierung wesentlich durch einen horizontalen, nordöstlich gerichteten Gradienten der *Temperaturzunahme mit der Meeresentfernung* geprägt (ca. 3°C je 100 km Meeresentfernung, siehe Tab. 7 und Abb. 6).

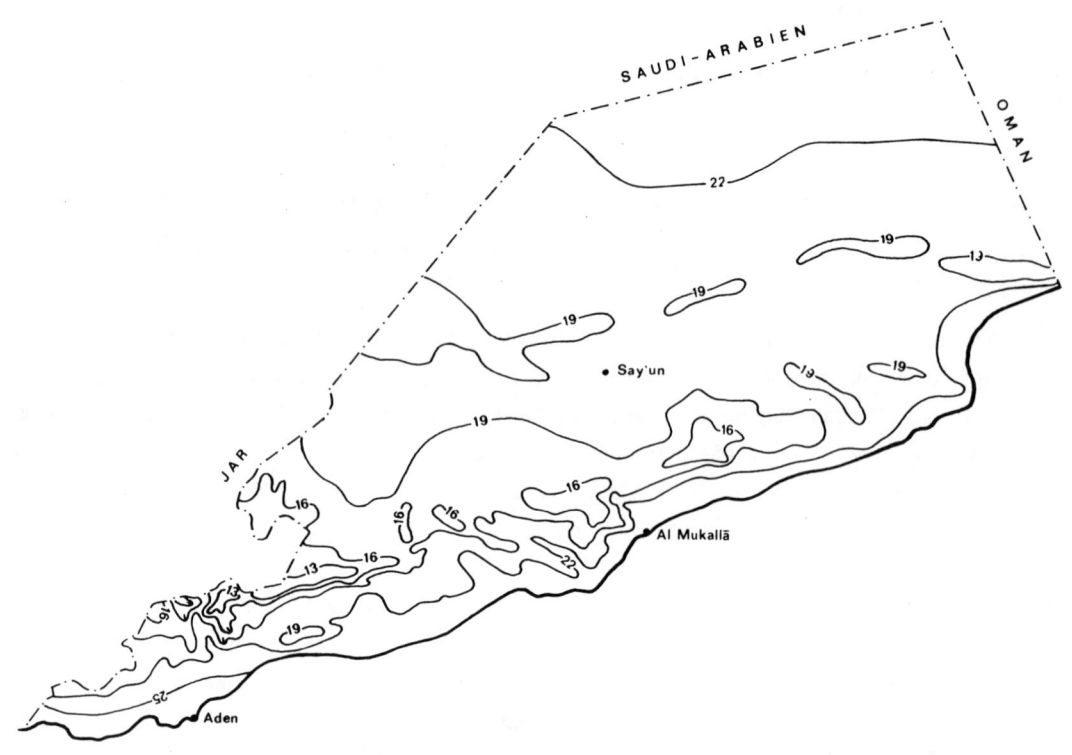

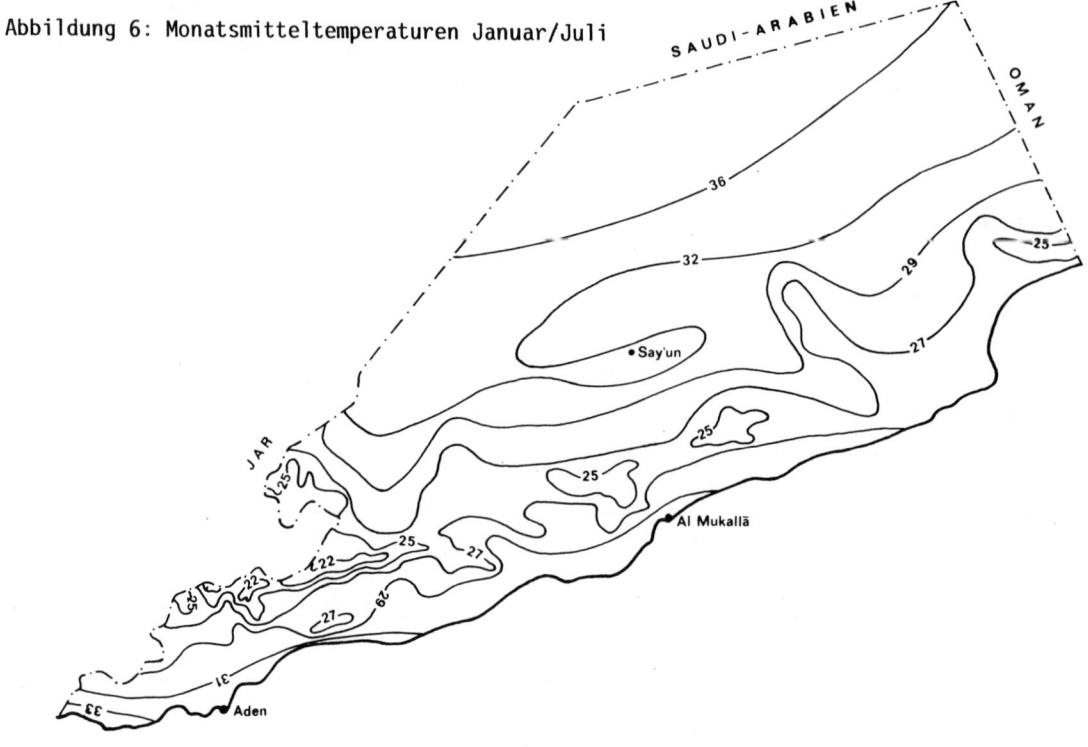

Abbildung 6: Monatsmitteltemperaturen Januar/Juli

Landschaftliche Partialkomplexe

Diese Situation hat ihre Ursachen in den sommerlichen Zirkulationsbedingungen mit zunehmender thermischer Aufheizung zum Inneren der Arabischen Halbinsel hin (Bildung des arabischen Hitzetiefs, siehe Kap. 7.2.2). Für die Wintermonate konnte dieser Gradient nicht festgestellt werden.

Tabelle 10: Ausprägung des thermischen Küstengradienten (in °/100 km)

Stationen	Entfernung (in km)	Januar	Juli
Perim-Aden	180	-0,5	-1,0
Aden-Mukallā	480	-0,3	-0,5
Mukallā-Salalah	600	-0,2	-0,7

Jahresgang Perim-Salalah (1260 km)

J	F	M	A	M	J	J	A	S	O	N	D	Jahr
-0,3	-0,3	-0,2	-0,2	-0,2	-0,3	-0,6	-0,6	-0,5	-0,4	-0,3	-0,2	-0,4

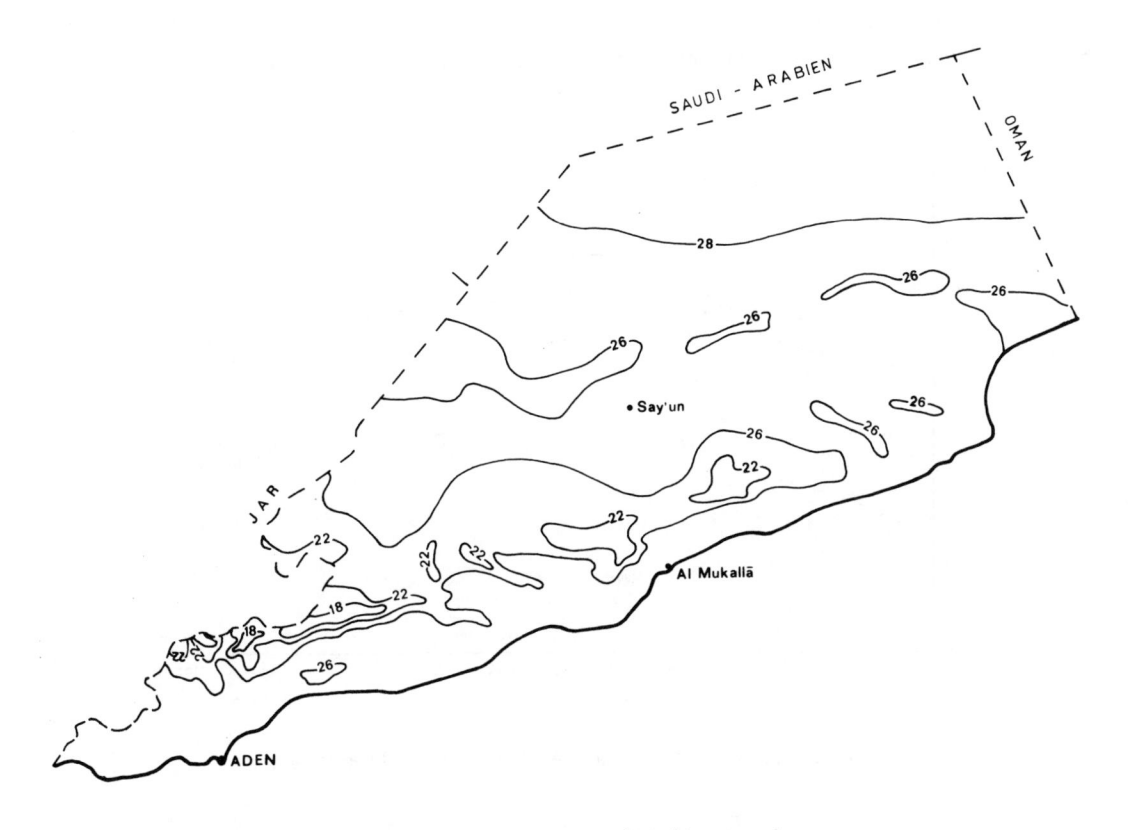

Abbildung 7: Jahresmitteltemperatur

Die Temperaturen im unmittelbaren Küstengebiet zeigen eine durchgehende Abnahme von Westen nach Osten mit einem mittleren Jahresgradienten von 0,4°C/100 km bei maximaler Ausprägung während der monsunalen Sommermonate (siehe Tab. 10). Dieser *Küstengradient* steht vermutlich im Zusammenhang mit der Wirkung kalter Auftriebsströmungen im Meer und der Wirkung lokaler Zirkulationssysteme (siehe Kap. 7.2.2).

Die Darstellung der Isothermen der mittleren Jahrestemperatur (Abb. 7) sowie der Tagesmittel für die Monate Januar und Juli (Abb. 6) als Resultierende der mit regional unterschiedlicher Dominanz interferierenden räumlichen Gradienten gestatten einen vorläufigen Überblick über die Raumstruktur des Temperaturfeldes für die VDRJ[3]. Das Isolinienbild zeigt als Hauptaussagen eine reliefbedingt deutliche thermische Gliederung in Höhenstufen für die westlichen Gebirge und Hochländer sowie in abgeschwächter Form für den Südrand von Hadramawt. In den Hochlagen dieser Gebiete treten ganzjährig die niedrigsten Temperaturen auf (t_J unter 18 bzw. 22°C). Im östlichen und nördlichen Teil der VDRJ wird dagegen die Temperaturverteilung dominant durch den Horizontalgradienten unter Einschaltung höhenbedingter Temperaturareale bestimmt. Die maximalen Werte werden im nördlichen Landesinneren und im südwestlichen Küstengebiet erreicht. Die winterlichen Verhältnisse (Abb. 6) sind außerhalb der Gebirgslagen relativ ausgeglichen (Maxima im Küstengebiet). In den Sommermonaten (Abb. 6) nehmen die Temperaturen zum Landesinneren stark zu und erreichen Maximalwerte im Bereich der Rub Al Khāli (vermutlich t_M über 36°C), wobei Tagesmittel von 40 - 45°C häufig auftreten. Ähnlich hohe Werte werden im südwestlichen Küstengebiet erreicht (t_M 31 - 33°C, siehe Tab.11).

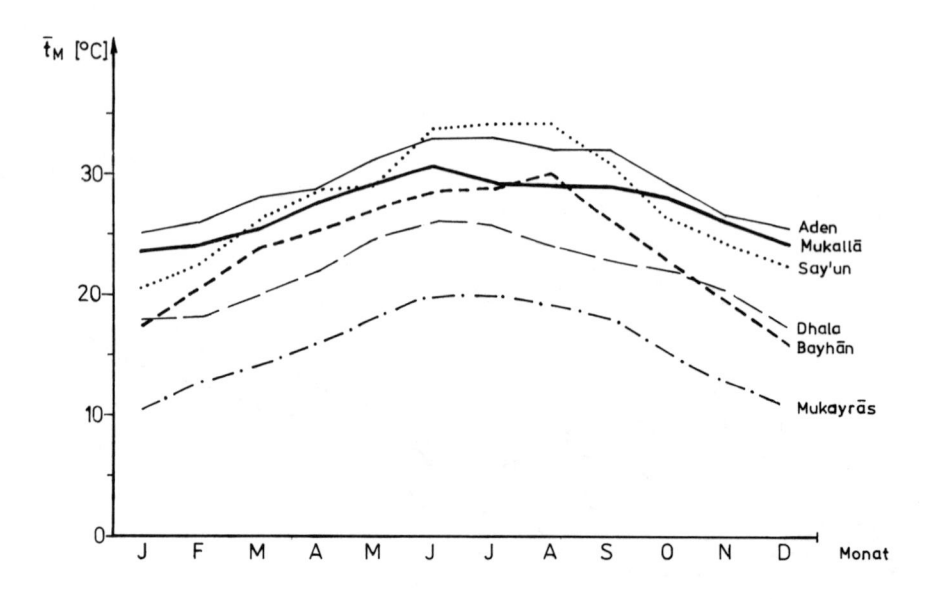

Abbildung 8: Jahresgang der Monatsmitteltemperaturen

---

[3] Bisher lagen nur Aussagen innerhalb von Übersichtskarten der Arabischen Halbinsel vor (z.B. bei WALTER/LIETH 1960, TAKAHASHI/ARAKAWA 1981).

Landschaftliche Partialkomplexe

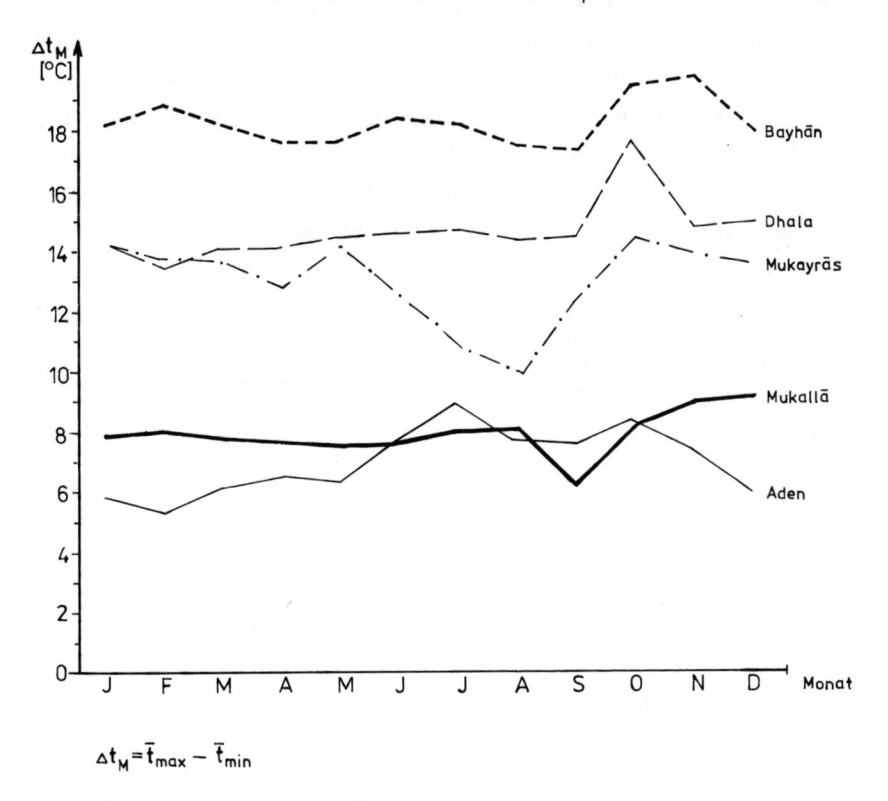

$\Delta t_M = \overline{t}_{max} - \overline{t}_{min}$

Abbildung 9: Jahresgang der Monatsamplitude der Temperatur

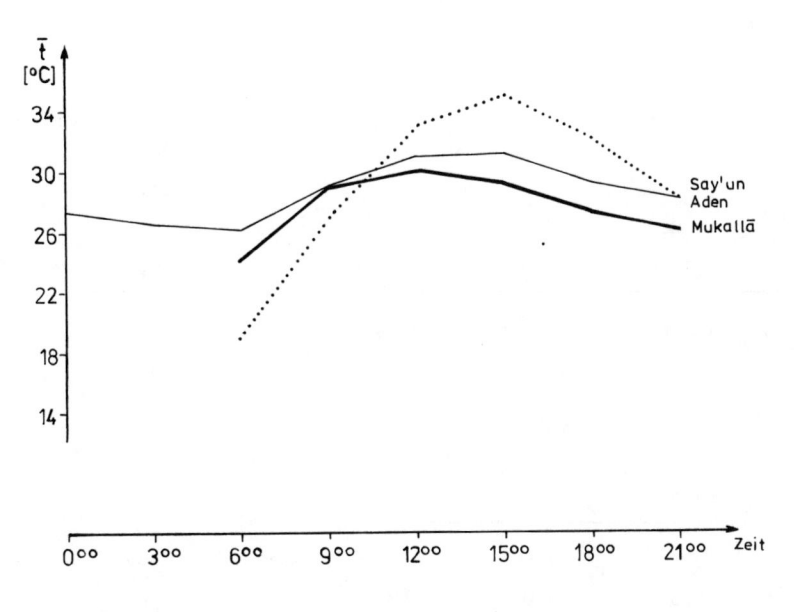

Abbildung 10: Jahresmittel des Tagesgangs der Temperatur

Gerd Villwock

Die *Jahresgänge der Temperatur* (siehe Abb. 8) sind entsprechend dem Strahlungshaushalt in den küstennahen Bereichen relativ ausgeglichen (Jahresisothermie: Variabilität 10 %). Stärker akzentuierte Jahresgänge treten höhenbedingt in den Gebirgsregionen (13 bis über 20 % intraannuäre Variabilität) sowie im östlichen Landesinneren auf, hier hervorgerufen durch eine weitgehend ungedämpfte Strahlungsbilanz mit hoher sommerlicher Aufheizung und winterlicher Abkühlung. Das bedingt eine Zunahme der thermischen Kontinentalität (berechnet nach CONRAD/POLLAK 1950) in nördliche Richtung (siehe Tab. 12 a). Im Jahresgang der Monatsamplitude (siehe Abb. 9) liegen die Maxima vorwiegend in der herbstlichen Übergangsperiode, während Gebiete mit ausgeprägtem Monsunein-

Tabelle 11: Absolute Extremwerte der Tagesmitteltemperatur (in °C)

Station	Maxima	Minima
Say'un	45,2 (Juli)	0,5 (Januar)
	44,4 (Juni)	0,0 (Dezember)
Aden	43,3 (Juni)	15,6 (Januar)
Mukallā	43,9 (Juni)	13,4 (Februar)

Tabelle 12: Jahres- und Tagesgang der Temperatur

Kennwerte des Jahresganges

Station	Jahres-amplitude (°C)	Variabilität[1] (%)	Thermische Kontinentalität (n.CONRAD/POLLAK 1950)
Aden	6,9	10,1	16,7
Perim	7,2	9,2	17,8
Mukallā	7,0	9,2	15,0
Say'un	13,5	17,0	38,3
Bayhān	13,5	19,7	40,8
Attāq	12,1	17,0	35,1
Dhala	8,1	13,3	20,3
Mukayrās	10,4	23,5	29,6

[1] Intraannuäre Variabilität des Jahresganges

Amplituden des Tagesganges (°C)

Station	Januar	Juli	Jahr
Aden[1]	3,5	4,5	4,9
Mukallā[2]	6,3	5,0	5,8
Say'un[2]	17,1	14,0	13,8

[1] Messung zu acht Terminen (0 – 21°°)

[2] Messung zu sechs Terminen (6 – 21°°)

fluß deutliche sommerlich Minima aufweisen (Mukayrās, Salalah). Bei der Betrachtung des nur für drei Stationen vorliegenden Tagesganges der Temperatur (siehe Abb. 10) wird ein ausgeglichener Verlauf für das Küstengebiet (Tagesamplitude 5 - 6°C) gegenüber erheblichen täglichen Schwankungen im östlichen Landesinneren deutlich (siehe Tab. 12 b).

7.2.3.2 Niederschlagsverhältnisse

Ein Hauptproblem bei der Darstellung der Niederschlagsverhältnisse tropisch-arider Gebiete ergibt sich aus ihrer hohen zeitlichen und räumlichen Variabilität, so daß eine Kennzeichnung durch Mittelwerte nur eine begrenzte Aussagefähigkeit besitzt (vgl. KRISHNAMURTI 1979). Jedoch muß derzeit für die Analyse der Niederschlagsverteilung und für Bilanzierungen weitgehend auf solche Werte zurückgegriffen werden, da langjährige, auf Jahreswerte aufgeschlüsselte Meßreihen für viele Gebiete fehlen und eine räumliche häufigkeitsstatistische Bearbeitung nach Eintreffwahrscheinlichkeiten unmöglich machen. Die in der Abbildung 11 dargestellte mittlere räumliche Verteilung der Niederschläge für das Territorium der VDRJ basiert auf einer Auswertung der vorhandenen Meßdaten von 13 Stationen (siehe Anl. 8) in Kombination mit vorliegenden Karten (u.a. ADAR-REPORT 1976, FAO 1978, SOGREAH 1980, TAKAHASHI/ARAKAWA 1981, KING et al. 1983, ABDULBAKI 1984, ALEX 1983) sowie mit möglichen korrelativen Aussagen aus den Vegetationsverhältnissen (vgl. WISSMANN 1943, 1957, siehe Kap. 7.7). Sie ist datengebunden mit einer großen Unsicherheit insbesondere für den nördlichen und östlichen Landesteil behaftet, gestattet aber für das Untersuchungsziel einen generellen Überblick.

Die *räumliche Verteilung* der Niederschläge wird im Untersuchungsgebiet dominant durch die Lage innerhalb der differenzierten Zirkulationsbedingungen (siehe Kap. 7.2.2) determiniert und weist im Vergleich zur Temperaturverteilung weitaus kompliziertere und wenig regelhafte Zusammenhänge zur morphologisch-topographischen Situation auf, was eine Darstellung bei dem weitmaschigen Meßnetz erschwert. Auf die Grundtatsachen der zirkulationsbedingten Niederschlagsbildung wurde bereits in Kapitel 7.2.2 eingegangen. Hauptfaktoren für die räumliche Strukturierung des Niederschlages sind die orographisch bedingte konvektive Anhebung monsunaler Luftmassen an den in Monsunrichtung (Süd/Südwest) exponierten Gebirgserhebungen und Plateaurändern in den Sommermonaten sowie die durch lokale Systeme bewirkten Konvektionen in den Übergangsperioden (vgl. FLOHN 1965 a, b, REMMELE 1989). Sie führen zur Ausbildung relativ ergiebiger Niederschlagsbereiche in den westlichen Gebirgslagen (200 - 400 mm) und an der Südabdachung von Hadramawt (200 - 300 mm N_J) sowie lokal am Jibāl al Urays (nordöstlich von Shuqrā) und im Küstengebirge des Ra's Fartaq. Eine Höhenstufung der Niederschlagsmengen, wie sie von WEISCHET (1965) und LAUER (1975 b) für Tropengebirge mit trockener Fußstufe aus der Struktur der Troposphäre und dem Konvektionsgeschehen begründet wird (vgl. TROLL 1935, HURNI 1982 f. Äthiopien, GILLILAND 1952 f. Somalia), läßt sich für die westlichen Gebirge und für das gesamte Jemen-Hochland bei der geringen Stations-

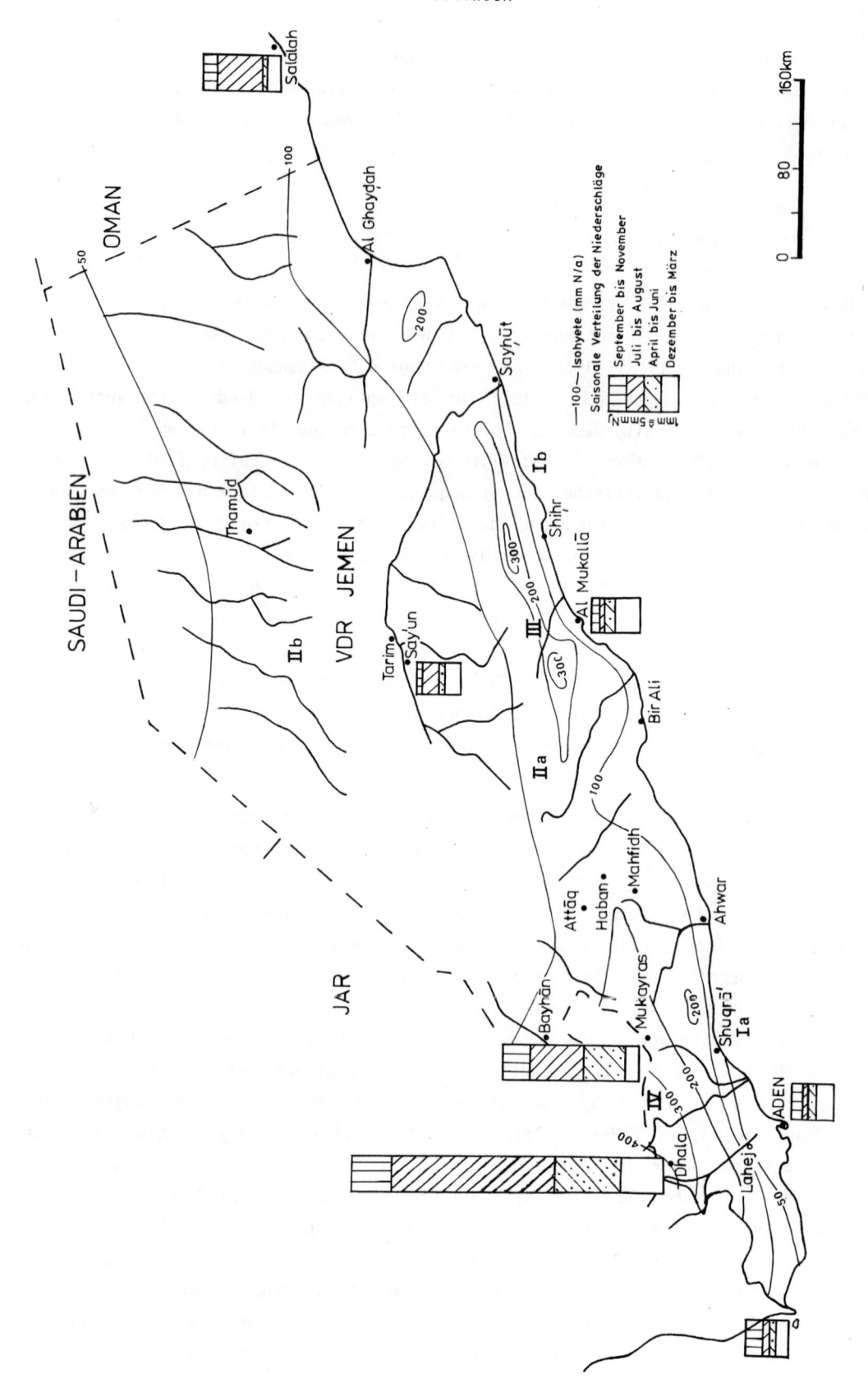

Abbildung 11: Mittlere jährliche Niederschlagsverteilung

Landschaftliche Partialkomplexe

dichte derzeitig nur vermuten (siehe Tab. 13). So scheint im Höhenbereich zwischen 1 400 und 1 800/2 000 m ü.M. ein Niederschlagsmaximum zu liegen, während die Hochplateaubereiche über 2 000 m (St. Mukayrās, Sāna) geringere Mengen aufweisen. Die Situation wird wahrscheinlich durch Expositionsunterschiede zur Monsunrichtung und durch die Intensität der lokalen Zirkulation abgewandelt (vgl. REMMELE 1989). Die Grenze regelmäßiger Schneefälle (in Äthiopien nach HURNI 1982 bei 3 500 - 3 800 m ü.M.) wird in den Gebirgen nicht erreicht.

Tabelle 13: Niederschlagsverhältnisse im jemenitischen Gebirge und Hochland

Station	Höhenlage (m ü.M.)	N_J (in mm)	Vermutete Höhenstufe
Aden	3	49	Trockene Fußstufe
Taizz (JAR)	1375	530	
Dhala	1500	360	
Udayn (JAR)	1700	390	Feuchte Randschwellen
Ibb (JAR)	1800	1161	
Mukayrās	2200	157	
Sana (JAR)	2350	251	Trockene Hochländer

Bemerkung: Es standen z.T. nur kurzreihige, nichteinheitliche Messungen zur Verfügung.

Im Küstengebiet sind die mittleren Niederschlagsmengen auf Grund fehlender orographischer Konvektion und der vorherrschenden Divergenz der lokalen Zirkulation (siehe Kap. 7.2.2) gering (50 - 100 mm N_J). Eine geringe Zunahme in östliche Richtung (Aden 49 mm N_J, Mukallā 57 mm, Salalah/Oman 101 mm) ist auf die in diesem Sinn zunehmende Wirkung monsunaler Einflüsse in Verbindung mit der Reliefsituation (größere Erhebungen in unmittelbarer Küstennähe) zurückzuführen (vgl. JANZEN 1980). Im Landesinneren treten bedingt durch den geringen Einfluß monsunaler Luftmassen (siehe Kap. 7.2.2) und fehlender orographischer Konvektion sehr geringe, nach Norden vermutlich auf weit unter 50 mm abnehmende jährliche Niederschlagssummen auf.

Die *zeitliche Verteilung* der Niederschläge im Jahresgang steht in direkter Abhängigkeit von dem jahreszeitlichen Wechsel der generellen Zirkulation und der Intensität lokaler Systeme (siehe Kap. 7.2.2). Für die Analyse der saisonalen Verteilung werden die in Abbildung 12 dargestellten mittleren Jahresgänge mit Hilfe des pluviometrischen Koeffizienten normiert (siehe Abb. 13) sowie nach Jahreszeiten zusammengefaßt (siehe Tab. 14).

Eine deutlich ausgeprägte Saisonalität im Sinne eines modifizierten tropischen Gangtypes (vgl. LEBEDEV/SOROŠAN 1967) bei hoher intraannuärer Variabilität kennzeichnet die Jahresgänge der niederschlagsreicheren Gebirgsgebiete mit einem Hauptmaximum in

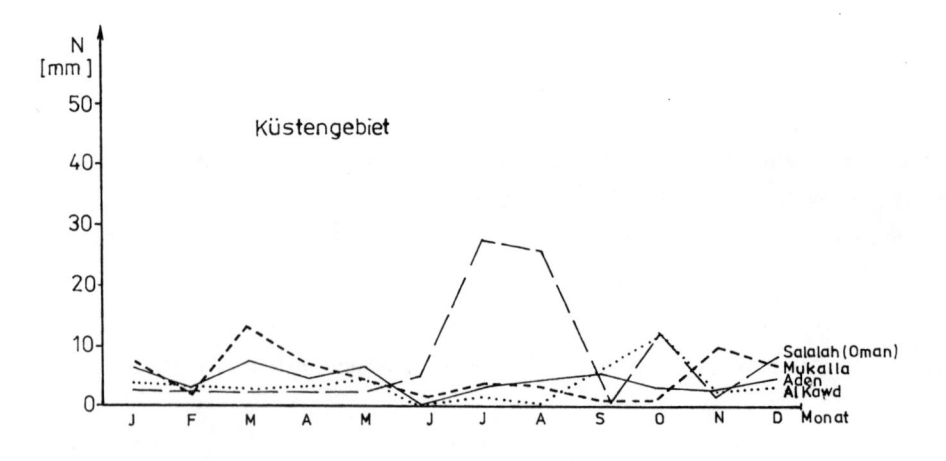

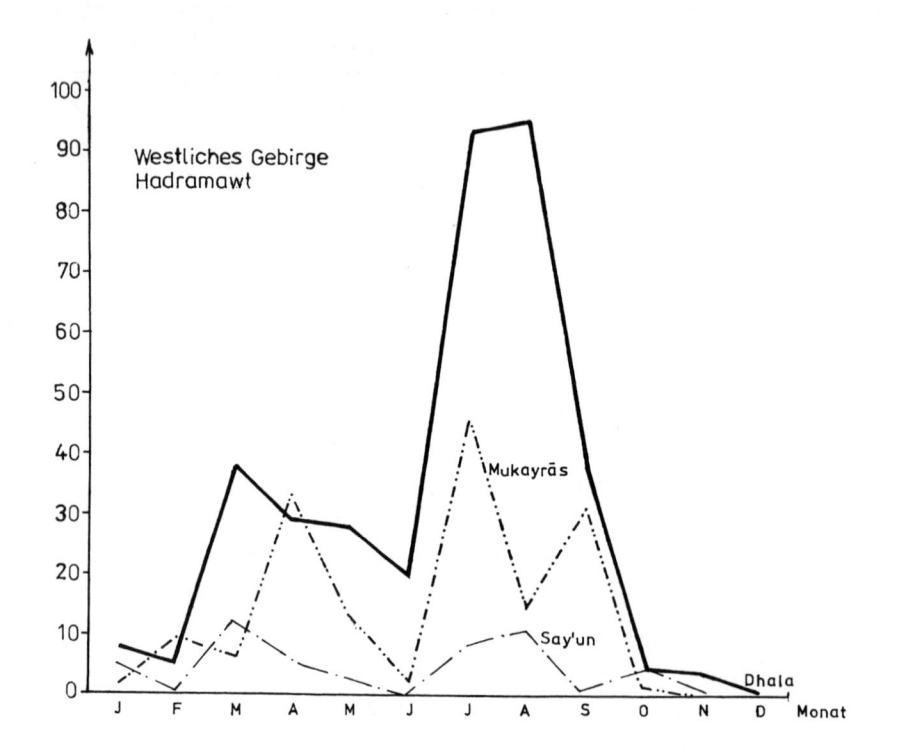

Abbildung 12: Mittlere Monatsmengen des Niederschlags

den Sommermonaten (Dhala 52 % d. N_J, Mukayrās 39 %) und einem Nebenmaximum im Frühjahr ("kleine Regenzeit" bei FLOHN 1965 a) sowie einer Trockenphase zwischen Oktober und Februar. Daraus ergibt sich eine Dauer der Niederschlagsperiode von zehn bis 15 Wochen für die höheren Gebirgslagen. In stark abgeschwächter Form ist dieser Jahresgang vermutlich auch für den östlichen Landesteil charakteristisch (siehe Station Say'un). Einen davon abweichenden, relativ unsicheren und erheblich durch die lokalen Zirkulationsverhältnisse beeinflußten Jahresgang ohne ausgeprägte Niederschlagsperioden zeigen die unmittelbaren Küstengebiete. Typisch sind hier sehr geringe Sommerniederschläge (Aden 14 % d. N_J, Mukallā 11%) und schwache Maxima in den Übergangsmonaten

Landschaftliche Partialkomplexe

Pluviometrischer Koeffizient $= \frac{12 N_M}{N_J}$

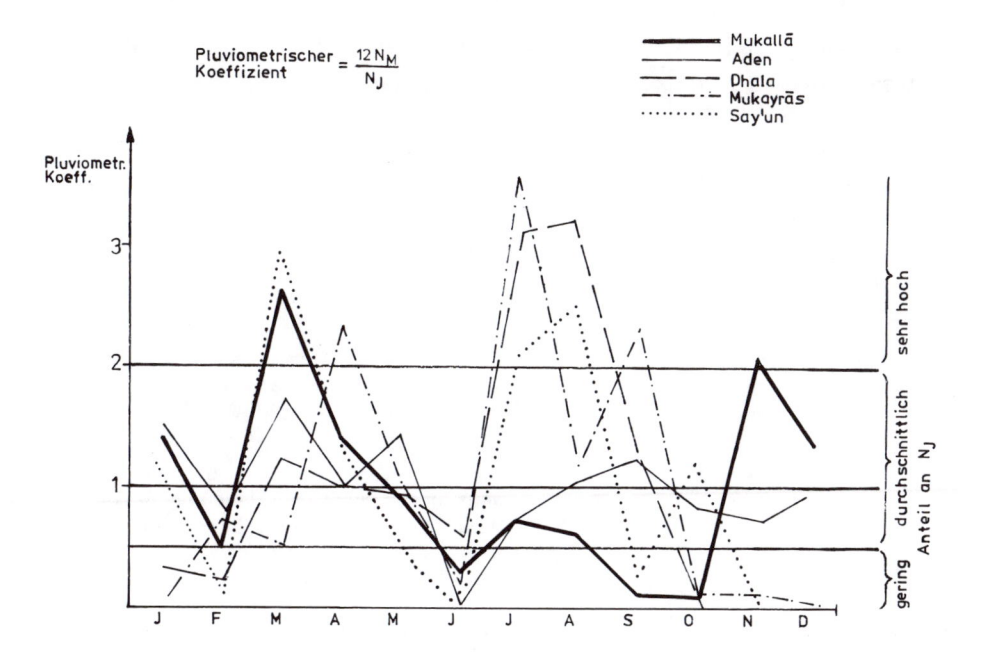

———— Mukallā
———— Aden
— — — Dhala
—·—·— Mukayrās
········· Say'un

Abbildung 13: Jahresgang des pluviometrischen Koeffizienten

Tabelle 14: Jahreszeitliche Verteilung der Niederschläge für ausgewählte Stationen

Station	N_J (mm)	Anteil an N_J im (%)				Intraannuäre Variabilität (%)
		Winter (Dez.-März)	Frühjahr (April-Juni)	Sommer (Juli-Aug.)	Herbst (Sept.-Nov.)	
Aden	49	43	20	14	22	45
Lahej	41	26	24	8	41	137
Mukallā	57	49	22	11	18	78
Dhala	360	14	21	52	13	110
Mukayrās	157	10	31	39	20	118
Say'un	49	35	14	37	12	102

und im Winter (siehe Abb. 13, Tab. 14). Ein charakteristisches Minimum tritt für alle Jahresgänge des Gebietes während der Phase der generellen Umstellung der Zirkulation im Juni auf ("kleine Trockenzeit", vgl. auch REMMELE 1989). Die Ausprägung der Jahresgänge ist mit einer sehr hohen räumlichen Variabilität innerhalb des gleichen Grundtyps verbunden. So weist die jährliche Verteilung bereits auf kurze Entfernung große Unterschiede auf. Die Korrelation der mittleren Jahresgänge von Aden und Lahej (Entfernung 40 km) für 1973 - 1981 zeigt mit r = 0,58 keine signifikanten Zusammenhänge (Aden - Mukallā, 480 km mit r = 0,54 nicht signifikant für 1948 - 1984).

Zusammenfassend kann das Territorium der VDRJ nach der mittleren Menge und dem Jahresgang in folgende *Niederschlagsgebiete* gegliedert werden:

Tabelle 15: Niederschlagsgebiete (siehe auch Abb. 11)

Gebiet		Hauptmerkmale
I	Küstengebiet	
I a	westliches Küstengebiet	sehr geringe Jahressummen (um 50 mm) bei unsicherem Jahresgang mit schwachen Maxima im Frühjahr und Herbst und sommerlichen Minima
I b	Östliches Küstengebiet	geringe Niederschläge (50 – 100 mm), im Westen mit winterlichen und herbstlichen Maxima, im Osten mit Sommer-Maximum
II	Plateaus und Flachländer des Binnenlandes	
II a	Südliches Hadramawt	Jahressummen um 100 mm bei schwach ausgeprägtem Jahresgang mit Maxima im Frühjahr und Sommer
II b	Ramlat Sab'atayn – Nördliches Hadramawt	sehr geringe Jahressummen (unter 100 mm) bei nach Norden zunehmend unsicherem jährlichen Niederschlagseintritt
III	Südabdachung von Hadramawt	relativ hohe Jahressummen (vermutlich bis 300 mm) durch konvektive Steigungsregen, Jahresgang ähnlich wie Gebiet IV
IV	Höhere Lagen der westlichen Gebirge	relativ hohe Jahresmengen (200 – 400 mm) bei ausgeprägtem Jahresgang mit monsunalem Hauptmaximum im Sommer und sekundärem Maximum im Frühjahr, winterliche Trockenheit

Ein charakteristisches Merkmal der Niederschlagsverhältnisse tropisch-arider Gebiete ist die hohe *zeitliche Variabilität* der Mengen innerhalb lang- und mittelfristiger Zeiträume, aus der sich entscheidende Wirkungen für die Ökosystemzustände und ihre dynamischen Veränderungen sowie für die Lebens- und Wirtschaftsbedingungen in diesen Räumen ergeben[4]. Für die Analyse der interannuellen Variabilität standen nur die langjährigen Meßreihen der Küstenstationen Aden und Mukallā sowie zum Vergleich die Angaben der Station Salalah (JANZEN 1980) zur Verfügung (siehe Abb. 14). Ihre Auswertung ergibt die in Tabelle 16 aufgeführten Kennzahlen der Variabilität. Die sehr hohen Werte (69 – 121 % des Mittelwertes als Varianz)[5] weisen nochmals nachdrücklich auf die problematische Aussagekraft von Niederschlagsmittelwerten für die Kennzeichnung des Landschaftshaushaltes und insbesondere für die agrarwirtschaftliche Eignungsbewertung

---

[4] Eine Diskussion verschiedener Ursachentheorien dieser Variabilität findet sich u.a. bei UN-CONF. (1977 a), KRISHNAMURTI (1979), KLAUS (1981), PALMER (1986).

[5] In den Gebirgslagen ist die Niederschlagsvariabilität vermutlich weitaus geringer (nach ALEX 1985 für Taizz 22%, für Sana 43%).

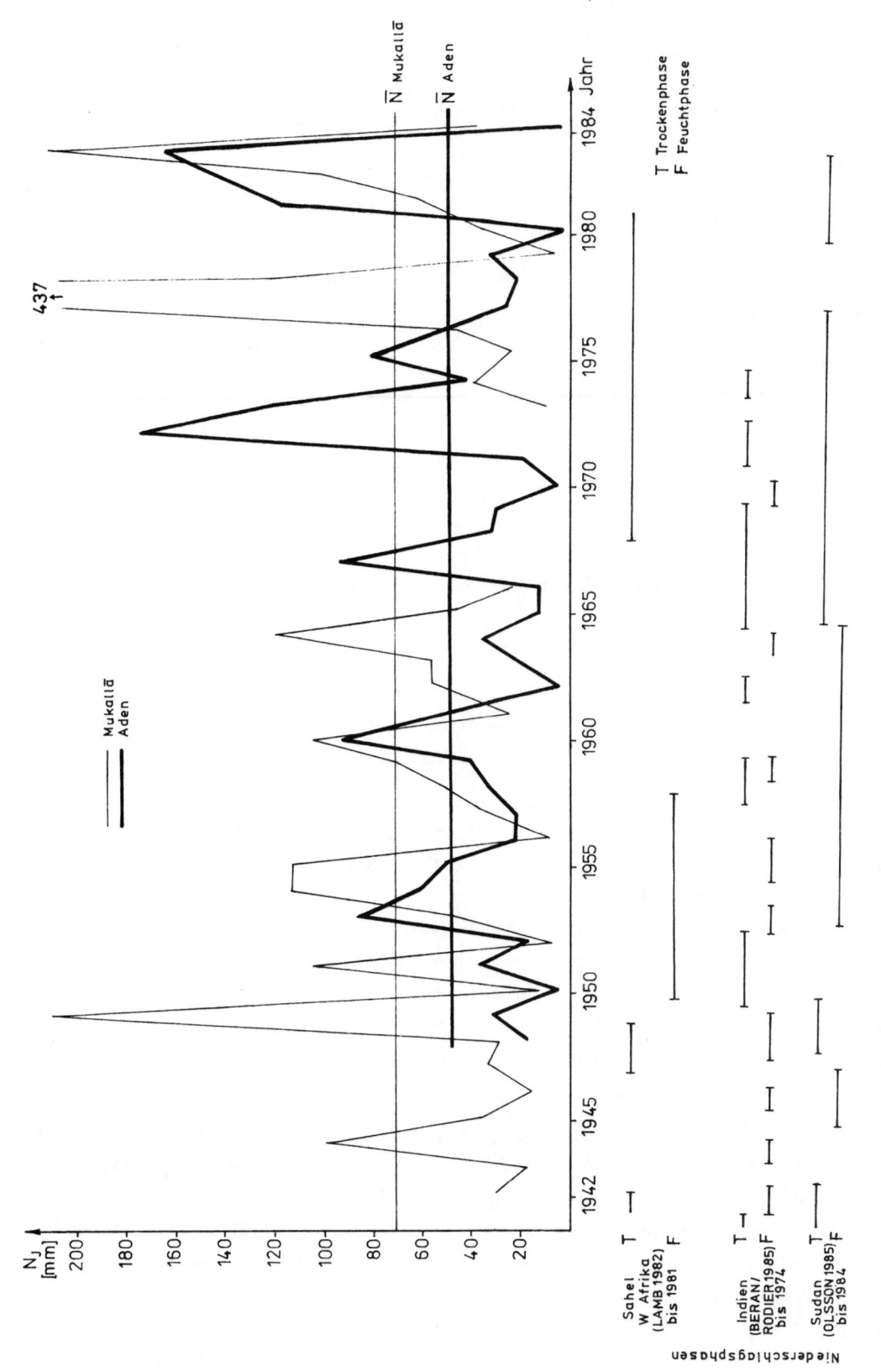

Abbildung 14: Jährliche Summen des Niederschlags für Aden und Mukallā

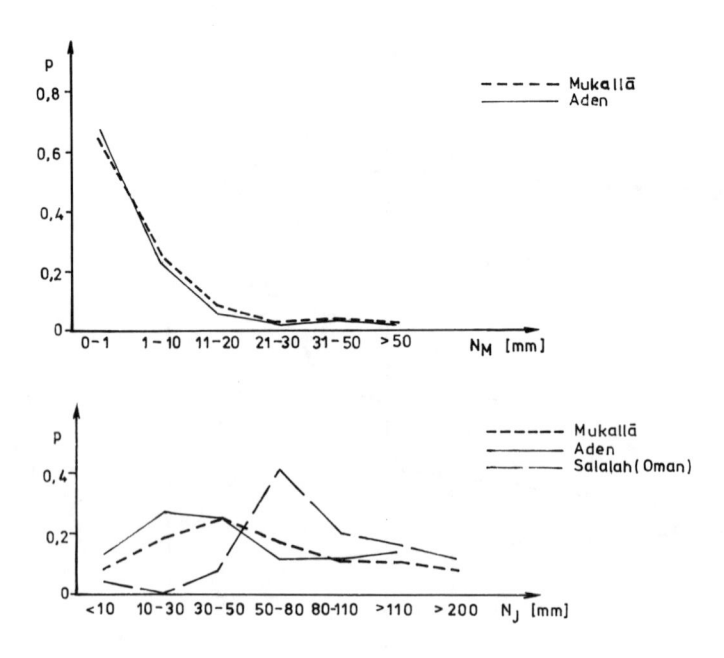

Abbildung 15: Wahrscheinlichkeit der Monats- und Jahressummen des Niederschlags

hin. So treten dem Mittelwert annähernd entsprechende Niederschlagsmengen für Aden und Mukallā nur in vier bzw. zwei von 37 Jahren auf. Die sich aus der häufigkeitsstatistischen Auswertung ergebenden Wahrscheinlichkeitsangaben (siehe Abb. 15 und Tabelle 17) zeigen dagegen ein der Realität besser entsprechendes Bild.

Für den an den Stationen betrachteten Zeitraum von 1942 bzw. 1948 bis 1984 lassen sich die in Tabelle 18 genannten ökologisch und ökonomisch wirksamen mehrjährigen Trocken- und Feuchtperioden feststellen. Eine Parallelisierung dieser Perioden ist schon bei den ca. 480 km entfernten Küstenstationen nur in Einzelfällen möglich (kein signifikanter Zusammenhang zwischen beiden Zeitreihen, 1948 - 66 r = 0,38, 1973 - 1984 r = 0,02). Auch der Vergleich mit den Niederschlagsphasen der Sahelzone und Indiens (siehe Abb. 14) zeigt nur in Ausnahmen eine Übereinstimmung der jeweiligen Trocken- und Feuchtperioden, was auf erhebliche Unterschiede der Wirkung und Intensität globaler Zirkulationsschwankungen unter den spezifischen Regionalbedingungen hindeutet (vgl. STRANZ 1975).

Für die ökologischen Bedingungen der Vegetationsentwicklung, das Abflußverhalten und das geomorphologische Prozeßgeschehen sowie für die agrarische Landnutzung erweist sich die *Intensität* der Niederschläge von großer Wichtigkeit. Die für tropisch-aride Gebiete kennzeichnende sehr ungleichmäßige räumliche und zeitliche Verteilung der Einzelereignisse des Niederschlags mit einer Konzentration auf eine begrenzte Zahl von Starkregen ist auch für das Niederschlagsgeschehen des Untersuchungsgebietes charakteristisch (vgl. u.a. KOPP 1981, ABDULBAKI 1984). Angaben über die Anzahl der Regentage (mehr als 1,0 mm Niederschlag) liegen nur für die Stationen Aden, Perim und Mukallā vor. Danach ist im Mittel nur an sechs bis sieben Tagen im Jahr (1,8 % aller

Landschaftliche Partialkomplexe

Tabelle 16: Interannuäre Variabilität der Niederschläge

Station	Jahresreihen								
	1891 - 1925 (35 J.)			1948 - 1966 (19 J.)			1973 - 1984 (12 J.)		
	$\bar{N}$	s	v	$\bar{N}$	s	v	$\bar{N}$	s	v
Aden	37,4	32,6	87	35,4	24,6	69	67,8	53,9	80
Mukallā				66,4	49,9	75	96,2	117	121
Salalah				122,9	112	91			

Erläuterung: $\bar{N}$ – Mittlerer Jahresniederschlag (mm); s – Standardabweichung (mm); v – Varianz (%)

Tabelle 17: Kennzeichnung der Niederschlagsverhältnisse nach Wahrscheinlichkeitswerten
(für einen Zeitraum von 37 Jahren)

	Aden	Mukallā
Wahrscheinlichkeit unterdurchschnittlicher Jahressummen	64 % aller Jahre	60 % aller Jahre
Wahrscheinlichkeit überdurchschnittlicher Jahressummen	25 % aller Jahre	30 % aller Jahre
Eintritt von extremen Jahressummen		
$N_J < 10$ mm	alle 6 – 7 Jahre	alle 12 Jahre
$N_J > 110$ mm	alle 6 – 7 Jahre	alle 5 Jahre
Wahrscheinlichkeit von Monaten mit $N_M < 1$ mm	66 % aller Monate	64 % aller Monate

Tabelle 18: Trocken- und Feuchtperioden für die Stationen Aden und Mukallā

Trockenperioden[1]		Feuchtperioden[2]	
Aden	Mukallā	Aden	Mukallā
1948–52	1945–48	1953–54	1954–55
1956–59	1952–53	1972–73	1977–78
1962–66	1956–58	1981–83	1982–83
1968–71	1961–63		
1977–80	1965– ?		
	1973–76		
	1979–81		

[1] Stark unterdurchschnittliche Jahressummen in mindestens zwei aufeinanderfolgenden Jahren

[2] Überdurchschnittliche Jahressummen in mindestens zwei aufeinanderfolgenden Jahren

Tage) mit Regenfall zu rechnen.[6] Die Angaben in Tabelle 19 zeigen, daß häufig der Großteil der Jahressumme auf ein oder zwei Starkregenereignisse bzw. auf eine extreme Monatssumme konzentriert ist. Mit diesen Ereignissen sind dann intensive hydrologische und morphodynamische Prozesse verbunden (siehe Kap. 7.5.2 und 7.4.3). Dagegen bleiben Niederschläge mit geringer Intensität wegen der hohen Verdunstung und der extremen Bodenaustrocknung zumeist ökologisch uneffektiv.

Tabelle 19: Ausgewählte Starkniederschläge

Station, Meßpunkt	Tagessummen (mm) (Anteil an N_J)	Monatssummen (mm) (Anteil an N_J)
Aden	5/73 - 117,4 (96 %)	2/83 - 132,6 (81 %)
	1/83 - 73,0 (44 %)	5/73 - 117,4 (96 %)
	9/72 - 65,8 (37 %)	10/72 - 86,5 (49 %)
	3/82 - 27,4 (19 %)	8/81 - 84,0 (99 %)
		3/81 - 79,6 (67 %)
Al Kawd	10/72 - 150	
	3/82 - 35	
Dhala	3/82 - 65	
Sarar	3/82 - 81,4	
(Wadi Hassan)	3/82 - 78,0	
Mudiyah	3/82 - 80,0	
	3/82 - 75,0	
Mukallā	4/77 - 157,8 (36 %)	4/77 - 333,7 (76 %)
	11/49 - 105,3 (50 %)	11/49 - 186,9 (88 %)
	3/54 - 91,2 (80 %)	3/54 - 98,3 (86 %)
		2/78 - 97,5 (81 %)
		3/60 - 91,6 (85 %)
Say'un	8/82 - 56,2 (46 %)	4/83 - 93,9 (50 %)
	1/82 - 36,1 (30 %)	8/82 - 60,7 (73 %)

Erläuterung: 3/54 - Monat und Jahr des Ereignisses

7.2.3.3 Luftfeuchtigkeit

Auf die *räumliche Differenzierung* der Luftfeuchte haben im Untersuchungsgebiet vor allem die durch die Zirkulationsverhältnisse bedingte Luftmassenverteilung (siehe Kap. 7.2.2) und das geringe verdunstungsfähige Wasserdargebot Einfluß. Charakteristisch für das Küstengebiet sind ganzjährig hohe Werte der relativen Luftfeuchte (65 bis über 75 %, siehe Tab. 20), die durch das infolge der lokalen Zirkulation ganzjährige Vorherrschen maritimer Luftmassen mit geringer Niederschlagspotenz (vgl. TREWARTHA 1961, FLOHN 1965 a) bedingt sind. Zum Landesinnneren nehmen die Werte rasch ab und liegen im nördlichen Teil vermutlich unter 50 %. Die Kennzeichnung der Raumstruktur der Luftfeuchte ist bei der derzeitigen Datensituation (nur fünf lagedifferenzierte Stationen)

---

[6] Nach ALEX (1985) für Sana 40,3 Tage mit N > 0,1 mm.

Landschaftliche Partialkomplexe

und der komplizierten, vermutlich nichtlinearen Zusammenhänge zu kartierbaren Merkmalen (z.B. Meeresentfernung, vgl. LEBEDEV/SOROŠAN 1967) nur in einer sehr groben Annäherung möglich. Unter der Annahme einer linearen Abhängigkeit zwischen relativer Feuchte und Meeresentfernung ergibt sich ein mittlerer Gradient von -15%/100 km Entfernung. In den westlichen Gebirgen nimmt der Wasserdampfdruck auf 100 m Höhenunterschied um ca. 6 mm ab.

Die aus der Überlagerung des Temperaturverlaufs und dem jeweiligen Wasserdampfgehalt resultierenden *Jahresgänge* der Luftfeuchte sind relativ ausgeglichen (siehe Abb. 16), nur im Binnenland (St. Say'un) ergibt sich ein deutlicher Kontrast zwischen höheren Winter- und Frühjahrswerten zu der extrem geringen Feuchte im Sommer und Herbst (siehe Tab. 20).

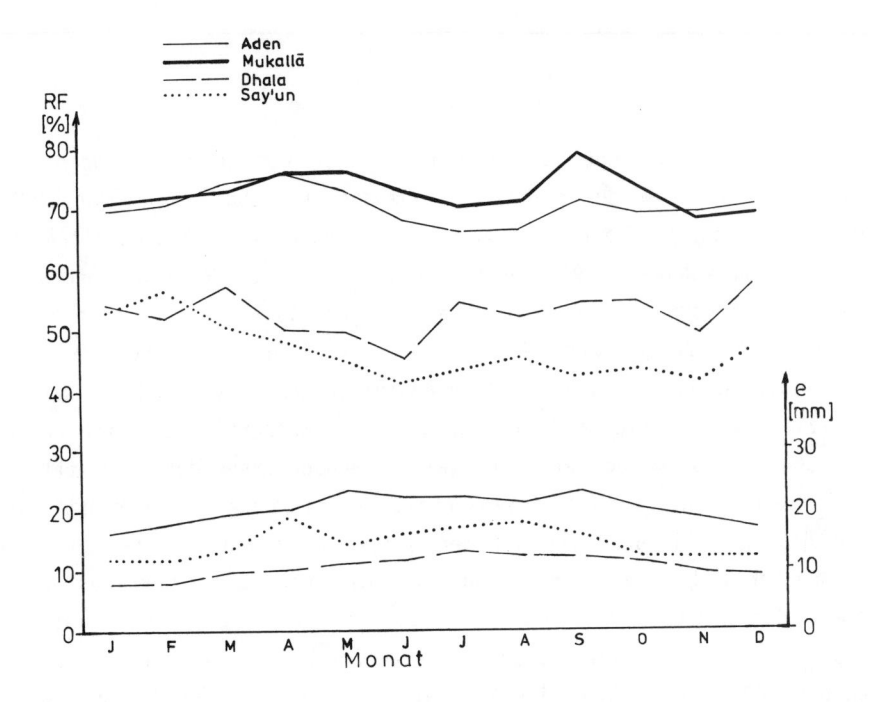

Abbildung 16: Jahresgang der relativen Luftfeuchtigkeit und des Wasserdampfdrucks

Tabelle 20: Kennwerte der Luftfeuchte

Station	Absoluter Wasserdampfgehalt (g/m^3)	Sättigungsdampfdruck (mm)	Jahresmittel der relativen Luftfeuchte (%)	Intraannuäre Variabilität (%)
Aden	19,3	30,0	67	6
Mukallā	19,1	26,7	74	4
Dhala	10,1	19,8	52	7
Say'un	14,2	28,4	52	16

Mit der konvektiven Anhebung feuchter Luftmassen an den küstenexponierten Steilrändern und Gebirgsabdachungen (siehe Kap. 7.2.2) tritt häufig eine zum Teil tageszeitrhythmische Nebelbildung auf, die in diesen Bereichen zu besonderen ökologischen Bedingungen führt (vgl. u.a. RATHJENS/WISSMANN 1934, HUBAISHI/MÜLLER-HOHENSTEIN 1984 sowie analoge Betrachtungen von TROLL 1935, GILLILAND 1952 und KÖNIG 1986 in Äthiopien, Somalia und im Asir, siehe Kap. 7.7.3). Der ausstrahlungsbedingt stark akzentuierte Tagesgang mit beträchtlicher nächtlicher Abkühlung (siehe Kap. 7.2.3.1) ruft besonders in den luftfeuchteren Bereichen der südlichen Plateaus (Süd-Hadramawt) einen temperaturinversen Tagesgang der relativen Luftfeuchte mit Feuchtesättigung in den frühen Morgenstunden (nach eigenen Beobachtungen zwischen 2 und 5 Uhr) hervor. Damit in Verbindung steht ein zum Teil ergiebiger Taufall, der pflanzenökologisch wirksam wird[7].

7.2.3.4 Potentielle Verdunstung

Entsprechend den in räumlicher Differenzierung zur Verfügung stehenden Daten (siehe Anl. 8, Abb. 6, 7, 11) wurde in der vorliegenden Untersuchung das von LAUER/FRANKENBERG (1981) entwickelte Verfahren zur Kennzeichnung der potentiellen Verdunstung verwendet (vgl. auch REMMELE 1989 für Nordjemen), wobei zunächst nur grobe Schätzungen vorgenommen werden können. Den Berechnungen liegen als Ausgangsdaten die Lufttemperatur, die relative Feuchte, der Sättigungsdampfdruck und der Luftdruck[8] zugrunde. Im ersten Schritt wird aus der potentiellen Äquivalenttemperatur und dem Wasserdampfsättigungsdefizit die potentielle Verdunstung freier Wasserflächen (pV) ermittelt. Dem schließt sich die Bestimmung der potentiellen Landschaftsverdunstung (pLV) als potentielle Verdunstung eines Landschaftsausschnittes unter angenommener optimaler Wasserversorgung über die Einführung eines den Ökosystemzustand (Vegetation, Albedo u.a.) in erster Annäherung kennzeichnenden Reduktionsfaktors an. Der Wert des Reduktionsfaktors nimmt mit sinkender Menge des mittleren Niederschlags und der damit verbundenen Verringerung der Vegetationsdichte ab. Nach dem Berechnungsalgorithmus wurden für fünf Stationen der VDRJ sowie für einige Vergleichsstationen die Verdunstungswerte berechnet (siehe Tab. 21). Vergleichende Messungen der potentiellen Verdunstung (Class-A-Pan-Verfahren) liegen für das Gebiet nur für die Station Say'un vor. SOGREAH (1978) gibt Tageswerte zwischen 5 und 11.5 mm und eine Jahressumme von 3 031 mm an.

Die vorläufige Überblicksdarstellung zur räumlichen Differenzierung der potentiellen Verdunstung (siehe Abb. 17) geht von dem engen Zusammenhang zwischen pV und dem Sättigungsdefizit aus:

$$pV = -32 + 340 \ (E_t - e) \text{ mit } r = 0{,}99 \text{ für } n = 9$$

(Abk. siehe Tab. 5)

---

[7] Im Januar 1985 wurde in Plateaurandlage ca. 90 km nordwestlich von Mukallā an 12 und 21 Tagen ergiebiger morgendlicher Taufall registriert.

[8] Für die Stationen der VDRJ aus den Messungen für Aden nach der barometrischen Höhenformel bestimmt.

Landschaftliche Partialkomplexe

Tabelle 21: Potentielle Verdunstung und Landschaftsverdunstung für Stationen der VDRJ und vergleichbarer Gebiete

Station (Höhe in m ü.M.)	pV_J	pLV_J	Maxima		Minima	
			pV_M	pLV_M	pV_M	pLV_M
Küstengebiet						
Aden (3)	3386	508	405	45	202	22
Mukallā (25)	2344	398	267	29	165	18
Salalah (17)	2524	429	.	.	.	.
Berbera/Somalia (8)	2240	201	335	30	101	9
Djibouti (7)	2122	232	303	33	117	13
Hochland, Gebirge						
Dhala (1500)	3034	1002	380	152	173	13
Mukayrās (2200)	1783	357	285	57	83	17
Erigaro/Somalia (1737)	1591	733	151	70	120	55
Hargeisa/Somalia (1370)	1915	843	185	82	116	51
Asmara/Äthiopien (2300)	1402	675	147	72	74	36
Binnenland						
Say'un (565)	4526	680	463	69	150	22
Riyad/Saudiarabien (591)	4340	651	.	.	.	.

Angaben für Somalia und Äthiopien aus LAUER/FRANKENBERG (1981)

Unter der hier notwendigen Annahme einer linearen Abhängigkeit der relativen Feuchte von der Meeresentfernung (ΔM), wie sie in Kapitel 7.2.3.3 dargestellt wurde, und der Relation zwischen Sättigungsdampfdruck (E_t) und Temperatur ergibt sich:

$$\text{Westteil d. VDRJ} \quad pV = 0{,}54\, E_t\, (\Delta M + 206) - 32$$
$$\text{Ostteil d. VDRJ} \quad pV = 0{,}47\, E_t\, (\Delta M + 186) - 32$$

Damit wird die potentielle Verdunstung aus der Kombination der Temperaturkarte (Abb. 7) und der Meeresentfernung im Überblick dargestellt. Für die Genauigkeit gelten die gleichen Einschränkungen wie für die Temperatur- und Feuchtedarstellung.

Zur Ermittlung der Raumstruktur der potentiellen Landschaftsverdunstung wird pV nach dem Niederschlagsindikator reduziert (siehe LAUER/FRANKENBERG 1981), so daß sich aus der Kombination der Niederschlagsverteilung (Abb. 11) mit der pV-Darstellung (Abb. 17) die räumliche Differenzierung der pLV (Abb. 18) ergibt.

Das Bild der *räumlichen Differenzierung* der potentiellen Verdunstung (Abb. 17) zeigt eine weitgehend zonale Anordnung der Werteareale mit durch hohe Temperaturen und hohes Sättigungsdefizit bedingten Maxima im Nordteil des Landes und eine allmähliche, durch die Zunahme der relativen Feuchte hervorgerufenen Verringerung in Küstenrichtung. Hier nehmen die Werte mit der Jahresmitteltemperatur und der wachsenden Luftfeuchte von Westen nach Osten ab. In den höheren Lagen unterbricht eine temperaturbedingte

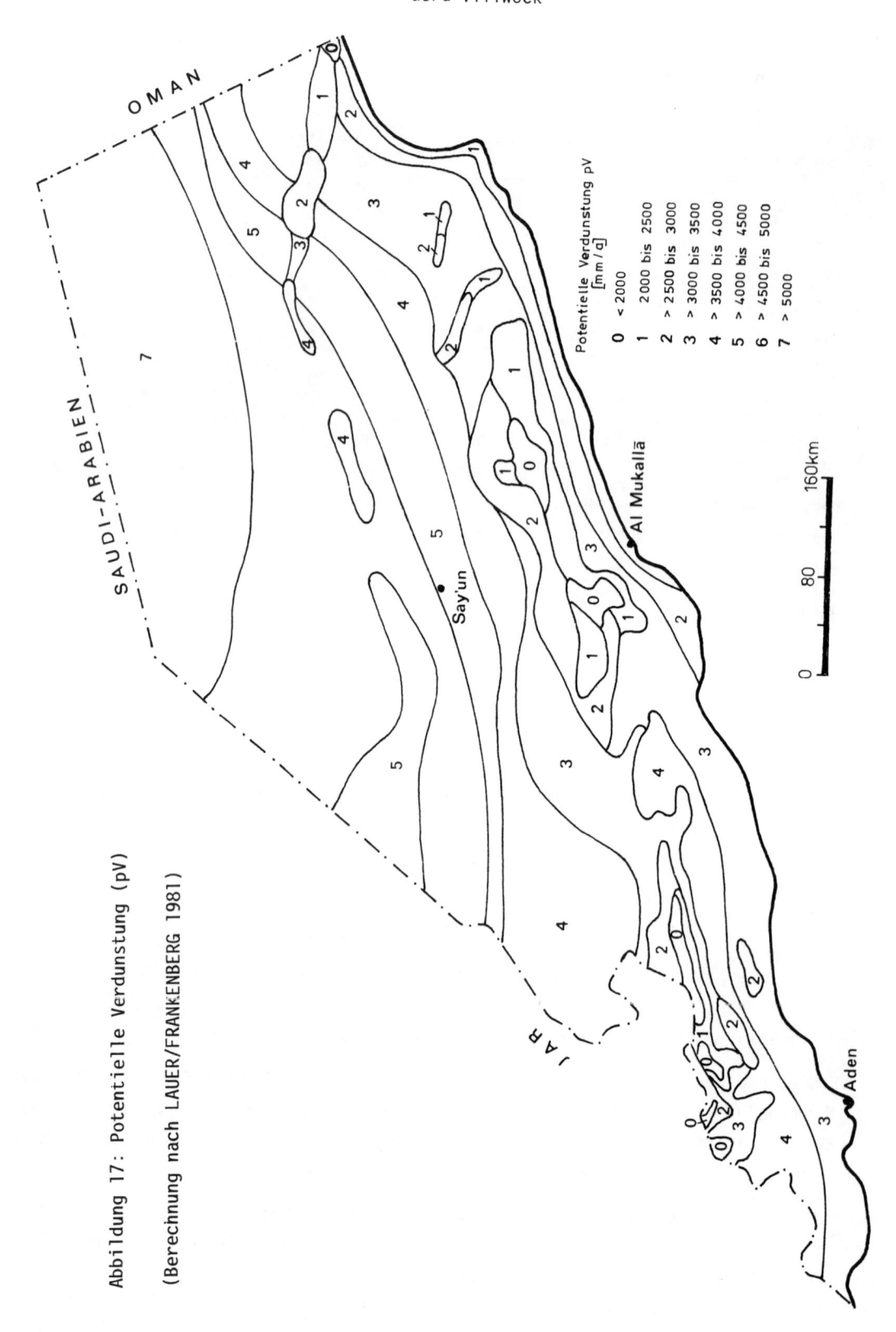

Abbildung 17: Potentielle Verdunstung (pV)
(Berechnung nach LAUER/FRANKENBERG 1981)

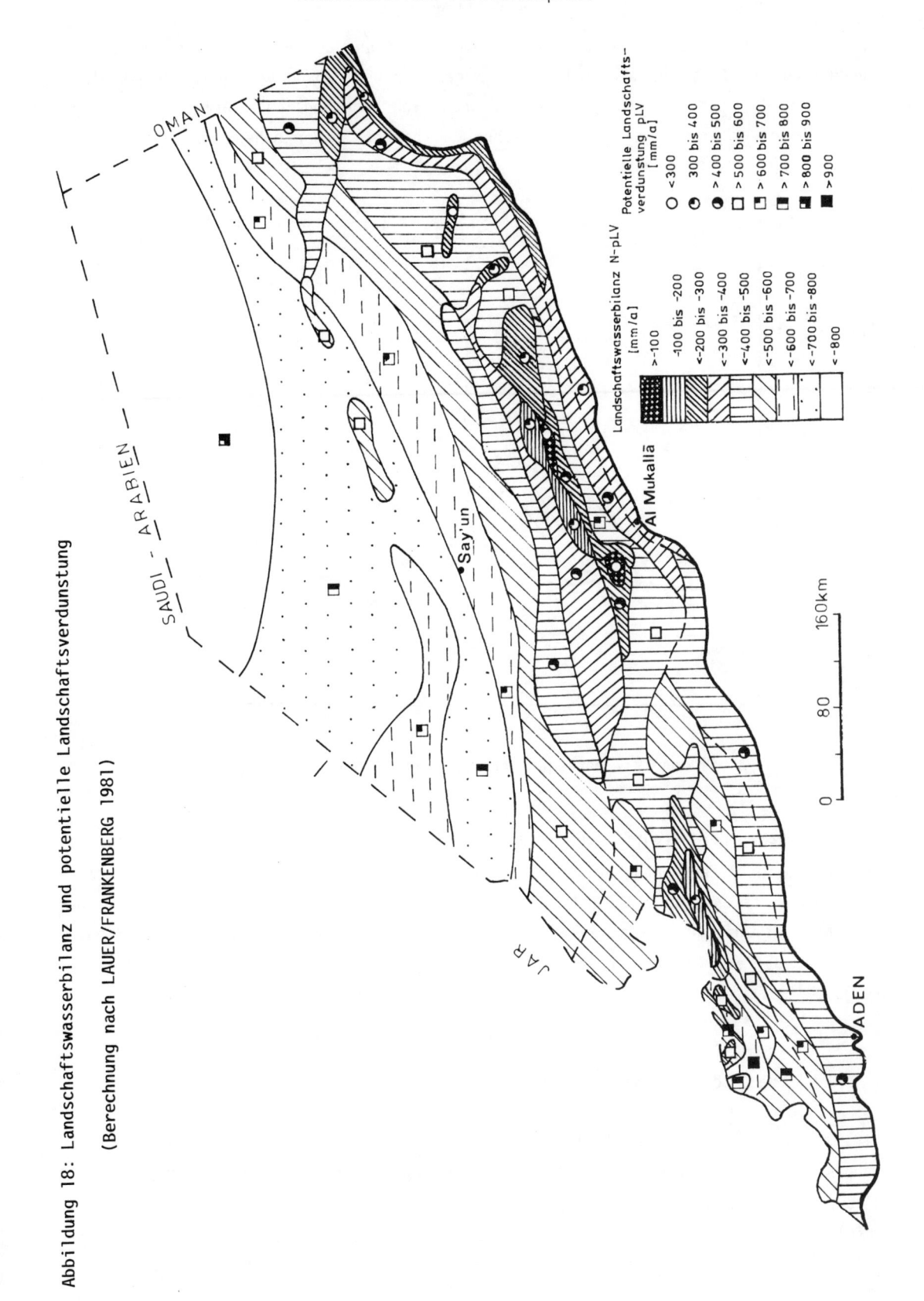

Landschaftliche Partialkomplexe

Abbildung 18: Landschaftswasserbilanz und potentielle Landschaftsverdunstung

(Berechnung nach LAUER/FRANKENBERG 1981)

Abnahme der pV die zonale Raumstruktur. Die Verteilung der potentiellen Landschaftsverdunstung (pLV, siehe Abb. 18) ergibt wegen der weitgehend geringen Niederschlagswerte und der dadurch bedingten hohen Reduktion ein ähnliches Bild. Abweichungen treten in den oberen Lagen der westlichen Gebirge bei einer höheren niederschlagsbedingten Vegetationsdichte auf.

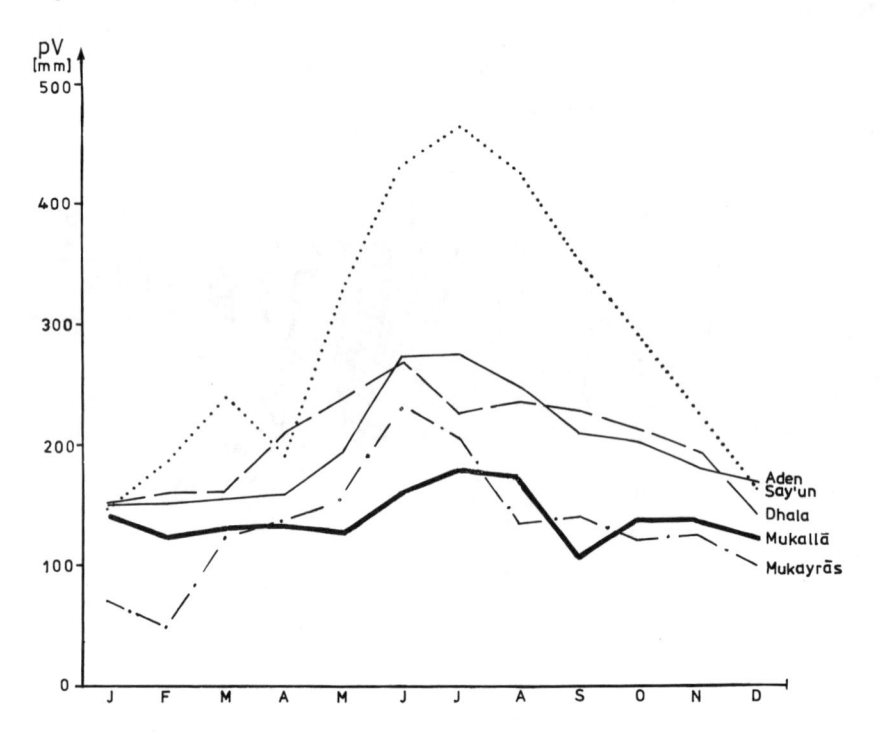

Abbildung 19: Jahresgang der potentiellen Verdunstung

Der *Jahresgang* der potentiellen Verdunstung (siehe Abb. 19) verläuft entsprechend den oben gezeigten Zusammenhängen in direkter Abhängigkeit von der Überlagerung des Temperaturganges (siehe Abb. 8) und des Jahresganges der relativen Luftfeuchte (siehe Abb. 16). Demzufolge treten die größten Amplituden mit sommerlichen Maxima im Binnenland (St. Say'un) und in den westlichen Gebirgen (St. Mukayrās) auf, während die Jahresgänge im östlichen Küstengebiet (St. Mukallā) relativ ausgeglichen sind.

7.2.4 Klimatische Wasserbilanz

Die in den vorhergehenden Abschnitten vorgenommenen quantitativen Abschätzungen der Hauptklimaelemente in ihrer räumlichen und zeitlichen Verteilung gestatten eine erste Bilanzierung des klimatischen Wasserhaushaltes für das Territorium der VDRJ, wobei infolge der hohen Variabilität des Niederschlags (siehe Kap. 7.2.3.2) die hier dargestellten mittleren Verhältnisse nur generelle Anhaltspunkte für die klimaökologische Situation wiedergeben können.

Landschaftliche Partialkomplexe

Eine Darstellung des klimatischen Feuchtehaushaltes in seiner räumlichen und zeitlichen Struktur gestattet die auf der allgemeinen Wasserbilanzgleichung beruhende Betrachtung des Verhältnisses zwischen potentieller Verdunstung und Niederschlag. Ausgehend von den Schätzungen der potentiellen Verdunstung (siehe Kap. 7.2.3.4) können Monats- und Jahresbilanzen über Quotient- bzw. Differenzrelationen zum Niederschlag ermittelt werden, wobei generell zwischen positiven (humiden) und negativen (ariden) Bilanzwerten unterschieden wird. LAUER/FRANKENBERRG (1981) unterscheiden zwischen der klimatischen Wasserbilanz als Differenz zwischen Niederschlag und potentieller Verdunstung und der landschaftsökologischen (bzw. pflanzenökologischen) Wasserbilanz, die durch die Verwendung der potentiellen Landschaftsverdunstung Parameter der Landschaftsausstattung (v.a. Vegetationsdichte) berücksichtigt (siehe Kap. 7.2.3.4).

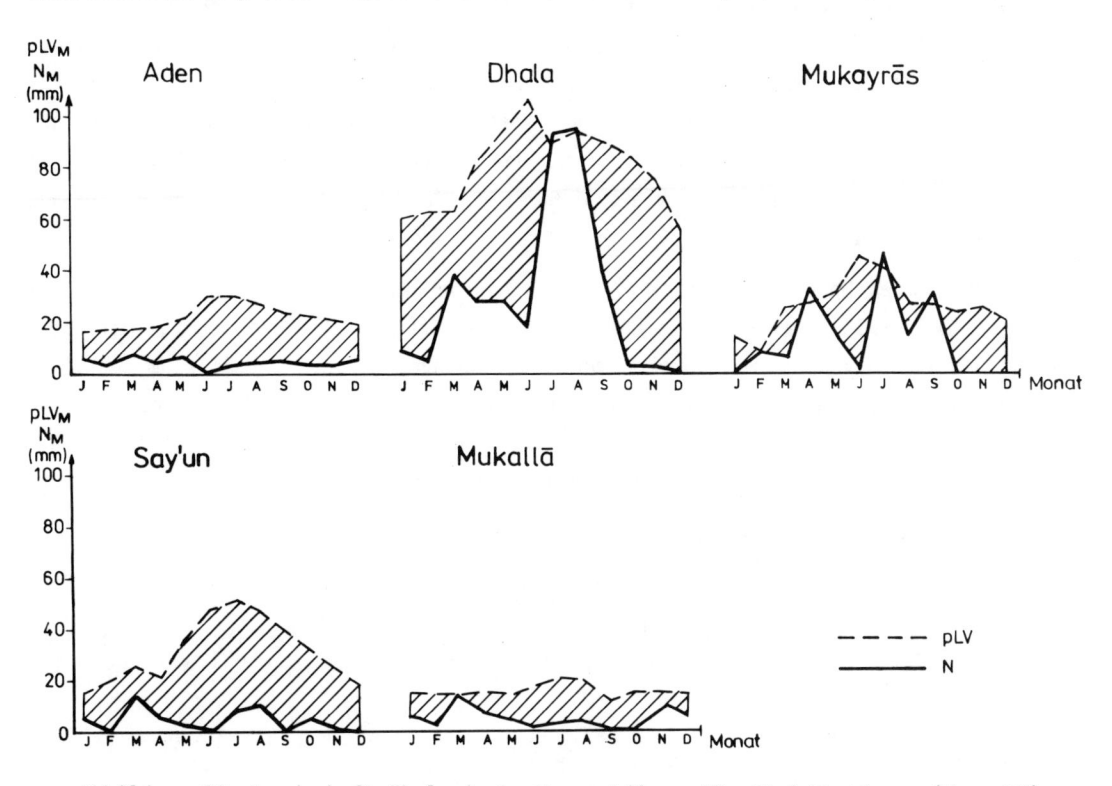

Abbildung 20: Landschaftsökologische Wasserbilanz für fünf Stationen (N - pLV)

Tabelle 22: Wasserbilanzen von ausgewählten Stationen

Station	N_J (mm)	KWB $(N_J - pV_J)$ (mm)	LWB $(N_J - pLV_J)$ (mm)	$\frac{N_J}{pV_J}$	$\frac{N_J}{pLV_J}$	Anzahl klimatisch humider Monate	Anzahl landschaftsökologisch humider Monate	Anzahl Monate $pLV < \frac{1}{2} N$
Aden	49	-3337	-459	0,01	0,10	0	0	0
Lahej	41	-3139	-436	0,01	0,09	0	0	0
Al Kawd	41	-2403	-326	0,02	0,12	0	0	0
Mukallā	72	-2272	-326	0,03	0,20	0	0 - 1 (März)	5
Salalah	101	-2423	-328	0,04	0,23	0	2 (Jl.,Aug.)	.
Dhala	360	-2675	-643	0,12	0,30	0	2 (Jl.,Aug.)	3
Mukayrās	157	-1626	-200	0,08	0,44	0	3 (Ap.,Jl.,Sep.)	5
Say'un	49	-4477	-631	0,01	0,07	0	0	0

Die in Tabelle 22 dargestellten *Jahreswerte* für die Stationen der VDRJ verdeutlichen die generellen hygrischen Verhältnisse mit durch geringe Niederschlagsmengen und hohe potentielle Verdunstung hervorgerufenen hoch negativen Wasserbilanzen für alle Gebiete des Landes. Die klimatische Trockengrenze (N = pV) wird in der Jahresbilanz in keinem Fall überschritten, so daß generell aride bis extremaride Verhältnisse vorherrschen. Während in den niederschlagsreicheren westlichen Gebirgsregionen die Verdunstung die Jahressumme der Niederschläge um das acht- bis elffache übersteigt, liegen die pV-Werte im Binnenland und im westlichen Küstengebiet um das 50 bis 100fache über den jährlichen Niederschlägen. Auch die reduzierten Werte der potentiellen Landschaftsverdunstung sind in der Jahresbilanz höher als die Niederschlagsmenge (Binnenland zehn- bis 15fach, westliche Gebirge zwei- bis dreifach, siehe Abb. 20). Bei der Betrachtung des *Jahresganges* (siehe Abb. 20) zeigt sich, daß die klimatische Wasserbilanz (N - pV) für alle Monate im Gesamtgebiet stark defizitär ist (Max. Say'un, Juli = -463 mm, Min. Mukayrās, Januar = -83 mm).

Die mit Hilfe des Modells der potentiellen Landschaftsverdunstung erzeugte Karte der *Landschaftswasserbilanz* (N - pLV, siehe Abb. 18) ermöglicht eine großräumige Differenzierung und Abstufung der klimaökologischen Bedingungen für das Territorium der VDRJ. Unter Einbeziehung der zeitlichen Differenzierung des Jahresganges (siehe Abb. 20) ergibt sich folgendes, aus den mittleren monatlichen Zuständen abgeleitetes Bild der räumlichen Struktur der Landschaftswasserbilanz für das Gebiet:

(1) In den Hochlagen der westlichen Gebirge und an der Südabdachung von Hadramawt können während der Phase erhöhter Niederschläge (Frühjahr, Sommer) im Mittel zwei bis drei landschaftsökologisch humide Monate (N_M größer pLV_M) bzw. stark abgeschwächt semiaride Monate (N_M größer $1/2\ plV_M$) mit einem geringen Feuchteüberschuß angenommen werden. Die sich aus dem Zusammenfallen mit den Maximalwerten der plV ergebende hohe aktuelle (reelle) Verdunstung (siehe Abb. 20) vermindert aber die ökologische Wirkung des Feuchtegewinns erheblich.

(2) Für das Binnenland und das westliche Küstengebiet sind ganzjährig vollaride Wasserbilanzen charakteristisch (siehe Stationen Aden, Say'un). Da die potentielle Landschaftsverdunstung in allen Monaten weit über den Niederschlagsmengen bleibt, werden diese im Mittel vollständig aufgezehrt, woraus ein ganzjähriges Defizit im pflanzenökologischen Bodenwasserhaushalt resultiert.

(3) Im östlichen Küstengebiet können im Frühjahr (Mukallā, März -1 mm) bzw. während der Monsunphase (Salalah, Juli-August +18 mm) schwach humide bzw. abgeschwächt aride Monatsbilanzen auftreten.

Die sehr begrenzte Aussagefähigkeit der auf Mittelwerten beruhenden Kennzeichnung der Wasserbilanz, welche in der Realität vorherrschend durch episodische Einzelereignisse des Niederschlags bestimmt wird (siehe Kap. 7.2.3.2), kommt auch in der Analyse der Zeitreihen für die Stationen Aden und Mukallā zum Ausdruck. So wiesen während des erfaßten Zeitraums (37 bzw. 36 Jahre) nur 4 bzw. 7 % aller Monate bei Annahme mittlerer potentieller Landschaftsverdunstung eine positive (humide) Landschaftswasserbilanz auf, während in 44 bzw. 62 % aller Jahre kein Monat mit humiden Verhältnissen auftrat.

7.2.5 Klimatypen und -regionen

Bis auf die nur mit wenigen Meßdaten untersetzte Arbeit von RATHJENS/KERNER (1956) für das Gebiet Nordjemens und den Westteil der ehemaligen VDRJ fehlt bis heute eine synthetische Darstellung des Regionalklimas für den Untersuchungsraum.

Die hier vorgenommene Gebietsgliederung basiert auf der Kombination der klimaökologischen Wasserbilanz, der Temperatur und der Luftfeuchte als den Hauptmerkmalen arider

Tabelle 23: Klimatypen und Klimaregionen

Typ des Regionalklimas		Klimaregion	Anteil an der Landesfläche (in %)
1 Semihumid-semiarides, gemäßigt warmes Klima der oberen Gebirgslagen mit ausgeprägter Niederschlagsphase im Frühjahr und Sommer	X	Obere Lagen der Küstengebirge von Hadramawt	0,3
	XV	Obere Lagen der westlichen Gebirge	
2 Semiarides, gemäßigt warmes, winterkühles Hochlandklima der oberen Lagen mit deutlicher sommerlicher Niederschlagsphase	XII	Obere Lagen des Yaffa-Gebirges	1
	XVI	Hochland von Awdhalī	
3 Semiarides, warmes, nebelreiches Klima der Gebirge und Abdachungen in mittleren Lagen	XI	Mittlere Lagen des zentralen Küstengebirges und der Abdachung von Hadramawt	6
	XIII	Mittlere Lagen der westlichen Bergländer	
	XIV	Jibal al Urays	
4 Vollarides, heißes, luftfeuchtes Küstenklima	I	Westliche und zentrale Küstenregion	16
	II	Östliche Küstenregion	
5 Vollarides, heißes, lufttrockenes, kontinentales Binnenlandklima	III	Südliche Plateaus und Ebenen von Hadramawt und Mahrā	44
	IV	Ramlat Sab'atayn	
	V	Zentrales Hadramawt	
	VI	Mittlere Lagen des Nordwest-Jawl	
	VII	Mittlere Lagen des zentralen Hadramawt und Mahrā	
6 Extremarides, heißes, lufttrockenes Binnenlandklima mit hoher Kontinentalität	VIII	Nord-Jawl	31
	IX	Südrand von Rub Al Khāli	

Gerd Villwock

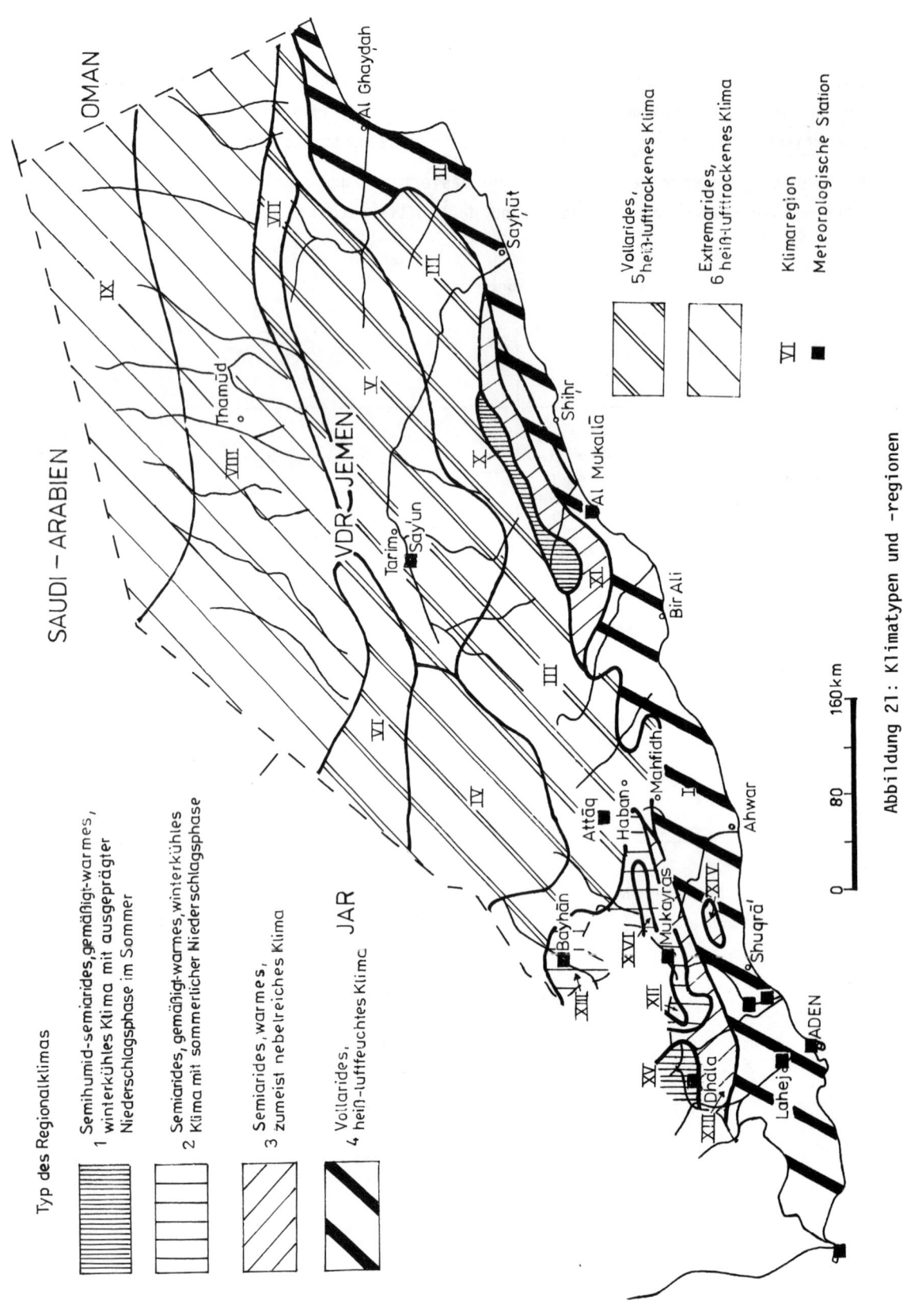

Typ des Regionalklimas

1 Semihumid-semiarides, gemäßigt-warmes, winterkühles Klima mit ausgeprägter Niederschlagsphase im Sommer

2 Semiarides, gemäßigt-warmes, winterkühles Klima mit sommerlicher Niederschlagsphase

3 Semiarides, warmes, zumeist nebelreiches Klima

4 Vollarides, heiß-luftfeuchtes Klima

5 Vollarides, heiß-lufttrockenes Klima

6 Extremarides, heiß-lufttrockenes Klima

VI Klimaregion

■ Meteorologische Station

Abbildung 21: Klimatypen und -regionen

Landschaftliche Partialkomplexe

Klimate (vgl. u.a. MEIGS 1953) zu *Regionalklimatypen*. Für die VDRJ ergeben sich nach den zur Verfügung stehenden Informationen sechs Typen des Regionalklimas, die in 17 Verbreitungsarealen (Klimaregionen) auftreten (siehe Tab. 23 und Abb. 21). Die Typenbildung und -benennung erfolgt unter Verwendung von den durch LAUER/FRANKENBERG (1979, 1981) und SCHREIBER (1973) aufgestellten hygrischen und thermischen Kriterien sowie in Anlehnung an die Klimabezeichnungen bei BLUME (1976) und GOODALL/PERRY (1979). Für die Benennung der Klimaregionen werden Lokalnamen gebildet. Aus den Klimaelementekarten (siehe Abb. 7, 8, 11, 17, 18) können eine Abschätzung der Hauptparameter für die einzelnen Klimatypen (siehe Tab. 24) sowie Bilanzierungen für einzelne Klimaregionen (siehe Abb. 22) vorgenommen werden. Für die Abgrenzung der *Klimaregionen* werden ausgehend von den Analysen der räumlichen Differenzierung der Hauptklimaelemente (siehe Kap. 7.2.3) indikative Merkmale des Reliefs (Höhenlage, Exposition) und der Vegetation (siehe Kap. 7.7) sowie Positionsmerkmale (Lage zum Meer) herangezogen[9], wobei die Grenzen breiten Übergangssäumen entsprechen.

Das gewonnene Bild (Abb. 21) zeigt, daß die klimatischen Verhältnisse in der VDRJ zu ca. 90 % durch voll bzw. extremaride Bedingungen geprägt werden. Nur auf ca. einem Zehntel der Landesfläche tritt im mittleren Jahresgang zumindest ein landschaftsökologisch humider Monat auf. Gebiete mit einer ausgeprägten Niederschlagsphase (Regenzeit) haben nur einen Anteil von 2 %.

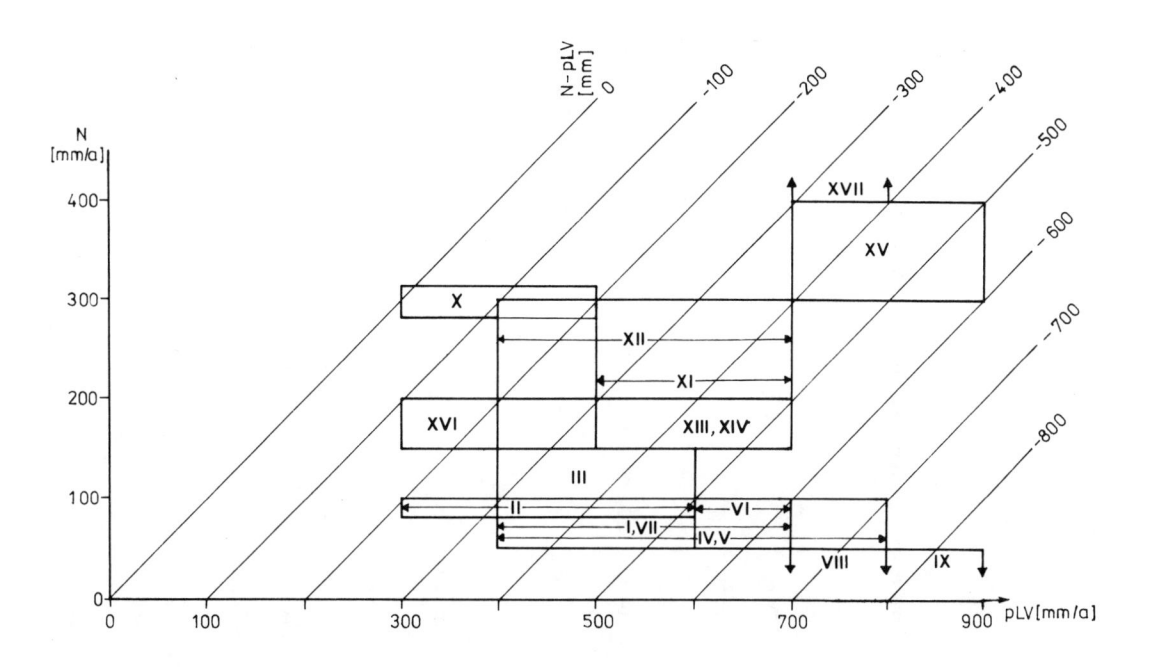

Abbildung 22: Landschaftswasserbilanz der Klimagebiete (nach Verfahren LAUER/FRANKENBERG 1981)

---

[9] Vgl. ähnliche Methoden der Klimagliederung bei BLUME (1976) für Saudi-Arabien und bei JANZEN (1980) für Dhofar (W-Oman).

Tabelle 24: Hauptmerkmale der Typen des Regionalklimas

Typ des Regional- klimas (s.Tab.23)	t_J (°C)	t_{Jan} (°C)	t_{Juli} (°C)	ΔT_J (°C)	Kontinen- talität	N_J (mm)	RF_J (%)	pV_J (mm)	pLV_J (mm)	KWB (mm)	LWB (mm)	Anzahl¹ humider Monate	Klimatyp bei KÖPPEN (1923)	TROLL/ PAFFEN (1964)
1	16-22	<14-16	<23-25	7-12	m'-k'	300-400	55-60	2000 – 3500	500 – 900	-1500 – -3100	-100 – -500	2-4	BSwk	V 4
2	16-22	11-16	<23-25	9-12	k -k'	200-300	<55	<2000 – 3000	300 – 700	-1700 – -2700	-100 – -400	2-3	BWwk'	V 4
3	20-26	16-22	25-27	7-10	m'-k'	150-200	55-70	2500 – 3500	500 – 700	-2300 – -3300	-300 – -500	1-2	BWwh	V 5
4	26-29	22-25	25-32	5- 8	m'	50-100	65-70	2000 – 4000	300 – 700	-1900 – -2900	-200 – -600	0	BWn'''x'h	V 5
5	22-28	16-22	27-32	9-16	k -k̄	50-100	<55	2500 – 5000	500 – 800	-2400 – -4900	-400 – -700	0	BWx'h	V 5
6	26-30	18-24	32-38	14-20	k̄	<50	<50	4500 – >5000	600 – 900	-4500 – -5000	-600 – -900	0	BWx'h	V 5

¹ Anzahl landschaftsökologisch humider Monate

Erläuterungen: m' - schwach maritim; k' - schwach kontinental; k - kontinental; k̄ - stark kontinental.

7.3 Geologisch-lithologische Verhältnisse

7.3.1 Vorbemerkungen

Das großräumige Landschaftsgefüge wird in entscheidendem Maße durch die in der geologischen Entwicklung geschaffenen tellurischen Grundstrukturen geprägt (s. auch Kap. 2.3.3). Zum anderen ergeben sich wesentliche inhaltliche Hauptmerkmale der Partialkomkomplexe Relief, Boden und Wasser aus den geotektonisch-lithologischen Ausgangsbedingungen (siehe Kap. 7.4, 7.5.3, 7.6). Dementsprechend kommt der Kenntnis der geologischen und lithologischen Verhältnisse eine wesentliche Bedeutung bei der Erfassung der raumstrukturellen und inhaltlichen Merkmale der Landschaftsstruktur zu.

Die Darstellung kann auf einen für die hier betrachtete Dimensionsstufe relativ umfangreichen Kenntnisstand zurückgreifen, der sich aufbauend auf den Erkenntnissen vor allem von WISSMANN et al. (1942) in der kleinmaßstäbigen, flächendeckenden geologischen Kartierung und Bearbeitung der Stratigraphie (BEYDOUN 1964, 1966, GREENWOOD 1967), den Untersuchungen zur Tektonik der Adengolfzone (zusammengefaßt u.a. bei FALCON et al. 1970) und Detailarbeiten in Teilgebieten (u.a. ANDREAS et al. 1979, SCHRAMM et al. 1986) repräsentiert.

7.3.2 Geologisch-tektonische Teilgebiete

Die sich aus der Lage in den geotektonischen Großregionen des Nubisch-Arabischen Schilds und des angrenzenden Arabischen Schelfbereiches (siehe Abb. 3, Kap. 5.2) sowie aus der tertiär-quartären Tektogenese (s. Kap. 6) ergebende großräumige Situation findet ihren Ausdruck in einer sehr heterogenen Struktur des Untersuchungsgebietes, die durch folgende geologisch-tektonische Großeinheiten gekennzeichnet ist (unter Verwendung v.a. von BEYDOUN 1964, 1966, 1970, PICARD 1969, BAABBAD/KRAUSS 1986, siehe Abb. 23)[10]:

1. Jemen – Horst

Als Südwestteil des Nubisch-Arabischen Schilds ist dieses Gebiet seit dem Präkambrium-Altpaläozoikum konsolidiert und wird von durch alte tektonische Strukturen geprägten magmatischen und metamorphen Gesteinen unterschiedlicher Bildungsphasen aufgebaut (vgl. GEUKENS 1966, GREENWOOD/BLEACKLEY 1967). Der sehr langen kontinentalen Entwicklung folgte eine postpaläozäne Hebung mit intensiver Tektonik und weitflächigem Vulkanismus in Form mächtiger Trappserien (vgl. u.a. GEUKENS 1966, CHIESA et al. 1983, siehe Kap. 6).

2. Hadramawt – Horst

Das zum Südteil der Arabischen Tafel gehörende Gebiet nimmt den Großteil der Landesfläche ein. In mehreren, durch epirogene Bewegungen verursachten Sedimentationsphasen zwischen Jura und Eozän kam es auf einer eingerumpften Scholle zur Ablagerung mächti-

---

[10] Zur Veranschaulichung des geologischen Baus sei auf die Strukturprofile bei WISSMANN et al. (1942) und BEYDOUN (1964, 1966), vgl. auch die Abb. 29 – 35 der vorliegenden Arbeit, verwiesen.

ger karbonatischer und klastischer Sedimentitfolgen. Die Lagerungsverhältnisse des postpaläozän gehobenen Horstes sind durch flache Antiklinal-Synklinalstrukturen sowie subordinierte Grabenbildungen (mit lokaler oligozän-miozäner Sedimentation) gekennzeichnet.

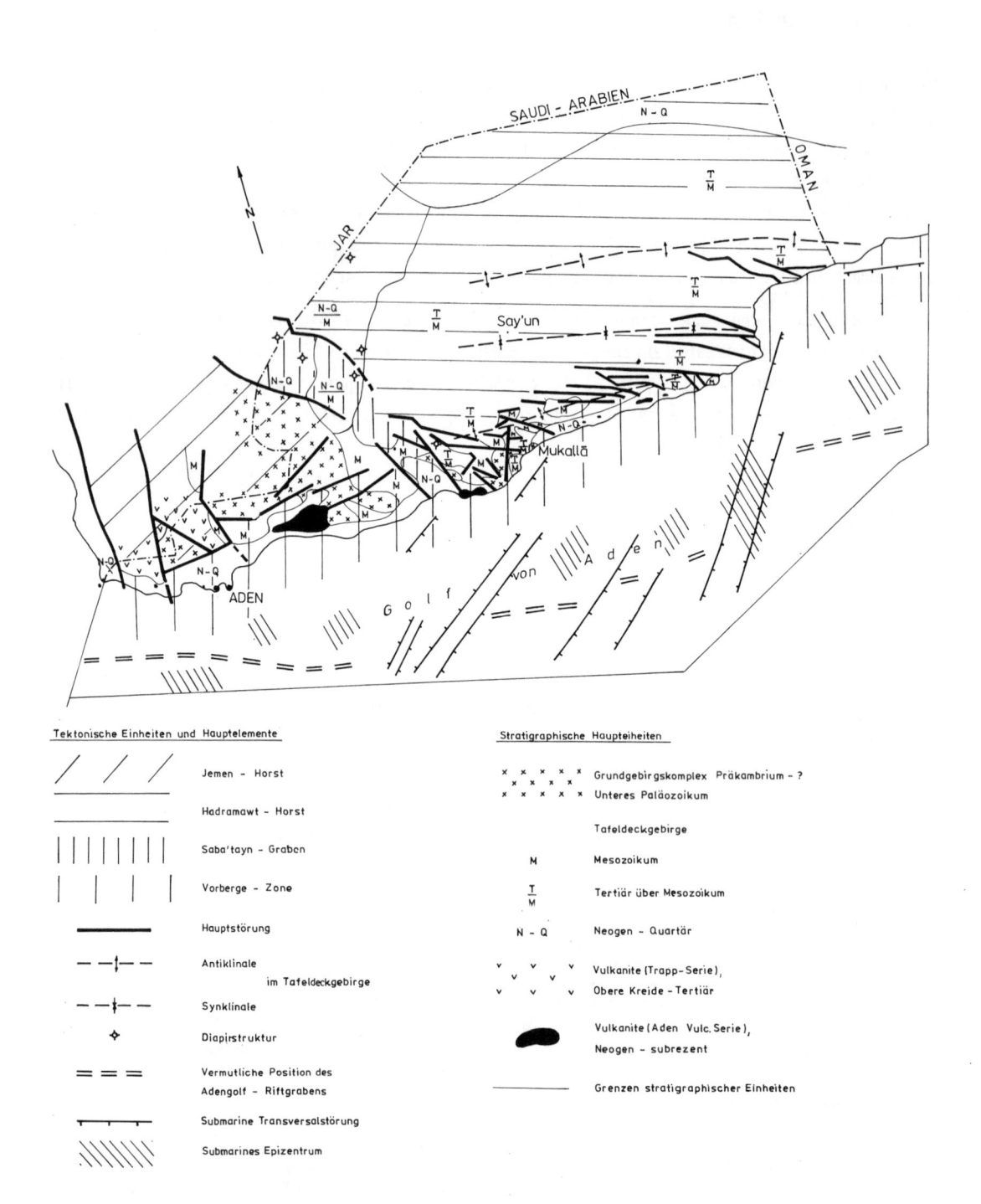

Abbildung 23: Geologisch-tektonische Gliederung

Landschaftliche Partialkomplexe

3. Randverwerfung ("Marginal fault")

Im Zusammenhang mit den durch die Taphrogenese der Adengolf-Struktur bewirkten isostatischen Hebungen und Kippungen der Randbereiche entstanden weitaushaltende und kleinräumige ENE-WSW verlaufende Abschiebungszonen mit Sprunghöhen von 400 bis 600 m. Sie bilden am Südrand der Horste markante Steilabdachungen mit Gesteinen des Grundgebirges im Westen und kretazisch-paläogenen Sedimentiten im Ostteil.

4. "Vorberge - Zone" (n. PICARD 1969)

Die nördliche Randzone der Adengolfstruktur weist einen intensiven, neogen-quartär gebildeten Bruchschollenbau (vgl. auch Kap. 6) mit an disharmonischen Störungen und endemischen Gräben abgesunkenen und verstellten Blöcken auf. Die Tektonik wird vorherrschend durch ENE-verlaufende Richtungen und N-S bzw. NW-SE streichende Querlineamente größerer Störungszonen geprägt sowie vereinzelt durch magmatische Intrusionen und Salzdiapirismus beeinflußt. Die intensive tektonische Beanspruchung bewirkt einen engräumigen Gesteinswechsel mit Ausstrichen von Magmatiten, Metamorphiten und Sedimentiten (vorwiegend Kalk- und Sandsteine). Vereinzelt tritt pliozän-subrezenter Vulkanismus auf (vgl. MOHAMMAD 1986, siehe Kap. 6), während in den tektonisch gebildeten Tiefenlagen neogen-quartäre Sedimente zur Ablagerung kamen.

5. Sab'atayn-Graben

Zwischen dem Jemen- und Hadramawt-Horst befindet sich eine 50 - 75 km breite Grabensenkung, die durch NW-SE streichende Störungszonen begrenzt wird. PICARD (1969) sieht hierin eine Nebengrabenstruktur des Adengolf-Riftes. Die Grabenzone ist weitflächig durch mächtige neogen-quartäre Sedimente verfüllt. Vereinzelt treten Salzdiapire (Ayiad, Ayadim, Aryam, siehe Abb. 23) auf.

7.3.3 Lithologische Verhältnisse

Nach einer planimetrischen Auswertung der geologischen Übersichtskarten von BEYDOUN (1964) und GREENWOOD (1967) ergeben sich die in Tabelle 25 angegebenen Anteile der lithologischen Gruppen an den Oberflächenbildungen.

Den Hauptanteil der oberflächig anstehenden Gesteine im zentralen und östlichen Landesteil machen die karbonatischen Sedimentite des paläogenen Tafeldeckgebirges aus. Sie bestehen im unteren Teil aus ca. 200 m mächtigen, massigen, grobbankigen Kalkstei-

Tabelle 25: Anteil der lithologischen Gruppen (Oberflächengesteine)

Lithologische Gruppe	Flächenanteil (%)
Magmatite, Metamorphite (Grundgebirgsgesteine)	7
Vulkanite	
ältere Trappbildungen	2
neogen-quartäre Bildungen	1
Kalksteine, untergeordnet Schluffsteine des mesozoisch-tertiären Deckgebirges	41
Gipsgesteine (Rus-Formation)	17
Sandsteine (Kreide)	1
Quartäre Bildungen	
äolische Sande	11
fluvial-proluviale Bildungen (Kiese, Sande, Schluffe, Konglomerate)	19

nen und Dolomiten (Umm er Radhuma-Formation), die weitflächig von einer Schluffstein-Mergel-Kalkstein-Wechsellagerung (Jiza-Formation) überdeckt werden. Im nordöstlichen Bereich des Hadramawt-Horstes bilden kreidig-dolomitische Kalksteine in Wechsellagerung mit Schluffsteinen und Gipsmergeln (Habshiyah-Formation) das Oberflächengestein. Dagegen dominieren im Norden und Südosten des Horstes massive bis geschichtete, durch Kalksteinbänder gegliederte Gipse und Anhydrite der paläogenen evaporitischen Fazies (Rus-Formation) in einer Mächtigkeit bis ca. 200 m.

Die lithologischen Verhältnisse im westlichen Teil der VDRJ werden vorwiegend durch Gesteine des Grundgebirges (Basement-Komplex) bestimmt, wobei weitflächig Metamorphite (Tonschiefer, Hornblende-, Quarz-Feldspat-Schiefer, Gneise, Amphibolite, Quarzite) vorherrschen. Das Hauptvorkommen magmatischer Gesteine (Syenite, Granite, Diorite, Gabbro) liegen im Awdhali-Hochplateau (Mukayrās) und im nördlichen Yaffa-Gebirge. Den äußersten Westteil prägen vulkanische Ablagerungen der Trapp-Serie (massive und geschichtete basaltische, trachytische und rhyolithische Laven, Pyroklastika, Tuffe und Aschen). Quartäre Sedimente der äolischen Fazies treten vor allem im Binnenland (Rub Al Khāli, Ramlat Sab'atayn) sowie in kleineren Vorkommen im Küstengebiet auf. Die vorwiegend aus Sanden und Kiesen sowie untergeordnet aus Konglomeraten und Schluffen bestehenden proluvial-fluvialen Ablagerungen haben neben den Vorkommen in den Talbereichen ihre Hauptverbreitung in ausgedehnten Binnenflachländern sowie in der Küstenebene (siehe auch Kap. 7.4 und 7.6).

7.4 Georelief

7.4.1 Vorbemerkungen

Entsprechend der großen Bedeutung des Georeliefs für die landschaftsstrukturelle Raumgliederung und als erstrangiger geoökologischer Regelfaktor bei der Ausprägung der Partialkomplexe Klima, Wasserhaushalt, Boden und Vegetation kommt der Analyse der geomorphologischen Verhältnisse eine zentrale Stellung auch innerhalb der großräumigen Landschaftsuntersuchung zu (siehe Kap. 2.3, 8.3). Sie bildet im Rahmen dieser Arbeit die Grundlage für die Aufdeckung der landschaftlichen Raumstruktur und stellt gleichzeitig wesentliche Indikationsmerkmale für die Ausprägung anderer Partialkomplexe zur Verfügung (siehe Kap. 7.2, 7.5, 7.6).

Geomorphologische Untersuchungen wurden auf dem Territorium der VDRJ bisher nur in begrenztem Umfang durchgeführt. Grundlegende Erkenntnisse über die Reliefgestalt und -genese des südarabischen Raumes erbrachten die Arbeiten von RATHJENS/WISSMANN (1934), WISSMANN et al. (1942), WISSMANN (1957) und LEIDLMAIR (1962). BUNKER (1953), HOLM (1960) und MC KEE (1979) untersuchten die Reliefverhältnisse der ausgedehnten Sandgebiete der Rub Al Khāli. Grundlegende, auch für das Arbeitsgebiet gültige Aussagen enthalten die mit einer modernen Methodik durchgeführten geomorphologischen Erkundungen von BARTH (1976), AL-SAYARI/ZÖTL (1978), JADO/ZÖTL (1984) und BRIEM (1989) in Sau-

Landschaftliche Partialkomplexe

di-Arabien. Für Teilgebiete im Südteil von Hadramawt und in der zentralen Küstenregion (Mahfidh-Mukallā) liegen Detailuntersuchungen (SCHRAMM et al. 1986, PORATH 1989) und Beobachtungen des Verfassers vor.

Die hier erstmals für das Gesamtgebiet vorgenommene Reliefanalyse im Kartierungsmaßstab 1:1 Mill. basiert vorrangig auf der visuellen, vor allem auf das Bildmusterstab 1:1 Mill. basiert vorrangig auf der visuellen, vor allem auf das Bildmuster orientierten Auswertung von kosmischen Aufnahmen und Luftbildern (zur Methodik vgl. VILLWOCK 1989 b). Daneben wurden wesentliche Informationen aus den geologischen und topographischen Karten gewonnen.

7.4.2 Makroformentypen des Reliefs

Die typisierende Kennzeichnung des Georeliefs in der großräumigen Betrachtung beruht auf der Erfassung und Kartierung von Makroformentypen als polymorph-heterogene Reliefformen in einer Größenordnung von ungefähr 10^4 bis 10^6 Meter Arealdurchmesser, die in der Regel eine mehrphasige, polygenetische Entwicklung aufweisen (vgl. KUGLER 1974, DEMEK et al. 1982). Die Formenansprache und -typisierung nach Gestalt-, Genese- und Baumaterialmerkmalen erfolgt unter Verwendung des Legendenentwurfs von GELLERT/ SCHOLZ[11] (in DEMEK et al. 1982) sowie spezieller Arbeiten zum Relief arider Gebiete (u.a. MENSCHING et al. 1970, HAGEDORN 1971, BARTH 1976, MC KEE 1979).

Der rezente Formenschatz des Reliefs im Untersuchungsgebiet ist im wesentlichen das Resultat der in Kapitel 6. dargestellten tertiär-quartären Morphogenese unter den dort dargestellten klimafaziellen Bedingungen in ihrem Wandel von randtropisch-semihumider Morphodynamik im älteren Tertiär zum ariden Prozeßgefüge mit semiariden Zwischenphasen im Neogen und Quartär (siehe Anl. 6, 7). Entscheidenden Einfluß auf die Reliefstruktur besitzen die tekto- und lithofaziellen Bedingungen (siehe Kap. 6.,7.3). Von der intensiven tektonischen und vulkanischen Aktivität im Tertiär und Quartär gingen die entscheidenden geodynamischen Impulse für die exogene Formung aus. Die Formenbildung wird dabei in der für aride Gebiete charakteristischen Weise dominant und weitflächig durch die auf der Petrovarianz beruhenden strukturorientierten und -gebundenen, gesteinsbedingt selektiven Morphodynamik bestimmt (vgl. BARTH 1976).

Im folgenden sollen die wesentlichen, flächenhaft dominanten Makroformentypen des Gebietes durch ihre gestaltlichen und genetischen Hauptmerkmale sowie in ihrer Verbreitung zusammenfassend gekennzeichnet werden (siehe dazu die Morphosequenzen in Abb. 24, Anl. 2 sowie Anl. 9).

1. Destruktions- (Abtragungs-) Formen

Dominant durch Abtragungsprozesse gebildete Reliefformen machen mit ungefähr 70 % der Landesfläche den weitaus überwiegenden Anteil im Territorium aus. Die Reliefverhält-

---

[11] Internationale Einheitslegende für allgemeine mittelmaßstäbige geomorphologische Karten der Maßstäbe 1:200 000 bis 1:1 Mill.

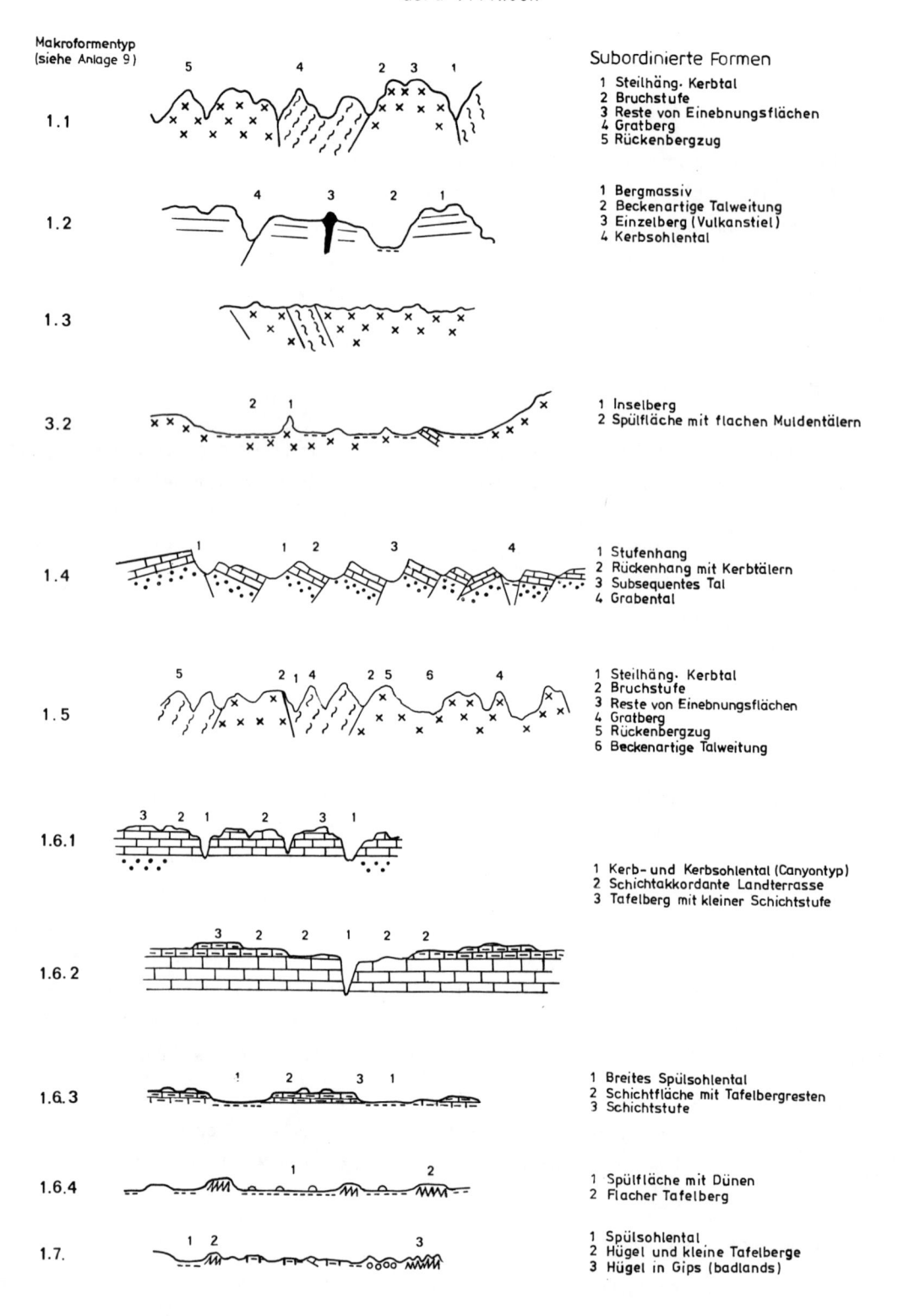

Makroformentyp (siehe Anlage 9)	Subordinierte Formen
1.1	1 Steilhäng. Kerbtal 2 Bruchstufe 3 Reste von Einebnungsflächen 4 Gratberg 5 Rückenbergzug
1.2	1 Bergmassiv 2 Beckenartige Talweitung 3 Einzelberg (Vulkanstiel) 4 Kerbsohlental
1.3	
3.2	1 Inselberg 2 Spülfläche mit flachen Muldentälern
1.4	1 Stufenhang 2 Rückenhang mit Kerbtälern 3 Subsequentes Tal 4 Grabental
1.5	1 Steilhäng. Kerbtal 2 Bruchstufe 3 Reste von Einebnungsflächen 4 Gratberg 5 Rückenbergzug 6 Beckenartige Talweitung
1.6.1	1 Kerb- und Kerbsohlental (Canyontyp) 2 Schichtakkordante Landterrasse 3 Tafelberg mit kleiner Schichtstufe
1.6.2	
1.6.3	1 Breites Spülsohlental 2 Schichtfläche mit Tafelbergresten 3 Schichtstufe
1.6.4	1 Spülfläche mit Dünen 2 Flacher Tafelberg
1.7.	1 Spülsohlental 2 Hügel und kleine Tafelberge 3 Hügel in Gips (badlands)

Landschaftliche Partialkomplexe

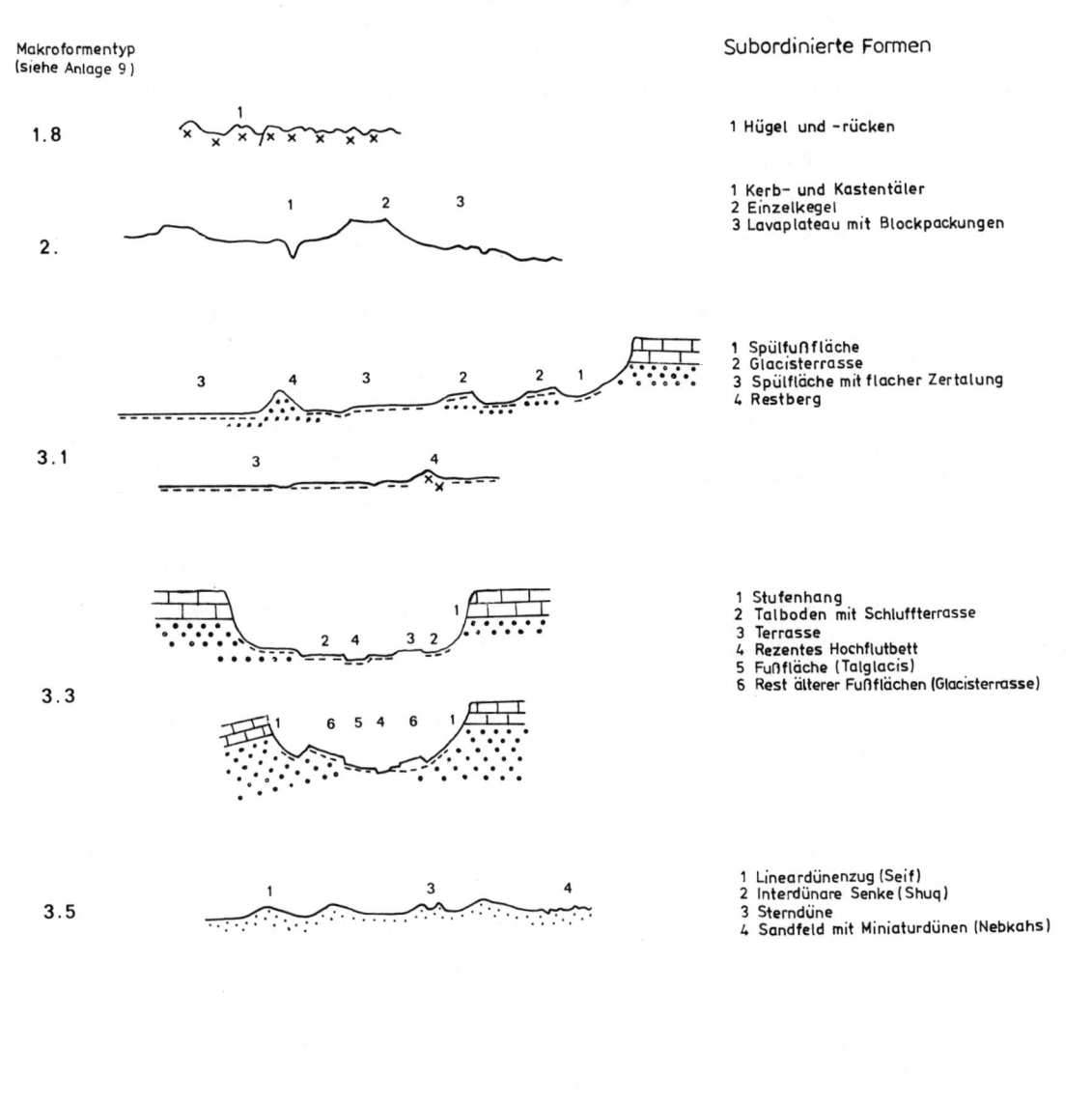

Makroformentyp
(siehe Anlage 9)

Subordinierte Formen

1.8 1 Hügel und -rücken

2.
1 Kerb- und Kastentäler
2 Einzelkegel
3 Lavaplateau mit Blockpackungen

3.1
1 Spülfußfläche
2 Glacisterrasse
3 Spülfläche mit flacher Zertalung
4 Restberg

3.3
1 Stufenhang
2 Talboden mit Schluffterrasse
3 Terrasse
4 Rezentes Hochflutbett
5 Fußfläche (Talglacis)
6 Rest älterer Fußflächen (Glacisterrasse)

3.5
1 Lineardünenzug (Seif)
2 Interdüne Senke (Shuq)
3 Sterndüne
4 Sandfeld mit Miniaturdünen (Nebkahs)

Annähernder Höhen- und Längenmaßstab

Abbildung 24: Morphosequenzen der Makroformentypen

nisse im Bereich des gehobenen Jemen-Horstes im Westteil der VDRJ (siehe Kap. 7.3.2, Abb. 23) tragen die charakteristischen Züge eines tropischen Gebirgsreliefs im Sinne von BÜDEL (1977) mit seiner ursprünglichen Anlage im feuchttropischen Formungsstil bei exzessiver Flächenbildung und einer durch tektonische Impulse ausgelösten intensiven, an der Petro- und Tektovarianz orientierten Zerschneidung (vgl. BRIEM 1989). Dementsprechend hat dieses in Randposition des gehobenen Horstes gelegene Gebiet vorwiegend den Charakter tief linear erosiv zertalter *Gebirge und Bergländer*[12] *in präkambrischen Gesteinen* (MFT[13] 1.1.), deren innere Strukturierung durch Unterschiede in der lithologischen Widerständigkeit und durch die Tektonik bestimmt wird (vgl. GEUKENS 1966, GREENWOOD/BLEACKLEY 1967). Kennzeichnende subordinierte Formen sind tektostrukturell kontrollierte, steilhängige Grat- und Rückenbergzüge, Bruchstufen sowie tiefe Kerb- und Kerbsohlentäler. In den höchsten Lagen nehmen *Hochflächen* mit einem hügeligen, nur flach zertalten Relief (MFT 1.3.) größere Bereiche ein (vgl. MOSELEY 1971, Luftbild bei DOE 1971). Sie stellen als zum Teil vermutlich exhumierte Verebnungsflächen Reste älterer Reliefgenerationen der Flächenbildung dar (siehe BRIEM 1989). Für das *Gebirgs- und Bergland-Relief* in den Gebieten *mit mächtiger kretazisch-paläogener Vulkanitüberdeckung* (MFT 1.2.) sind steil- und mittelhängige, entsprechend der lithologischen Unterschiede gestufte Bergmassive mit zum Teil plateauartigen Dachflächen und aufsitzenden Einzelbergen (Reste jüngerer Vulkanschlote) kennzeichnend (vgl. WISSMANN et al. 1942). Die zumeist enge und tiefe Zertalung weitet sich stellenweise zu breiten Talungen und hügelig-welligen intramontanen Becken (siehe MFT 3.2.).

Die intensive jungtektonische Prägung der Vorberge-Zone im heutigen Küstengebiet mit einer kleinräumigen Zergliederung in zumeist verstellte Schollenblöcke, Abbrüche und Grabenstrukturen (s. Kap. 6, 7.3.2) und die damit verbundene Schaffung beträchtlicher Höhenunterschiede führte in diesen Bereichen zu umfangreichen Abtragungsprozessen. Das im einzelnen tekto- und lithofaziell bedingt sehr engräumig gegliederte Reliefgefüge (vgl. die Schnitte bei WISSMANN et al. 1942, BEYDOUN 1964, 1966) kann für eine großräumige Betrachtung im wesentlichen durch zwei Makroformentypen gefaßt werden. In den Bereichen des sedimentären Schollenmosaiks prägen eng gegliederte *Bruchschollen-Bergländer und -Gebirge* (MFT 1.4.) den Reliefcharakter . Die Raumstruktur weist bei einer dominanten tektonischen Richtungstendenz ein regelhaftes, schichttreppenartiges Muster auf, während bei der Überlagerung mehrerer Störungsrichtungen ein sehr unregelmäßiges Reliefmosaik entsteht. Ausgeprägte, in ihrem Verlauf tektostrukturell kontrollierte Schichtstufen und -rippen mit ihren steilwandigen Hangformen im Bereich des Stufenbildners (Kalkstein d. Umm er Radhuma-Formation, untergeord. d. Jura) sowie steilkonkaven Formen im Bereich des Sockels (v.a. Sandsteine der Kreide) und ihren weitgehend schichtakkordanten, relativ steil geneigten Dachflächen bilden die dominanten subordinierten Formen. Die intensive Zerschneidung erfolgt durch ein dichtes Netz

---

[12] Gebirge mit Reliefenergie über 400 m, Bergländer unter 400 m. Eine Trennung in der räumlichen Darstellung (Anl. 2) war bei den vorhandenen Ausgangsdaten für das Gesamtgebiet nicht möglich.

[13] Makroformentyp (siehe Anl. 9).

subsequenter und konsequenter Täler. Die Gebiete mit oberflächig anstehenden Grundgebirgsgesteinen innerhalb der bruchtektonischen Zone besitzen vorwiegend den Charakter von intensiv zerschnittenen Bergländern und Gebirgen (MFT 1.5.) mit einer durch die lithologischen Unterschiede und die Wirkung älterer Tektonik bestimmten Gliederung in mittel- bis steilhängige Bergketten und Einzelmassive sowie zumeist enge Kerb- und Kerbsohlentäler. Vereinzelt bilden exhumierte Verebnungsflächen flache Hügelreliefs (MFT 1.8.).

Das weiträumige Areal des Hadramawt-Horstes im Ost- und Nordteil des Landes wird durch eine ausgesprochene Strukturgebundenheit des Reliefs an die lithologischen Verhältnisse beherrscht und weist in seinem Formenschatz eine gute Übereinstimmung zu der Reliefgestalt in anderen, geologisch ähnlich aufgebauten ariden Gebieten auf (z.B. Zentralsahara, vgl. u.a. MECKELEIN 1959; Sahel, vgl. MENSCHING et al. 1970; Nord-Somalia, PALLISTER 1964; Negev-Halbinsel, vgl. EVENARY et al. 1971). Innerhalb der mächtigen, flach lagernden Sedimentite mit sehr widerständigen Kalksteinfolgen und den leicht ausräumbaren Schluffstein-, Gips-, Mergel- und Sandsteinpartien wird die Petrovarianz zum entscheidenden Faktor der Reliefformung. Unter der Wirkung eines dominant arid- bis semiarid-morphodynamischen Prozeßgefüges von nebeneinander auftretender linearer und flächenhafter Abtragung in periodisch-episodischen Intervallen (siehe Kap. 6.) entwickelten sich ausgehend von strukturbedingten Initialflächen (Ausgangshochflächen) weiträumige Stufen-Flächen-Systeme mit weitgehender Schichtakkordanz (vgl. MENSCHING 1968, MENSCHING et al. 1970, siehe auch PORATH 1989). Im Resultat dieser Morphogenese wird der heutige Reliefcharakter durch in verschiedenen Flächenniveaus ausgebildete, durch Schichtstufen gegliederte Plateauformen gekennzeichnet.

Aus der durch differenzierte Hebungsbeträge unterschiedlichen Höhenposition der Initialflächen und dem damit gegebenen Abstand zur generellen Erosionsbasis (vgl. BARTH 1976) sowie aus den Lagerungsverhältnissen der Sedimentkörper (flache Antiklinal-Synklinal-Strukturen, lokale Störungen und Grabenstrukturen) ergeben sich markante Unterschiede in der Ausprägung der Makroformen innerhalb des Hadramawt-Horstes. Diese repräsentieren sich vorwiegend im Grad und der Intensität der Zertalung und im dadurch bedingten Anteil von Flächenformen am Gesamtrelief. Bei einer generellen Abnahme des Hebungsbetrages von Südwest nach Ost (vgl. WISSMANN et al. 1942, BEYDOUN 1964) erfolgt die Anlage des Reliefs im Südwest- und Nordwestteil des Horstes weitgehend in den Ablagerungen der Jiza-Formation sowie in Randposition in der Umm er Radhuma-Formation, während im Ost- und Nordostteil die Gesteine der Rus-Formation und der Habshiyah-Formation (zur Lithologie siehe Kap. 7.3.3) das Baumaterial des Reliefs bilden. An den relativ stärker geneigten Flanken der Antiklinalstrukturen ("Hadramawt Arches" b. BEYDOUN 1964) geht von den generellen Erosionsbasen der synepirogen angelegten Talung des Wadi Hadramawt (zu ihrer Genese vgl. WISSMANN et al. 1942), des Küstengebietes und der Tieflagen des Binnenlandes (Ramlat Sab'atayn, Rub Al Khāli) eine intensive, weitgehend konsequente *Zerschneidung der schichtakkordanten Flächen* mit einem charakteristischen dendritischen Muster aus. Das Relief dieser Bereiche (MFT 1.6.1.) wird durch tiefe, canyonartige Kastentäler mit petrovariant gestuften Hängen geprägt, die sich im oberen Teil zu im Gefälle unausgeglichenen Kerbsohlentälern verengen. Schichtakkordante, gestufte Landterrassen, zum Teil mit aufgesetzten Tafelbergformen nehmen demgegenüber nur kleinere Flächen ein.

In den von der generellen Erosionsbasis entfernten Wasserscheidenpositionen bzw. im östlichen Gebiet zum Teil auch in Synklinalposition geht der Zerschneidungsgrad deutlich zurück, und flache, durch Schichtstufen gegliederte *Plateauflächen* mit ausgedehnten, steilhängigen Tafelbergzügen bzw. gerundetem Hügelrelief in Gipsgesteinen bestimmen den Reliefcharakter (MFT 1.6.2., Hammada-Relief i.S.v. MENSCHING et al. 1970). Auf den sehr flach nach Norden einfallenden Schichten der Rus-Formation im Nordosten der VDRJ (nördliche Mahrā-Regionen) werden die durch Stufen und Landterrassen gegliederten Plateauflächen durch weitständige, vorwiegend breite Sohlentäler zerschnitten (MFT 1.6.3.). Mit zunehmender Verbreiterung der Talzüge sind die Plateauflächen bei abtauchender Gesteinslagerung weitestgehend in Rest- (Zeugen-)berge und -bergzüge aufgelöst. Die Täler verzahnen sich mit ausgedehnten Schwemmebenen (MFT 1.6.4., vgl. Luftbilder b. WISSMANN et al. 1942).

2. Vulkanogene Formen

Der im Zusammenhang mit der Taphrogenese vor allem im Küstenbereich auftretende, neogen-quartäre Vulkanismus (siehe Kap. 6., 7.3.2) hat in kleineren Arealen zur Entstehung von vulkanogenen Aufschüttungsformen geführt (vgl. WISSMANN et al. 1942, LEIDLMAIR 1978, MOHAMMAD 1986). Entsprechend dem geringen Alter der Bildung[14] ist ihre Überformung sehr gering, so daß noch weitgehend die ursprünglichen Einzelkegelberge, Lavaschüttungen und effusiven Blockpackungen in kaum veränderter Form erhalten sind. Sie werden als Makroformentyp durch flächige Vulkanitdecken mit aufgesetzten, bis 200 m hohen Einzelkegeln gekennzeichnet (MFT 2., arab. Bez. "Harra", vgl. WISSMANN et al. 1942). Vereinzelt treten isolierte vulkanogene Formen als Einzelberge in den Akkumulationsebenen des Küstenbereiches und des Jaww Khudayf-Flachlandes auf.

3. Akkumulationsformen

Ungefähr ein Drittel des Territoriums der VDRJ wird durch akkumulativ geprägte Reliefformen eingenommen. Ihre Hauptvorkommen liegen in den jungtektonisch angelegten Tiefpositionen des Küstengebietes und des Binnenlandes (Ramlat Sab'atayn - Jaww Khudayf-Flachland) sowie in den epirogen angelegten Flachgebieten der Rub Al Khāli. Den größten Anteil innerhalb dieser Formengruppe machen die weiten kies- und sandbedeckten *Flachreliefs und Ebenen des Binnenlandes* (MFT 3.1.1.) aus. Sie entsprechen in ihrem Formencharakter den aus anderen ariden Gebieten bekannten Schwemmebenen bzw. Serirflächen (vgl. u.a. MECKELEIN 1959, MENSCHING et al. 1970) und werden auch für Saudi-Arabien durch BARTH (1976) und AL-SAYARI/ZÖTL (1978) beschrieben. Ihr Formenschatz wird durch weiträumige, eintönige, ebene und schwach geneigte Flächen mit teilweise krustenüberzogenen Lockersedimenten (siehe Kap. 7.6) gekennzeichnet, die weitständig von flachen, zum Teil in Endpfannen auslaufenden Talmulden durchzogen werden. In der

---

[14] Sie lagern z.T. über quartären Sedimenten bzw. verfüllen Talbildungen (vgl. BEYDOUN 1964, MOSELEY 1971, eigene Beobachtungen).

Landschaftliche Partialkomplexe

Nähe randlicher Gebirge und Plateaus treten zerstreut Zeugen- bzw. Restberge und Fragmente älterer Fußflächen[15] hinzu. Ihre Genese kann in Analogie zu MENSCHING (1968) und BARTH (1976) durch das von den Rändern der Hochreliefs ausgehende morphodynamische Prozeßgefüge der denudativ-akkumulativen Flächenspülung unter semiariden bis ariden Klimabedingungen erklärt werden (vgl. auch HOLM 1960). Da sich die Flachreliefformen zum Teil an neogen-quartäre Tektostrukturen (Sab'atayn-Graben, siehe Kap. 7.3.2 und Abb. 23) anlehnen, kann vermutlich von einem Einsetzen der Bildung unter den vorwiegend semiariden Verhältnissen des Neogens ausgegangen werden (siehe Kap. 6, Tab. 7). In der *Küstentiefebene* treten ebenfalls ausgedehnte fluvial-proluviale[16] Flachhänge und -ebenen auf (MFT 3.1.2.), die eine engräumige Verzahnung mit fluvialen Formen (Terrassen, Talböden, Deltaschüttungen) und in unmittelbarer Küstennähe mit marinen Bildungen (Abrasionsterrassen) aufweisen (vgl. ABROSIMOV et al. 1970, KRAFT et al. 1971, SCHRAMM et al. 1986).

Eine vorwiegend durch fluvial-proluviale Abtragungs- und Akkumulationsprozesse bedingte Genese kennzeichnen die in tektonischen Tiefenpositionen des westlichen Küstenberglandes und der westlichen Gebirgslagen angelegten *intramontanen Becken* (MFT 3.2.). Ihr Formenschatz wird durch flach zertalte Akkumulationsebenen sowie zerstreute Rest- bzw. Zeugenberge und -berggruppen bestimmt (vgl. MOSELEY 1971). Die Durchmesser dieser allseitig von Hochlagen umrahmten Flachreliefs variieren zwischen 55 km (Datinā-Bekken, siehe Kap. 10.4.4) und 8 km (Becken v. Dhala).

Größere Teile der Flachländer im Binnenland und in der Küstenebene sind durch die Wirkung intensiver äolischer Prozesse überprägt und in ihrem Formenschatz entscheidend verändert worden. Der Zusammenhang zwischen verwitterungsbedingtem Sandangebot, morphostruktureller Tiefenlage und der Exposition zu dominanten Windrichtungen (vgl. HOLM 1960) führte zur Bildung ausgedehnter *Dünen- und Sandfelder* (MFT 3.5.). Als Formengruppen treten in erster Linie sehr langgestreckte, zum Teil parabelförmig verlaufende Linear(Longitudinal-)dünenzüge und untergeordnet flache, laminare Sandschilde ("sand sheets") sowie vor allem in den Mündungsbereichen großer Täler Sterndünenkomplexe auf (vgl. BUNKER 1953, BAGNOLD 1951, MC KEE 1979). In den Sandfeldern des Küstengebietes (v.a. Umgebung von Aden, Tieflandbucht von Mayfaah) sind kürzere Lineardünen und Barchanformen vorherrschend.

Das fluviale Relief im engeren Sinne repräsentiert sich in der Makroformendimension in breit angelegten, steilhängig begrenzten *Sohlentälern*, die sich an den Rändern der Gebirge und Plateaus zu mehreren Kilometer breiten Talebenen weiten (MFT 3.3., vgl. Luftbilder bei WISSMANN et al. 1942, DOE 1971). Sie enden entweder endorheisch in den Binnenflachländern oder münden zum Teil verbunden mit Schwemmfächer- und Deltaschüttungen im Küstengebiet. Ihr subordinierter Formenschatz besteht aus episodisch durch-

---

[15] Der Begriff "Fußflächen" wird hier im allgemeinen Sinne für denudativ-akkumulativ geprägte Flächenformen (Glacis, Pedimente) im Vorland von Hochreliefs verwendet (vgl. auch BARTH 1976).

[16] proluvial – Bezeichnung für durch temporäre Abflüsse bedingte geomorphologische Prozesse (v.a. in der sowjetischen Literatur).

flossenen, kastenförmigen Hochflutbecken und Fragmenten älterer, z.T. verfestigter Terrassen, die sich mit kurzen Hangfußflächen und Schwemmfächern aus Nebentälern verzahnen können (siehe auch Kap. 10.4.1).

7.4.3 Aktuelle Morphodynamik

Die klimatischen Verhältnisse (siehe Kap. 7.2) als aktiver Steuerungsfaktor der Morphodynamik sowie die Ausprägung der Vegetation (siehe Kap. 7.7) und der geologisch-lithologischen Bedingungen (siehe Kap. 7.3) als passive Einflußfaktoren im Untersuchungsgebiet kennzeichnen seine Lage innerhalb der "Trockenzone mit vorherrschend arid-morphodynamischem System" (MENSCHING et al. 1970). Die aktuelle Morphodynamik als wesentliches Element des landschaftlichen Prozeßgeschehens kann durch folgende Hauptaspekte charakterisiert werden.

Die Materialaufbereitung für morphodynamische Prozesse erfolgt bei hoher Effektivität der physikalisch-mechanischen Verwitterung und der Wirkung kurzzeitiger, feuchtegebundener chemischer Verwitterungsphasen (siehe Kap. 7.6.2). Die *fluviale Dynamik* ist entsprechend dem Charakter der Niederschlagsverteilung (siehe Kap. 7.2.3.2) und dem daraus resultierenden stoßweisen Oberflächenabfluß (siehe Kap. 7.5.2) durch eine intervallartige, in unregelmäßigen Abständen ablaufende Rhythmik gekennzeichnet, die das Prozeßgeschehen auf kurzzeitig intensive Phasen mit nebeneinander wirksamer flächenhafter und linearer Erosion und Akkumulation konzentriert (vgl. VOGEL 1988 für Nordjemen). Dabei ergibt sich aus dem Zusammenwirken der im Zeitablauf sehr langsamen Dynamik von Hangabtragung, Fußflächenbildung und des Sedimenttransports (vgl. BARTH 1976) eine generelle Tendenz der Flächenerhaltung und -weiterbildung (vgl. MENSCHING 1983). Während die Vegetation auf Grund ihres generell geringen Deckungsgrades im Gesamtgebiet kein wesentliches Hindernis für einen ungehemmten, morphodynamisch wirksamen Oberflächenabfluß darstellt, führen die räumliche Niederschlagsverteilung (siehe Kap. 7.2.3.2) und die regionalen Unterschiede in den Erosionsbasisdistanzen zu einer Differenzierung der Intensität fluvialer Dynamik. Nach MENSCHING et al. (1970) stellen Monate mit mehr als 50 mm Niederschlag morphologisch wirksame Phasen dar. Sie treten im Mittel nur in den Hochlagen der westlichen Gebirge auf (siehe Abb. 11 in Kap. 7.2.3.2), aber Starkregenereignisse in anderen Gebieten (siehe Tab. 19 in Kap. 7.2.3.2) rufen episodisch ebenfalls ein intensives fluviales Prozeßgeschehen hervor[17]. Eine Abschätzung der mittleren relativen räumlichen Differenzierung der klimatischen Erosionswirksamkeit für einen großräumigen Überblick ist durch die Verwendung des FOUNIER-Indexes möglich (vgl. BERGSMA 1981, GIESSNER 1985, siehe Tab. 26).

Eine reliefbedingte Verstärkung der fluvialen Dynamik ist bei einer hohen Reliefenergie und den dadurch bedingten großen Distanzen zur Erosionsbasis besonders in Teilen der westlichen Gebirge sowie an der Südabdachung und den westlichen Rändern der Hadramawt-Plateaus bei lokalen Höhenunterschieden von 300 bis 500 m zu erwarten.

---

[17] So schätzt Groundwater Dev. Cons. (1981) die Suspensions- und Schotterfracht des Wadi Tuban auf 4 - 4,5 Mill. t/Jahr.

Landschaftliche Partialkomplexe

Tabelle 26: Klimatischer Erosionskoeffizient

Gebiet	Station	F	K
Küstentiefland	Aden	0,9	4,7
	Mukallā	4,3	7,6
Binnenland	Say'un	2,8	7,9
Obere Lagen der	Mukayrās	13,8	29,6
westlichen Gebirge	Dhala	24,9	61,0

Erläuterung: $F = \dfrac{\text{Niederschlagssumme des feuchtesten Monats}}{\text{Jahressumme des Niederschlags}}$

$K = \sum_{1}^{12} \dfrac{N_M^2}{N_J}$ (modifizierter Koeffizient nach BERGSMA 1981)

Tabelle 27: Morphodynamische Gebietstypen

Gebietstyp	Hauptverbreitungsgebiete
Dominant flächenhafte Abtragung in direkter Abhängigkeit von flachlagernden Sedimentiten, weiträumiger Stufen-Flächen-Prozeßkomplex	NW- und S-Plateaus von Hadramawt, Jizi-Depression, Mahrā-Plateau
Dominant linearerosive Abtragung mit intensiver Hangkerbung und Tendenz der Hangversteilung	Westliche Gebirge und Bergländer in Grundgebirgsgesteinen
Aktive Dynamik durch Stufenabtragung über dichte Kerbsysteme, kurzräumiger Stufen-Fußflächen-Prozeßkomplex mit Tendenz der Stufensteilhaltung	Küstengebirge und -bergländer in Sedimentiten
Dominant fluviales Prozeßgefüge auf weitgespannten Spülflächen mit Tendenz der Flächenerhaltung und -bildung	Flachreliefs im Binnenland (Jaww Khudayf, Jaww Mulais), Küstenebene
Dominant fluviale Lateralerosion und lokale Akkumulation bei episodisch-periodischem Durchfluß	Große Talböden (z.B. Wadi Hadramawt, Wadi Jizi, Täler der NE-Plateaus und der westlichen Gebirge)
Fluvial-äolisches Prozeßgefüge auf flachgeneigten Schichtflächen	Nordrand von Hadramawt und Mahrā zur Rub Al Khāli
Dominant aktives äolisches Prozeßgefüge	Sandgebiete des Binnenlandes (Rub Al Khāli, Ramlat Sab'atayn) und des Küstengebietes

Äolische Umlagerungs- und Akkumulationsprozesse werden nach WARREN (1970 in FELIX-HENNINGSEN 1984) und MENSCHING (1983) besonders in Gebieten mit weniger als 100 mm Jahresniederschlag bei ausreichendem Sandangebot wirksam. Infolgedessen erweist sich in großen Teilen der Flachländer des Gebietes in Abhängigkeit von ihrer Lageposition im Windfeld der äolische Sand- und Staubtransport und die Dünenbildung als bedeutsames morphodynamisches Element[18] (vgl. THESIGER 1949, BUNKER 1953). MC KEE (1979) gibt das von der Windgeschwindigkeit abhängige Driftpotential für Mukallā (zentrales Küstengebiet) mit 10 m³/m/Jahr bei dominanter SW-Richtung und für Bayhān (südl. v. Ramlat Sab'atayn) mit 20 m³/m/Jahr (NW-Richtung) an[19].

Unter Einbeziehung der morphographischen und lithologischen Verhältnisse können für das Territorium der VDRJ die in Tabelle 27 ausgewiesenen *morphodynamischen Gebietstypen* im Sinne von Gebieten mit ähnlichem rezenten Prozeßgefüge ausgehalten werden.

7.5 Hydrogeographische Verhältnisse

7.5.1 Vorbemerkungen

Die Menge und die räumliche Verbreitung von Wasser stellen in ariden Gebieten die wichtigste Lebensgrundlage dar und begrenzen entscheidend ihre wirtschaftliche Nutzbarkeit. Der von den klimatischen Bedingungen, der geologisch-lithologischen Situation und den Reliefverhältnissen gesteuerte Wasserhaushalt als variabler Partialkomplex ist seinerseits wesentlicher Einfluß- und Regelfaktor für die landschaftsökologischen Verhältnisse und bestimmt entscheidend das biotische Potential arider Räume.

Seit den sechziger Jahren erfolgten in einigen Teilgebieten der VDRJ hydrologische und hydrogeologische Erkundungen durch ausländische Konsultantenfirmen (z.B. SOGREAH 1978, 1980, Groundwater Dev. Cons. 1981, FAO/World Bank 1988), die z.T. in die zusammenfassende Arbeit von ABDULBAKI (1984) zum Wasserdargebot der VDRJ einfließen. Daneben liegen eine Reihe von im Analogieschluß verwendbaren Untersuchungen aus den benachbarten Gebieten (JAR, Saudi-Arabien) vor (u.a. KRAFT et al. 1971, MARTIN/KNAPP 1977, BEAUMONT 1977, SHINDOU/TAGUTSCHI 1981, HAMZA 1982, JUNGFER 1987). Im folgenden werden die für den Aspekt der Landschaftsstruktur und -ausstattung wesentlichen hydrogeographischen Merkmale für das Gesamtgebiet dargestellt, wobei auf die ausführliche Abhandlung bei ABDULBAKI (1984) verwiesen wird.

7.5.2 Oberflächenabfluß

Das Abflußregime wird entscheidend durch die sich aus den Niederschlags- und Verdunstungsverhältnissen ergebende klimatische Wasserbilanz (siehe Kap. 7.2.4) geprägt und durch die morphologisch-lithologischen Bedingungen modifiziert, woraus eine charakteristische zeitliche und räumliche Differenzierung des Oberflächenabflusses im Untersu-

---

[18] Verfasser konnte im Küstengebiet (östlich von Aden, Tiefland von Mayfaah, westlich Mayfa'Hajr) die sehr kurzzeitige (wenige Tage) Akkumulation und Bewegung von 5 - 10 m hohen Dünen beobachten.

[19] Zum Vergleich Riyad (Saudi-Arabien) 30 m³/m/Jahr, Timimoun (S-Algerien) 20, Noukchott (Mauretanien) 10, Gao (Mali) 30 (nach MC KEE 1979).

chungsgebiet resultiert. Entsprechend den klimatischen Verhältnissen ist das *zeitliche Abflußverhalten* generell durch eine extreme Periodizität bzw. Episodizität gekennzeichnet. Mit Ausnahme kleinerer Gebiete tritt Oberflächenabfluß nur in periodischen bzw. episodischen Intervallen nach Niederschlägen ein und besitzt dann den Charakter eines ungedämpften, exzessiven Hochwasserabflusses (arab.: "sayl", vgl. VARISCO 1983, ABDULBAKI 1984). Dieser Abfluß besitzt markante morphodynamische Wirkung (siehe Kap. 7.4.3) und führt zu erheblichen Schäden besonders innerhalb der Täler (vgl. ABDULBAKI 1984). Entsprechend des für aride Gebiete sehr engen Zusammenhanges zur Niederschlagsintensität bilden hierbei Starkregenereignisse (siehe Kap. 7.2.3.2, Tab. 19) das auslösende Moment des dann sehr intensiven Abflusses, der durch einen sehr kurzzeitigen, in Abhängigkeit von der Niederschlagsmenge und der Struktur des Einzugsgebietes nur wenige Stunden andauernden, exzeptionellen Hochflut-Schwallabfluß mit extremen Durchflußwerten (vgl. Beispiele b. ABDULBAKI 1984, siehe Tab. 28) gekennzeichnet ist (arab. "sayl kabīr"). Ihm folgt ein weitaus geringerer, einige Tage oder Wochen anhaltender Abfluß (post-flood flow, arab.: "sayl saghīr", vgl. STEFFEN et al. 1978).

Tabelle 28: Hydrologische Daten für Einzugsgebiete

Einzugsgebiet (Nr. in Abb. 25)	Fläche (km^2)	N_J (mm)	Abflußmenge MQ (m^3/s)	Abflußhöhe (mm)	Abflußspende M_q ($l/s\ km^2$)	Abflußfaktor	Singuläre Hochflutabflüsse (m^3/s)	Anzahl der Hochwasser im Jahr
Tuban (1)	5600[1]	200-700	4	22	0,7	0,04	.	.
Suhaybiyah (2)	1400	150-300	0,06	1,4	0,04	0,006	.	.
Banā (3)	7260[1]	200-750	4,8	21	0,7	0,04	.	.
Hassān (4)	3000	150-300	0,13	1,4	0,04	0,006	.	.
Bayhān (5)	3300	150-300	1,5	14,3	0,4	0,06	.	.
Ahwar (6)	6500	100-200	3,2	15,4	0,5	0,10	.	.
Mayfaah (7)	6000	100-150	3,5	18,4	0,6	0,15	.	.
Hajar (8)	7500	100-200	6,3	26,5	0,8	0,18	.	.
Fuwwah-Khirbah (9)	450	100-200	0,14	9,8	0,3	0,06	6/74: 430	5
Buwaysh (10)	300	100-200	0,16	16,8	0,5	0,08	4/77: 620	6
Huwayrah (11)	1050	200-300	0,6	18,0	0,6	0,07	6/74: 550	9
Arf (12)	700	150-250	0,23	10,6	0,3	0,05	10/77: 530	7
Khird (13)	600	50-150	0,05	2,8	0,08	0,03	6/74: 175	2
Hadramawt (14)	20400	50-100	3,6	5,6	0,02	0,07	10/77: 750	.
Masilāh (15)	13600	100-150	0,8	1,9	0,06	0,02	.	.
Jīza (16)	12000	50-100	0,3	0,8	0,02	0,008	.	.

Zusammengestellt nach ABDULBAKI (1984), SOGREAH-REPORT (1980). Länge der Meßreihen nicht bekannt.

[1] Anteil an VDRJ 2050 km^2 (Tuban) bzw. 1360 km^2 (Banā)

Ein ganzjähriger (perennierender) Basisabfluß mit allgemein geringen Durchflußmengen (arab.: "ghayl", vgl. VARISCO 1983) ist nur in wenigen Talläufen anzutreffen (Wadi Tuban, Banā, Warazān, Hassan in den westlichen Gebirgen, Wadi Hajar im zentralen Küstengebirge, Teile des Wadi Hadramawt-Masīlah, vgl. Abb. 25). Er ist an Quellschüttungen, vor allem in den Vulkanitablagerungen der westlichen Gebirge (vgl. SHANDOU/TAGUTSCHI 1981, KOPP 1981) und im karstbeeinflußten Südteil von Hadramawt gebunden (vgl. Angaben zu den Hauptquellen der VDRJ bei ABDULBAKI 1984).

Neben der charakteristischen Periodizität des Abflusses im Jahresgang entsteht aus den extremen interannuären Unterschieden der Niederschlagsmengen und der Anzahl von Starkregen (siehe Kap. 7.2.3.2) eine gleichsinnige hohe hydrologische Variabilität. So zeigen die bei ABDULBAKI (1984) dargestellten 25 bzw. 20jährigen Abflußgänge für die Wadis Tuban und Banā eine interannuäre Variabilität von ca. 40 %. Für die in Tabelle 28 angegebenen mittleren hydrologischen Daten der wichtigsten Einzugsgebiete gelten also die bereits bei der Betrachtung der Niederschlagsverhältnisse getroffenen Feststellungen hinsichtlich der Aussagefähigkeit (siehe Kap. 7.2.3.2).

Entsprechend der in Menge, Saisonalität und Intensität unterschiedlichen Verteilung der Niederschläge, der Reliefstruktur und den hydrogeologischen Bedingungen (s. Kap. 7.5.3) ergeben sich erhebliche *räumliche Differenzierungen* in den Abflußverhältnissen (siehe Abb. 25, Tab. 28). Die westlichen Gebirgslagen und ihre unmittelbaren Vorländer sowie in abgeschwächter Form die Südabdachung von Hadramawt weisen ein monsunal geprägtes Abflußgeschehen auf, das in seinem zeitlichen Verhalten durch die saisonal höheren Niederschläge der oberen Lagen (im westlichen Gebirge mit großen Teilen der Einzugsgebiete in der JAR) gesteuert wird (vgl. KRAFT et al. 1971, SHINDOU/TAGUTSCHI 1981). In Verbindung mit dem quellbedingten Basisabfluß werden teilweise perennierende Verhältnisse mit einem in zwei hydrologische Jahreszeiten gegliedertem, einfachem Regime bei extremer intraannuärer Variabilität (z.B. Wadi Banā 107 %, Wadi Tuban 114%) und Abflußspitzen im April/Mai sowie Juli-September hervorgerufen. Charakteristisch ist der mit der Zunahme der Aridität im Längsprofil zum Vorland hin abnehmende und hier weitgehend nur noch periodisch auftretende Abfluß (vgl. WILDENHAHN 1980, SHINDOU/TAGUTSCHI 1981, HAMZA 1982). Die mittleren Abflußspenden liegen nach vorläufigen Messungen zwischen 0,5 - 0,7 l/s/km² (MQ 4-5 m³/s) bei Abflußfaktoren von 4 bis 7 % (siehe Tab. 28).

Im Großteil des Binnenlandes und des Küstengebietes herrschen bei sehr geringen und unregelmäßigen Niederschlägen und hoher potentieller Verdunstung (siehe Kap. 7.2.3.2, 7.2.3.4) aride hydrologische Verhältnisse mit einem extrem episodisch auftretenden Oberflächenabfluß in unmittelbarer Folge von Starkregen (areisches Abflußsystem). Die großen Sand- und Dünenfelder des Binnenlandes (ca. 25 % der Landesfläche) besitzen dabei den Charakter ausgedehnter Binnenentwässerungsgebiete (vgl. ABDULBAKI 1984, siehe Abb. 25), wobei insbesondere das Gebiet von Ramlat Sab'atayn Zuflüsse aus den nordjemenitischen Gebirgslagen erhält (MQ Wadi Bayhān 1,5 m³/s). Der meerwärts gerichtete Abfluß wird weitestgehend innerhalb der mächtigen Lockersedimente der Küstenebene aufgenommen (vgl. KRAFT et al. 1971, WILDENHAHN 1980), so daß der Abfluß ins Meer für das Gesamtgebiet gering bleibt (siehe auch Tab. 29).

Landschaftliche Partialkomplexe

Für den Südteil von Hadramawt ergeben sich aus den durch die bis zu 200 m mächtigen Kalksteinablagerungen bestimmten hydrologischen Verhältnisse eine Beeinflussung des Abflußcharakters durch den Karst-Wasserhaushalt (vgl. WISSMANN 1957, LEIDLMAIR 1962, JANZEN 1980 f. Dhofar), der in seiner Verbreitung, Genese und hydrogeologischen Struktur im einzelnen noch ungeklärt ist. Die karstogenen Wasserspenden bewirken in Teilen des Wadi Hadramawt-Masīlah und vor allem im Wadi Hajar (siehe Kap. 10.4.3) einen landschaftsökologisch und wirtschaftlich bedeutsamen perennierenden Abfluß (MQ 4-6 m^3/s).

7.5.3 Grundwasserverhältnisse

Ein bedeutender Teil des Trink- und Brauchwasseraufkommens der VDRJ wird durch Grundwässer realisiert (vgl. GISCHLER 1979, ABDULBAKI 1984). Ihre Vorkommen beeinflußten entscheidend den historischen Gang der Besiedlung (vgl. WISSMANN/HÖFNER 1952, siehe Kap. 11.1) und bestimmen auch die Grundzüge der heutigen Bevölkerungs- und Siedlungsverteilung (siehe Kap. 11.2, Anl. 4). Die von den geologischen Bedingungen und klimatischen Voraussetzungen für die Neubildung abhängige Verteilung von Grundwasservorräten ermöglicht nur für Teilbereiche des Territoriums eine hinreichende Versorgung, die zudem noch von den technischen Möglichkeiten der Vorratserschließung beeinflußt wird (vgl. ADAR-Rep. 1976).

Die kretazischen Sandsteinfolgen der Tawilah-Gruppe und die neogen-quartären Sedimente der Täler bilden die *Hauptgrundwasserleiter* (vgl. GISCHLER 1979, JADO/ZÖTL 1984, ABDULBAKI 1984). Die im westlichen und zentralen Zeil von Hadramawt verbreiteten, 500 bis über 700 m mächtigen, durch Schluff- und Kalksteinlagen gegliederten Sandsteinablagerungen stellen einen weitgehend abgeschlossenen, vermutlich vorwiegend fossil gespeisten Grundwasserleiter dar, der aber wegen seiner Tiefenlage unter 200 bis 300 m mächtigen paläogenen Sedimentiten gegenwärtig nur in den Ausstrichbereichen an Talflanken bzw. in Störungszonen über Quellschüttungen und die Speisung in quartäre Grundwasserleiter nutzbar ist (vgl. ABDULBAKI 1984). Demgegenüber weisen die sandig-kiesigen und steinigen Talsedimente eine mehr oder weniger reiche Wasserführung in Oberflächennähe auf, wobei in Abhängigkeit von ihrer Mächtigkeit mehrere Grundwasserstockwerke auftreten können. Die Flurabstände schwanken sowohl im Jahresgang wie auch entsprechend der Lage im Quer- und Längsprofil der Täler teilweise erheblich (vgl. KRAFT et al. 1971). Die Grundwässer der quartären Sedimente stellen den Großteil der gegenwärtig genutzten und nutzbaren Vorräte in der VDRJ dar (vgl. SOGREAH-Rep. 1980, ABDULBAKI 1984). Da ihre rezente Speisung hauptsächlich an die Infiltration des Hochwasserabflusses gebunden ist (vgl. KRAFT et al. 1971, HAMZA 1982) und nur im geringen Maße aus dem Zufluß durch andere Aquifer resultiert, unterliegen sie entsprechend der klimatischen Variabilität (siehe Kap. 7.3.2) hohen saisonalen Schwankungen. Eine direkte Niederschlagsspeisung ist vermutlich nur für kleine Bereiche in den westlichen Hochlagen von Bedeutung (vgl. ADAR-Rep. 1976, SHINDOU/TAGUTSCHI 1981).

Weitere Grundwasserleiter sind die Vulkanitserien (Trapp-Folgen) in Teilen der westlichen Gebirge (vgl. SHINDOU/TAGUTSCHI 1981) und die in Hadramawt weitflächig verbreiteten Kalksteinfolgen der Umm er Radhuma-Formation. Letztere besitzen zwar auf Grund der andersartigen Lagerungsverhältnisse nicht wie in Saudi-Arabien die Bedeutung eines Hauptgrundwasserleiters (vgl. u.a. BEAUMONT 1977, MARTIN/KNAPP 1977), weisen aber lokal ergiebige, an Kluft- und Spaltenzonen gebundene Karstwasservorkommen mit daraus resultierenden Quellschüttungen und Einspeisungen in quartäre Wasserleiter auf (vgl. WISSMANN 1957, GISCHLER 1979, JANZEN 1980). Die für das Gebiet Saudi-Arabiens nachgewiesenen fossilen, vermutlich neogen-quartären Grundwasservorkommen (vgl. u.a. JADO/ZÖTL 1984) können für Teile der VDRJ (Rub Al Khāli, Ramlat Sab'atayn) bisher nur vermutet werden (vgl. ABDULBAKI 1984).

In den Bereichen mit Grundgebirgsgesteinen und in den Ablagerungen der im Ostteil verbreiteten kretazischen Mahrā-Gruppe sowie in den neogen-quartären Bildungen außerhalb der Täler fehlen reichere Grundwasservorräte bzw. treten nur lokale, irreguläre Vorkommen auf (vgl. BEAUMONT 1977, JADO/ZÖTL 1984). In liegender Position können die beiden erstgenannten Einheiten als Wasserstauer (Aquiclude, Aquifuge) für hangende Grundwasserleiter wirksam werden (vgl. MOSELEY 1971, SHINDOU/TAGUTSCHI 1981).

Eine *quantitative Abschätzung* des Grundwasserhaushaltes anhand der wirksamen Speisungs- und Zehrungsfaktoren hat ABDULBAKI (1984) für einige Talbereiche des Gebietes z.T. unter Verwendung von groben Schätzwerten und kurzzeitigen Messungen versucht (siehe Tab. 29). Danach wird für die untersuchten Täler ungefähr die Hälfte des Oberflächenabflusses für die Grundwasserneubildung wirksam. Für das Wadi Hadramawt (Grundwasserneubildung ca. 150 % des Abflusses) ist ein Zusammenhang mit Zuflüssen aus randlichen Aquifer deutlich.

Die Grundwässer weisen in Abhängigkeit von den Eigenschaften der Speichergesteine sowie bedingt durch die hohe Verdunstungsrate (siehe Kap. 7.2.3.4) teilweise eine sehr hohe Mineralisation auf. Im Küstengebiet wird der Chemismus im Kontakt der Grundwasserleiter mit Meerwasser durch einen hohen Versalzungsgrad bestimmt (vgl. KRAFT et

Tabelle 29: Grundwasserbilanz ausgewählter Talbereiche (in $10^3 m^3/a$)

Talbereich	Oberflächen-abfluß	Abfluß ins Meer	Verdun-stung	Verbrauch durch Bewässerung	Versicke-rung aus Bewässerung	Grundwas-serneu-bildung
Delta Tuban	170-190	11-21	17-19	74	22	87-100
Delta Banā	173	27	17	50	11	89
Wadi Mayfaah	100	22	.	28	2	60
Wadi Bayhān	48	–	.	28	4	24
Wadi Hadramawt	114	–	.	150	35	152-187

(nach ABDULBAKI 1984)

al. 1971, SHINDOU/TAGUTSCHI 1981, Groundwater Dev. Cons. 1981). Nach HAMZA (1982) und ABROSIMOV et al. (1970) ist ein Hydrocarbonat-Chlorid-Chemismus für die Bereiche karbonatischer Gesteine (v.a. in Hadramawt) und ein Chlorid-Chemismus für das Küstengebiet kennzeichnend. Der Mineralisierungsgrad der Grundwässer bildet einen wesentlichen Einflußfaktor für die geoökologischen Verhältnisse vor allem in den Talbereichen und der Küstenebene (siehe Kap. 7.6, 7.7) und hat teilweise erhebliche Nutzungseinschränkungen des Wasserdargebots für den Bewässerungsfeldbau zur Folge (vgl. ABDULBAKI 1984, siehe Kap. 11.2, 11.3).

7.5.4 Hydrogeographische Gliederung

Die räumliche Struktur der Entwässerungssysteme des Gebietes (siehe Abb. 25) wird hinsichtlich der Konfiguration der Haupteinzugsgebiete wie auch des Talnetzmusters als Resultat der tertiär-quartären Morphogenese (siehe Kap. 6.) entscheidend durch die tektonisch-lithologischen Verhältnisse bestimmt. Entsprechend den großräumigen morphostrukturellen Gegebenheiten ergibt sich eine generelle Gliederung in der Orientierung der Entwässerungssysteme nach Küsten- und Binnenentwässerung, die jeweils annähernd die Hälfte des Territoriums ausmachen. Dabei weist der Bereich der *Küstenentwässerung*, bedingt durch die sehr intensive tektonische Strukturierung, eine relativ engräumige Einzugsgebietsgliederung auf. Sie wird im Westteil durch eine tektonisch kontrollierte, entsprechend der generellen Abdachung direkt auf die Küste orientierte Entwässerungsrichtung bestimmt (Haupteinzugsgebiete von West nach Ost: Wadi Tuban, Banā, Ahwar, Haban-Mayfaah). Eine dominant subsequente Entwässerung in Anlehnung an vorwiegend NW-SE verlaufende Störungssysteme mit konsequenten Durchbrüchen durch das Schollenmosaik über das Wadi Hajar-System im Westen und einer Vielzahl kleinflächiger Einzugsgebiete mit entsprechend der Abdachung hohem Gefälle kennzeichnet die hydrographische Struktur des Küstengebirges von Hadramawt. Fast die Hälfte des Abflußgebietes der Küstenentwässerung entfällt auf die den zentralen und südlichen Teil von Hadramawt und Mahrā entwässernden Systeme der Wadis Hadramawt-Masīlah (ca. 60 000 km^2) und Mahrāt-Jīzi (ca. 20 000 km^2). Die West-Ost verlaufenden, als konsequente Folgetäler der epirogenen Hebung in tektonischen Tiefenlagen angelegten Hauptachsen (vgl. WISSMANN et al. 1942, BEYDOUN 1964, LAUGHTON 1966) werden durch weitflächige, weitestgehend der Schichtabdachung folgende und in sich stark gegliederte Tributärsysteme (z.B. Wadi Daw'an, Amd, Idim) ergänzt.

Das Abflußgebiet der *Binnenentwässerung* gliedert sich in die beiden Haupteinzugsbereiche der großen Binnenflachländer Rub Al Khāli (ca. 127 000 km^2) und Ramlat Sab'atayn (ca. 37 000 km^2). Diese bilden großräumige Versickerungsgebiete innerhalb des areischen Systems ihrer episodischen Zuflüsse, die im Ostteil (Nord-Hadramawt und -Mahrā) konsequent auf flach einfallenden, ungestörten Sedimenttafeln in breiten Talsystemen verlaufen (siehe Kap. 7.4.2, Anl. 2). Das Ramlat Sab'atayn-Gebiet mit seinem im Südwesten weit bis in die hohen Gebirgslagen hineinreichenden Einzugsbereich (Wadi Bayhān, Wadi Markhah, Wadi Hatib) besitzt hinsichtlich der morphologischen Verhältnisse zwar

Gerd Villwock

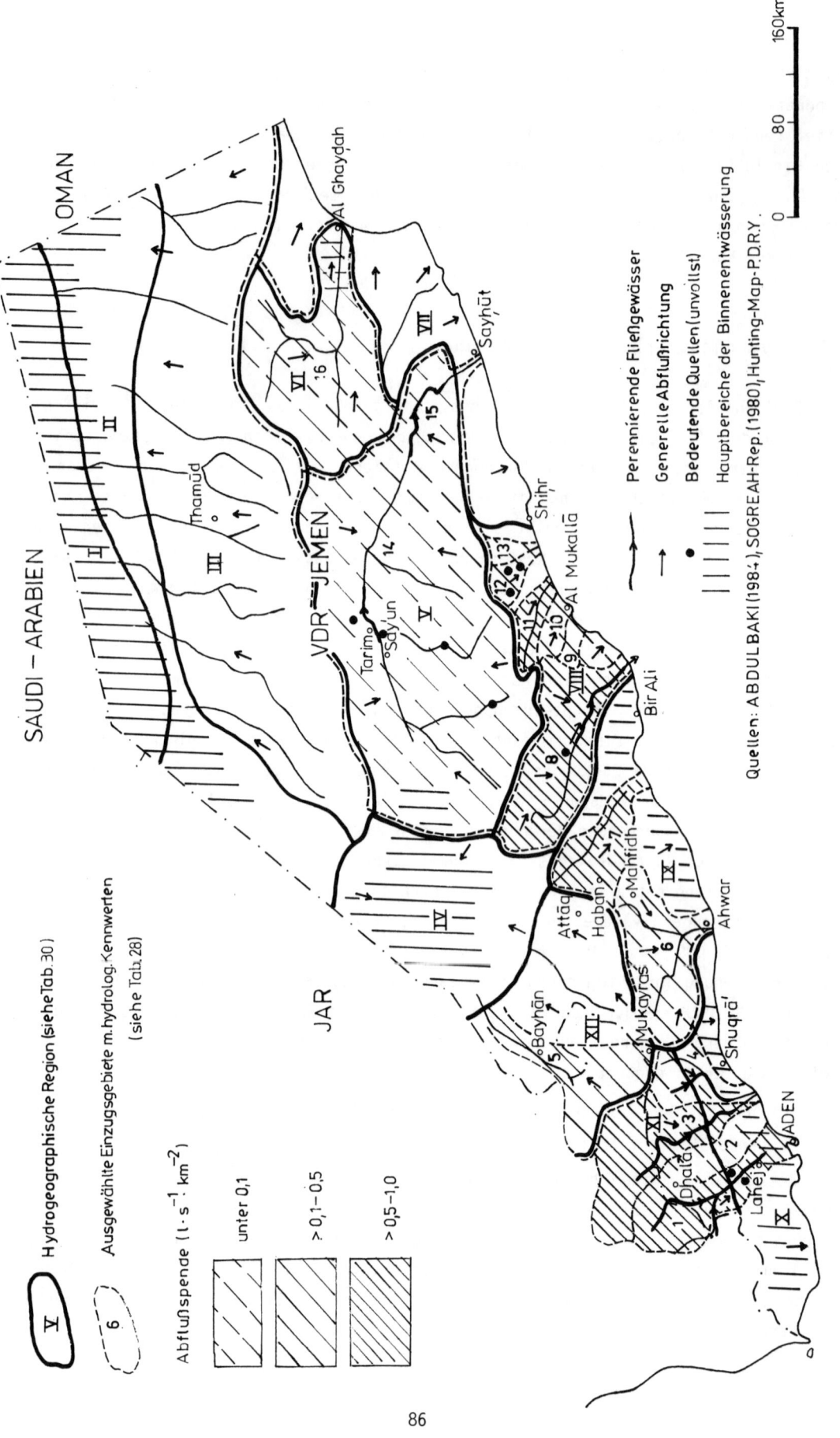

Abbildung 25: Hydrogeographische Gliederung

Landschaftliche Partialkomplexe

Tabelle 30: Hauptmerkmale der hydrogeographischen Regionen

Region	Größe (km^2)	N_J (mm)	Abfluß-charakter	Hoch-wasser	Mq (l/s km^2)	Abfluß-faktor	Hydrologische Merkmale
Rub al Khāli (I)	23 300	≤ 50	a	.	.	.	extreme Auflösung des A_o durch Versickerung, vereinzelt Wasserstellen
Südrand von Rub al Khāli (II)	33 300	50	a	e'	.	.	wie I, in Tälern z. T. geringe GW-Vorkommen
Nord-Hadramawt (III)	69 900	50	a	e'	.	.	vereinzelt GW in Tälern, ausstreichende GW-Leiter im Westen
Ramlat Sab-'atayn-Jaww Khudayf (IV)	23 300	50-100	a	e'	.	.	weitflächige Auflösung des A_o durch Versickerung, geringe GW-Vorkommen
Hadramawt (V)	59 900	50-150	a(pr)	e-p	0,02	0,07	Talböden mit GW, Karstquellen, Hochflächen grundwasserfern
Jizi (VI)	20 000	100	a	e	0,02	0,01	Talböden mit GW
östliches Küstengebiet (VII)	23 300	100	a	p	.	.	Talböden mit GW, Versickerung und Versalzung im Küstenbereich
Küstengebirge von Hadramawt (VIII)	16 600	50-300	a(pr)	p	0,3-0,8	0,05-0,15	GW mit Speisung an Störungen, Quellen, Täler mit permanentem GW
Westliches Küstengebirge (IX)	20 000	100-200	a	p'	0,5-0,6	0,10-0,15	im NE GW-Leiter, sonst ungünstige Verhältnisse, in Tälern GW, Binnen- und Küstenversickerung
Westliches Küstengebiet (X)	16 600	50-100	a	p	0,04	0,006	GW in Tälern und Becken, Deltas und Küstennähe mit Versalzung
Westliche Gebirge (XI)	10 000	200-400	e(pr)	p	0,7	0,04	ungünstige Tiefenverhältnisse für GW, Täler mit GW, lokal Speisung durch N
Bayhān-Nisāb-Gebirge und Vorland (XII)	13 300	100-200	e-a	p	0,4	0,06	ungünstige Tiefenverhältnisse, permanent GW in Tälern, relativ hoher Zufluß aus Hochlagen

Erläuterungen: Abflußcharakter: a - areisch, e - endoreisch, (pr) - lokal perennierende Fließgewässer
Häufigkeit der Hochwässer: e - episodisch, p - periodisch, ' - schwach
GW - Grundwasser A_o - Oberflächenabfluß

Anschluß an das Wadi Hadramawt-Gebiet, bildet aber bei kaum vorhandenem Gefälle im hydrologischen Sinne ein ausgesprochenes Binnenentwässerungsgebiet (vgl. ABDULBAKI 1984).

Die oben skizzierte Struktur der Entwässerungssysteme bildet gemeinsam mit der räumlichen Differenzierung der abflußsteuernden Klimafaktoren (siehe Kap. 7.2.5), der Abflußverhältnisse (siehe Kap. 7.5.2) und der hydrogeologischen Bedingungen (siehe Kap. 7.5.3) die Hauptaspekte einer synthetischen *hydrogeographischen Gliederung* des Territoriums. Auf der Grundlage der vorhandenen Ausgangsdaten wurde eine vorläufige großräumige Gliederung der VDRJ in hydrogeographische Regionen vorgenommen (siehe Abb.25), deren Hauptmerkmale die Tabelle 30 zeigt.

7.6 Böden

7.6.1 Datenlage

Der Partialkomplex Boden ist in seiner substratiell-genetischen Ausprägung und seiner räumlichen Strukturierung ein wesentliches ökologisches Folgemerkmal innerhalb des Landschaftskomplexes, in dem sich das Wirkungsgefüge des Klimas und der Lithologie unter modifizierendem Einfluß von Relief, Wasserhaushalt und Vegetation widerspiegelt. Die Merkmale der Bodendecke bestimmen neben den klimatischen Bedingungen in entscheidendem Maße die natürlichen Möglichkeiten der agrarischen Landnutzung in ariden Gebieten (siehe Kap. 9.3).

Der derzeitige Kenntnisstand über die Böden der VDRJ ist äußerst unzureichend und beschränkt sich im wesentlichen auf den in der Weltbodenkarte (FAO/UNESCO 1977) und der TAVO-Karte (STRAUB 1988 a) gegebenen Überblick der Haupt-Bodenassoziationen, der einer deduktiven Ableitung aus bekannten lithologischen und klimatologischen Tatsachen entstammt. Weitere regionale Informationen liegen aus bodenkundlichen Untersuchungen für Teilgebiete der JAR vor (ASMAEV 1965, PAGEL/AL-MURAB 1966, ALKÄMPER et al. 1974, KING et al. 1983, STRAUB 1986), hinzu kommen die bei KOPP (1981), JANZEN (1980), AL-HUBAISHI/MÜLLER-HOHENSTEIN (1984) und STRAUB (1988 b) vorhandenen Angaben.

7.6.2 Bedingungen und Merkmale der Bodenbildung

Die Entwicklung und Verbreitung der Böden in warmariden Gebieten hängt vorrangig von den lithologischen Bedingungen und der klimaspezifischen Wirkung der Verwitterungsprozesse ab (vgl. u.a. AUBERT 1962). Der Charakter der *Verwitterungsvorgänge* wird im Untersuchungsgebiet von den durch hohe Aridität, ganzjährig hohe Temperatur und den Wechsel langer Trocken- mit kurzzeitigen Feuchtphasen gekennzeichneten Klimabedingungen (siehe Kap. 7.2) bestimmt. Sie führen zu einer Dominanz der Gesteinsaufbereitung in Form der Hydratations- und Insolationsverwitterung. Daneben ist die chemische Verwitterung in Phasen hoher Durchfeuchtung sowie unter der Wirkung von Tau und hoher Luftfeuchte (s. Kap. 7.2.3.3) bei generell hohen Bodentemperaturen mit erheblicher Intensität wirksam (vgl. STRAUB 1986). Sie führt über Prozesse der Lösungsverwitterung, der Oxidation, Hydrolyse, Karbonatisierung und Chloritisierung zur Bildung von Feinmaterial, Anreicherungshorizonten und Krusten.

Aus dem Zusammenwirken der lithologischen Gegebenheiten (siehe Kap. 7.3), der klimaspezifischen Verwitterungsvorgänge und der morphodynamischen Prozesse (siehe Kap. 7.4.3) in der Landschaftsgenese resultieren charakteristische, die Struktur der Bodendecke determinierende *Oberflächenbildungen* (siehe auch Tab. 25). Dabei lassen sich in Anlehnung an MECKELEIN (1959) für das Gebiet zwei grundsätzliche Typen unterscheiden. In den Bereichen oberflächig anstehender Festgesteine, die rund 70 % der Landesfläche ausmachen, dominieren autochthone (eluviale) Verwitterungsbildungen in Form von geringmächtigen, in der Geröllgröße vom Ausgangsgestein abhängigen Schuttdecken mit variierendem Feinmaterialanteil ("Hammada" i.S.v. MECKELEIN 1959). Durch das Zusammenwirken von morphodynamischen Transport- und Akkumulationsprozessen und der Verwitterung kam es in den dafür prädestinierten Reliefbereichen (Fußflächen, Schwemmebenen, Talböden, siehe Kap. 7.4.2) zur Entstehung allochthoner Oberflächenbildungen, wobei nach der dominanten Prozeßform drei Typen unterschieden werden können. Die proluvial-alluvialen, zum Teil deflativ überformten Kies- und Schotterbildungen der Schwemmebenen und Fußflächen ("Serir" i.S.v. MECKELEIN 1959) weisen eine vertikale Differenzierung in eine steinige Decke ("desert pavement") und eine darunter liegende Feinmaterialzone auf. Neben den dominant äolisch-akkumulativ entstandenen Oberflächenbildungen der Sand- und Dünenebenen (ca. 11 % des Territoriums) sind für die Struktur der Bodendecke die fluvial-akkumulativen Bildungen der Täler von Bedeutung. Außer den sandigen, kiesigen und steinigen Substraten treten vor allem in den breiten Talböden charakteristische, drei bis über zwölf Meter mächtige Schluff- und Feinsandablagerungen [20] auf (vgl. u.a. CATON-THOMPSON/GARDNER 1939, LEIDLMAIR 1961, 1962, WISSMANN 1968, siehe auch Kap. 10.4, 11.1), die in ihrem Habitus an Lößakkumulationen erinnern ("loesslike sediments" bei AL-SAYARI/ZÖTL 1978) und hier den Hauptteil der Ackerflächen ausmachen (zur Genese vgl. Kap. 10.4.1, 11.1).

Die insgesamt geringe rezente Bodenbildungsintensität (siene unten) hat die weitgehende Erhaltung *paläopedologischer Merkmale* feuchterer Klimaphasen begünstigt. Es handelt sich hierbei vor allem um auf neogen-quartären Sedimenten, aber teilweise auch auf Festgesteinen verbreitete, oberflächige bzw. subkutane Krustenbildungen unterschiedlicher Mächtigkeit, deren Genese auf feuchtbedingt intensivere chemische Verwitterung, insbesondere auf eine sekundäre Kalkanreicherung (Karbonatisierung) während der neogen-frühpleistozänen Feuchtphasen (siehe Kap. 6., Anl. 6, 7) zurückzuführen ist (vgl. AL-SAYARI/ZÖTL 1978). Ebenfalls in feuchtere Phasen ist vermutlich die auf älteren Reliefformen weitflächig zu beobachtende Bildung von wenigen Mikrometer mächtigen, dunklen, eisen-manganreichen Überzügen (Wüstenlack, "desert varnish") zu stellen.

---

[20] Analysen in einigen Tälern SW-Hadramawts ergaben ein Texturspektrum zwischen schluffigem Ton und sandigem Lehm (vgl. PORATH 1989).

Die *rezente Bodenbildung* in ariden Gebieten wird grundsätzlich durch die gleichen chemischen und physikalischen Prozesse bewirkt wie in feuchteren Milieus, aber wegen des generellen Feuchtedefizits besitzen sie hier eine weitaus geringere Intensität und Geschwindigkeit, was in einer starken Erhaltung der Merkmale der Ausgangssubstrate, einer zumeist geringen bzw. fehlenden Horizontdifferenzierung sowie einer nur geringmächtigen Profilausbildung zum Ausdruck kommt (vgl. u.a. AUBERT 1962, CLARIDGE/CAMPBELL 1982). Zusammenfassend können folgende Hauptmerkmale der rezenten Bodenbildung für das Untersuchungsgebiet genannt werden (unter Verwendung von ASMAEV 1965, KING et al. 1983, STRAUB 1986):

(1) Die Prozesse der Bodenbildung laufen mit hoher Saisonalität bei weitgehender Stagnation während der Trockenphasen ab.

(2) Das ganzjährig hohe Verdunstungspotential (siehe Kap. 7.2.3.4) führt zum Ausbleiben bzw. zur starken Einschränkung vertikaler Auswaschungs- und abwärts gerichteter Umlagerungsprozesse, dagegen dominieren im Profil vertikale Aufwärtsbewegungen.

(3) Dabei spielt die Salzdynamik eine wesentliche Rolle in der Profildifferenzierung. Durch die nach oben gerichtete Bewegung der Bodenlösung kommt es zu einer sekundären Salzanreicherung und zur Bildung von Salzkrusten im Oberboden. Die Salze (vornehmlich $NaCl$, $NaSO_4$) entstammen der autochthonen Verwitterung wie auch der Zufuhr durch den Oberflächenabfluß und in Küstennähe dem Windtransport bzw. dem direkten Einfluß des Meereswassers.

(4) Auf Grund des vorwiegend karbonatischen Chemismus der Ausgangsmaterialien (siehe Kap. 7.3.4) dominiert bei der Bodenbildung im Großteil des Gebietes ein neutralbasisches Milieu. Nur in den Bereichen mit Grundgebirgsgesteinen tritt im neutral- bis schwachsauren Bodenmilieu eine sehr geringe Eisenverwitterung (Verbraunung) auf. Die Tonmineralneubildung ist im allgemeinen stark gehemmt.

(5) Die Bodenbildung ist infolge des durch die klimatisch bedingte Biomasseproduktion (siehe Kap. 7.7, 9.2) geringen Dargebots an organischen Stoffen durch eine generell geringe biologische Aktivität gekennzeichnet. Die Humusbildung bleibt auch in den Feuchtphasen wegen der hohen Temperaturen gering bzw. fehlt völlig.

(6) Hydromorphe Bodenbildungsprozesse treten nur lokal in den Becken und Tälern bei oberflächennahem Grundwasser (siehe Kap. 7.5.3) vor allem in tieferen Profilbereichen auf.

7.6.3 Räumliche Differenzierung der Bodendecke

Für die Kennzeichnung der großräumigen Raumstruktur der Bodendecke bildet die Analyse des dimensionsadäquaten Formenwandels der Bodenausprägung die Voraussetzung. Hierfür hat HAASE (1978 a) wesentliche methodische Grundlagen geliefert (siehe auch Kap. 2.3). Danach erfolgt die Charakterisierung des räumlichen Wandels in der Bodendecke über die Betrachtung der regional differenzierten Wirkung von "Integrationsfaktoren" der Bodenbildung unter Verwendung von "Normalformen" der Bodenausbildung. Über die Möglichkeit des regionalen Vergleichs können die Grundzüge des pedologischen Formenwandels für das Territorium der VDRJ erschlossen werden.

Bei der nomenklatorischen Kennzeichnung arider Böden bestehen verschiedene Möglichkeiten. Während in der älteren Literatur (z.B. MECKELEIN 1959) Benennungen des Oberflächencharakters (z.B. Hammada, Serir, Erg) verwendet werden, können aride Böden nach modernen Klassifikationen (U.S. Comprehensive Soil Class.System, vgl. BRONGER 1980, FAO/UNESCO-Weltbodenkarte, vgl. FAO/UNESCO 1974) in die Typologie einbezogen werden. Da wesentliche Ausgangsdaten für die vorliegende Betrachtung der Weltbodenkarte (FAO/UNESCO 1977) entstammen, wurde ihre Klassifikation hier zweckmäßigerweise verwendet.

Landschaftliche Partialkomplexe

Die großräumige Raumstruktur der Bodendecke in der VDRJ wird generell durch die differenzierte Ausprägung des Klimas und der Lithologie bestimmt, so daß für eine Gliederung klimatische Normbodenbildungen (zonale Böden) und lithologische Grundformen der Bodenbildung als azonale bzw. intrazonale Böden berücksichtigt werden müssen (vgl. auch STRAUB 1988 b). In der Anlage 10 werden die Hauptmerkmale dieser "Normalformen" (i.S.v. HAASE 1978 a) aufgeführt.

Die *klimatische Normbodenbildung* ist in warmariden Gebieten im wesentlichen durch die Niederschlagsverhältnisse determiniert (vgl. u.a. AUBERT 1962), wobei ihre reale Ausprägung an abtragungsgeschützte Positionen, Normalwasserverhältnisse und eine ausreichende Mächtigkeit aufbereiteten Ausgangsmaterials gebunden ist. Für die Abgrenzung der entsprechend den im Gebiet auftretenden Niederschlagsmengen (unter 50 bis ca. 400 mm/Jahr) zu erwartenden Normbildungen werden in der Literatur folgende Schwellenwerte angegeben:

Tabelle 31: Schwellenwerte des Niederschlags für klimatische Normbodenbildungen in warmariden Gebieten

Quelle	N_J (mm)	Normbildung
AUBERT (1962)	unter 100	rohe Mineralböden
	100 - 250	graue und rote Wüstenböden, Sierozems
GANSSEN (1968)	50 - 100	Wüstenböden
	über 150	graue und braune Halbwüstenböden (Sierozems)
	über 300	braune Böden der Savanne
MENJE (1965)	über 200	graubraune Böden (Sierozems)
ASMAEV (1965)	über 300/350	Sierozems
ZOHARY (1973)	über 200/300	Sierozems

Aus den für den größten Teil des Gebietes sehr geringen Niederschlagsmengen (N_J unter 50 - 200 mm, siehe Kap. 7.2.3.2, Abb. 11) ist eine weitgehende Gleichartigkeit der zonalen Normbodenbildung zu erwarten. Entsprechend den angeführten Schwellenwerten (Tab. 31) treten in diesen Bereichen Yermosols (synonym: Wüstenböden, Aridisols) als Normbildungen auf. Es handelt sich um Böden mit typischen, durch hohe Verdunstung gekennzeichnetem aridem Feuchtregime und alkalischem Milieu, die im oberen Profilteil schwach humos bis humusfrei sind und feinmaterialreiche Kalk-, Salz- und Tonanreicherungs- sowie Verbraunungshorizonte aufweisen können (vgl. FAO/UNESCO 1977, siehe auch STRAUB 1986, 1988 b).

Nur in den relativ niederschlagsreicheren westlichen Hochlagen und des Südrandes des Hadramawt können als Normbildungen Xerosols (synonym: Halbwüstenböden, Sierozems, Graue Wüstensteppenböden) angenommen werden (vgl. ASMAEV 1965). Sie sind durch eine relativ deutlichere Profilentwicklung, durch Verbraunungs- bzw. Tonanreicherungshorizonte bei geringem Gehalt organischer Substanz, einer guten Austauschkapazität und einem neutralschwachalkalischen Chemismus gekennzeichnet (siehe Profilbeschreibungen bei ASMAEV 1965, STRAUB 1986).

Für die VDRJ ist infolge der geringen Intensität klimatogener Bodenbildungsprozesse (siehe Kap. 7.6.2) die *lithologische Differenzierung* als entscheidender strukturbildender Faktor bei der Ausbildung der Bodendecke anzusehen. Dementsprechend ist der Anteil azonaler und intrazonaler Böden am Gesamtspektrum der Normbildungen hoch (vgl. auch STRAUB 1986, 1988 b). Der pedologische Formenwandel ergibt sich hier vor allem aus der Variation des Mesoreliefs, der Textur der Ausgangssubstrate, ihres Chemismus und ihres Genesetyps[21]. Danach können in Anlehnung an FAO/UNESCO (1977) und STRAUB (1988 a) für das Gebiet folgende *lithologische Grundformen* der Böden unterschieden werden (siehe Anl. 10, Abb. 26):

(1) Schwach entwickelte, flachgründige Schutt- und Gesteinsböden auf Festgesteinen (Lithosols, synonym: Hammadas)

(2) Böden auf sandig-kiesigen Fluvialsedimenten und äolischen Sanden mit geringer oder fehlender Profildifferenzierung (Arenosols, Fluviosols, Regosols)

(3) Halomorphe Böden auf extrem salzhaltigen Substraten (Solonchaks) mit der Hauptverbreitung im Küstengebiet.

Da die Grundzüge der lithologischen Raumstruktur im wesentlichen durch das Zusammenwirken geologisch-tektonischer und morphodynamischer Prozesse innerhalb der tertiärquartären Landschaftsgenese (siehe Kap. 6.) zur Ausprägung kamen, ist der auf ihnen beruhende lithologisch determinierte Formenwandel der Bodendecke sowohl hinsichtlich der Ausgangssubstrate wie auch ihrer paläopedologischen Überprägung (siehe Kap. 7.6.2) gleichzeitig Ausdruck eines paläogeographischen Formenwandels im Sinne von HAASE (1978 a).

In Anlehnung an HAASE (1978 a) werden die großräumigen bodengeographischen Raumeinheiten als *Pedoregionen* bezeichnet. Sie stellen die auf einem von den Gesamtmerkmalen der Bodendecke abstrahierenden Niveau "zusammengefaßten, genetisch-funktionellen Raumgebilde" (HAASE 1978 a, S. 178) der Bodendecke dar. Ihre Kennzeichnung erfolgt durch die in der Bodentypen-Gesellschaft kombinierten Normtypen der Bodenbildung und intraregionalen Begleittypen. Diesem Abstraktionsniveau entsprechen auch die in der Weltbodenkarte (FAO/UNESCO 1974, 1977) verwendeten Kartierungseinheiten und ihre Kennzeichnung durch Bodenassoziationen.

Die Kartierung für das Territorium der VDRJ erfolgte auf der Grundlage der FAO-UNESCO-Weltbodenkarte, Vol. VII (FAO/UNESCO 1977) sowie unter Verwendung der geologischen Übersichtskarten (BEYDOUN 1964, GREENWOOD 1967) und der zur Verfügung stehenden kosmischen Aufnahmen (siehe Kap. 4.2). Die Abbildung 26 zeigt die Verbreitung der Pedoregionen für das Untersuchungsgebiet, die annähernd der mikroregionischen Dimensionsstufe bei HAASE (1978 a) entsprechen. Die ihr Inventar kennzeichnenden Bodentypen-Gesellschaften und ihre Hauptmerkmale sind in Tabelle 32 wiedergegeben. Lithologische Grundformen (Lithosols, Arenosols, Regosols, Fluviosols) sind unter anderem kennzeichnend

---

[21] Beispiele für Morpho- und Lithosequenzen der Bodendecke finden sich bei STRAUB (1986).

Landschaftliche Partialkomplexe

Abbildung 26: Pedoregionen

(Quellen: FAO/UNESCO 1977, GREENWOOD 1967, BEYDOUN 1964)

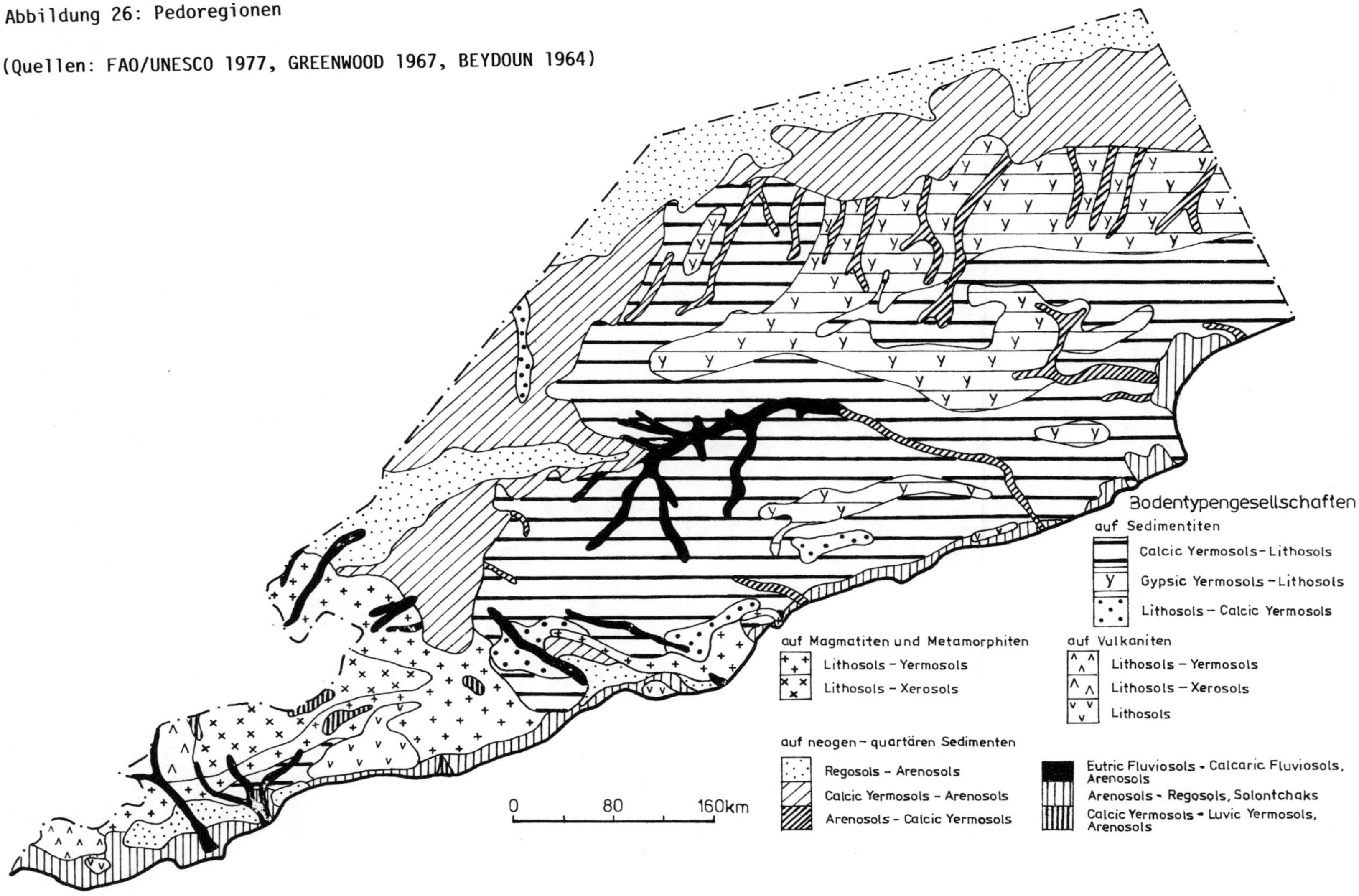

Tabelle 32: Dominante Bodentypen-Gesellschaften

Bodentypen-Gesellschaft	Wichtige Begleit-Bodentypen	Ausgangsgesteine	Textur	Anteil an Gesamtfläche
1. auf Festgesteinen				
$Y_k - I$	Y_l, J_e, Q_c	Kalkstein, z.T. Schluffstein	g	41
$Y_y - I, Y_k$		Gipse, Anhydrite	m-g	17
$I - Y$	Q_c, J_c	Magmatite, Metamorphite	g-m	⎫ 7
$I - X$	Q_c, J_c	Magmatite, Metamorphite	g-m	⎭
$I - X$	Y_k	Vulkanite	g-m	1
$I - Y_h$		Vulkanite	g-m	1
I	Y	junge Vulkanite	m-g	1
$I - Y_k$		Sandstein	g-m	1
2. auf Lockersedimenten				
$R_c - Q_c$	Y_k, Z	äolische Sande	m	11
$Y_k - Q_c$	R_c, I	Sedimente der Schwemmebenen	g-m	10
$Q_c - Y_k$	J_c, I	fluviale Kiese, Schotter, Sande	g-m	3
$J_e - J_c, Q_c$	Z, Y_k	fluviale Lehme, Sande, Kiese	m-f	0,5
$Q_c - R_c, Y_h$	Z, Y_k, J_c	Sedimente der Küstenebenen	m-g	5
$Y_k - Y_l, Q_c$	J_c, Z, I	Sande, Lehme der Becken und Hochebenen	m-f	0,1

Quelle: FAO/UNESCO (1977), ergänzt

Erläuterungen: Symbole der Bodentypen nach FAO/UNESCO (1974)

Y   – Yermosols Y_l – luvic Y. Q_c – calcaric Arenosols
Y_y – gypsic Y. I   – Lithosols   Z   – Solonchaks
Y_k – calcic Y. X   – Xerosols J_c – calcaric Fluviosols
Y_h – haplic Y. R_c – calcaric Regosols J_e – eutric Fluviosols

Textur: g – grob, m – mittel, f – fein

für die Bereiche der Grundgebirgs- und Vulkanitablagerungen (Lithosols-Yermosols- bzw. Lithosols-Xerosols-BTG [22]) sowie für die Verbreitungsgebiete äolischer und fluvial-alluvialer Lockersedimente (Regosols-Arenosols-, Arenosols-Yermosols-, Fluviosols-Arenosols-BTG). Ungefähr zwei Drittel des Territoriums werden durch Pedoregionen eingenommen, die sich aus der Kombination klimatischer Normtypen und lithologischer

---

[22] Bodentypen-Gesellschaft

Landschaftliche Partialkomplexe

Grundformen ergeben. Sie treten vor allem auf den Verwitterungsmaterialien der Karbonat- und Gipssedimente des östlichen Landesteils (Yermosols-Lithosols-BTG) sowie auf neogen-quartären Sedimenten der Fußflächen und Schwemmebenen (Yermosols-Arenosols-BTG) auf.

Aus den genannten Hauptmerkmalen der Bodentypen (siehe Anl. 10) werden eine weitgehende Ungunst bzw. erhebliche Einschränkungen für die ackerbauliche Nutzung deutlich (siehe Kap. 9.3). Nutzbare Standorte sind in erster Linie nur die Fluviosols der Talböden und Küstendeltas auf skelettarmen, schluffreichen Substraten. Sie weisen bei günstigem Wasserhaushalt und Nährstoffgehalt eine hohe edaphische Fruchtbarkeit auf (siehe Anl. 10, vgl. AL-HUBAISHI/MÜLLER-HOHENSTEIN 1984, ABDULBAKI 1984, STRAUB 1984). Daneben bilden die feinmaterialreichen, kalkhaltigen, zum Teil relativ tiefgründigen Yermosols in den Becken und auf den Hochebenen wichtige Ackerbaustandorte.

7.7 Vegetation

7.7.1 Vorbemerkungen

Die Betrachtung der Vegetation innerhalb der Landschaftserkundung ist in zweifacher Hinsicht von Bedeutung. Zum einen bildet die Pflanzenwelt einen integralen Bestandteil des Landschaftskomplexes, zum anderen stellt sie mit ihren Bindungen an die abiotische Umwelt ein wesentliches, empfindlich reagierendes ökologisches Folgemerkmal und damit einen aussagekräftigen Indikator für das Wirkungsgefüge der anderen Partialkomplexe dar. Obwohl ihre Wirkung innerhalb der Physiognomie arider Landschaften zumeist hinter der des Oberflächensubstrats und des Reliefs zurücksteht, spiegelt sie auch hier in ihrer Artenzusammensetzung und Wuchsstruktur markant das Zusammenwirken der abiotischen Partialkomplexe wider (vgl. u.a. WALTER/BRECKLE 1984).

Wenn auch der südarabische Raum schon frühzeitig botanisches und vegetationsgeographisches Interesse erweckte (vgl. z.B. die Arbeiten von GRISEBACH und SCHWEINFURTH), ist der Kenntnisstand über die Vegetationsverhältnisse für das Gebiet der VDRJ noch heute sehr lückenhaft (vgl. ZOHARY 1973). Die von SCHWARTZ (1939) zusammengefaßten Vegetationsaufnahmen von Teilgebieten und Einzelstandorten erbrachten Erkenntnisse über die Artenverbreitung vor allem in den westlichen Gebirgen, dem Umland von Aden und dem Südteil von Hadramawt. Für weite Gebiete des zentralen Küstengebirges sowie des nördlichen und östlichen Landesteiles fehlen dagegen auch derzeit noch genauere Angaben. Die vorliegenden kleinmaßstäbigen Vegetationskarten (WISSMANN 1943, NOVIKOVA 1971, FAO/UNESCO 1969, ZOHARY 1973, FREY/KÜRSCHNER 1989) beruhen daher in erster Linie auf deduktiven Ableitungen aus abiotischen Landschaftsmerkmalen. Die Höhenstufung der Vegetation im Gebirge und Hochland der JAR wurden von RATHJENS/WISSMANN (1934), WISSMANN (1972) und in einer modernen Monographie durch AL-HUBAISHI/MÜLLER-HOHENSTEIN (1984) dargestellt. Für kleinere Gebiete der JAR liegen detaillierte Untersuchungen vor (DEIL/MÜLLER-HOHENSTEIN 1985, DEIL 1986, MÜLLER-HOHENSTEIN et al. 1987).

7.7.2 Floren- und vegetationsgeographische Einordnung

Der florengeschichtlich begründete Übergangscharakter der Pflanzenwelt Südarabiens kommt in dem gemeinsamen Auftreten paläotropisch und holarktisch verbreiteter Arten zum Ausdruck (vgl. PAVLOV 1965, ZOHARY 1973, AL-HUBAISHI/MÜLLER-HOHENSTEIN 1984, MÜLLER-HOHENSTEIN 1988).

Insgesamt umfaßt das Florenspektrum ungefähr 120 Familien strauchiger und krautiger Pflanzen sowie drei Baumfamilien (Acacia, Commiphora, Ficus) mit insgesamt ca. 2 000 Arten (AL-HUBAISHI/MÜLLER-HOHENSTEIN 1984)[23]. Eine provisorische Checkliste (GABALI/ AL-GIFRI o.J.) weist für den Südjemen 467 Arten aus 71 Familien der Zweikeimblättrigen aus.

Aus der floristischen Übergangsstellung und den ähnlichen klimatisch-edaphischen Verhältnissen ergibt sich eine für die deduktive Arbeitsweise nutzbare große Übereinstimmung im Floren- und Vegetationscharakter zu relativ gut untersuchten Gebieten Ostafrikas (siehe Anl. 11). Das gilt insbesondere für die Verhältnisse der niederschlagsreicheren Hochlagen im Vergleich zu den Hoch- und Bergländern Äthiopiens (vgl. TROLL 1935, 1970, KNAPP 1973). Die halbwüsten- und wüstenartige Vegetationsausstattung der übrigen Landesteile findet vergleichbare Gegebenheiten in Teilen Somalias (vgl. u.a. GILLILAND 1952, PICHI-SERMOLLI 1955), Nord-Sudans (KASSAS 1957), in den Küstengebieten Äthiopiens (TROLL 1935, HEMMING 1961) und in den extremen Trockengebieten Nord-Kenias (vgl. WALTER/BRECKLE 1984) sowie bei abweichender Florenzusammensetzung auch in Teilen Saudi-Arabiens (vgl. VESSEY-FITZGERALD 1955, 1957) und Ägyptens (vgl. u.a. KASSAS 1952).

7.7.3 Grundzüge der großräumigen Vegetationsgliederung

7.7.3.1 Methodische Gundlagen

Zur großräumigen Darstellung der inhaltlichen und räumlichen Struktur der Vegetation wird in der Literatur weitgehend das Konzept der *Vegetationsformationen* verwendet (vgl. u.a. SCHMITHÜSEN 1968). Der Begriff der Vegetationsformation charakterisiert Pflanzengesellschaften mit einheitlichen physiognomischen und strukturellen Merkmalen nach dominanten Lebensformen (nach ELLENBERG 1956) und stellt damit einen durch visuell-ökologische Diagnose gekennzeichneten Vegetationstyp dar (vgl. SCHMITHÜSEN 1968). Entsprechend der jeweiligen Dominanz bestimmter abiotischer Prägungsfaktoren für die Ausbildung der Vegetation können in Anlehnung an WALTER (1962 a) und UNESCO (1973)

---

[23] Dominante Gruppen der Florenelemente sind nach ZOHARY (1973) die Sudanische Gruppe (44%), Saharo-Sindische Gruppe (14%), Irano-Turanische Gruppe (6%), Mediterrane Gruppe (3%).

hinsichtlich ihrer ökologischen Determinierung klimabedingte[24], extrazonale und azonale Formationen unterschieden werden. Mit seinem physiognomisch-ökologischen Ansatz bietet sich das Konzept der Vegetationsformationen für die Überblickskartierung in wenig erkundeten Gebieten an (vgl. auch MÜLLER-HOHENSTEIN 1986).

Die Bezeichnung der Vegetationsformationen in der vorliegenden Untersuchung stützt sich im wesentlichen auf die Kombination der internationalen Klassifikation (ELLENBERG/MUELLER-DOMBOIS 1967, UNESCO 1973) mit der Angabe der landschaftlichen Position unter Berücksichtigung der von PICHI-SERMOLLI (1955) und KASSA/GIRGIS (1970) in ähnlich ausgestatteten Gebieten verwendeten Benennungen. Dabei beziehen sich die hier gemachten Aussagen auf den aktuellen Vegetationszustand, der im Untersuchungsgebiet vermutlich gegenüber den potentiellen Verhältnissen in unterschiedlichem Maße eine Degradation aufweist (vgl. AL-HUBAISHI/MÜLLER-HOHENSTEIN 1984, DEIL/MÜLLER-HOHENSTEIN 1985, MÜLLER-HOHENSTEIN et al. 1987, siehe auch Kap. 11.).

Die inhaltliche Kennzeichnung der Vegetationsformationen und die Darstellung ihrer räumlichen Verbreitung für das Territorium der VDRJ erfolgte unter Berücksichtigung des gegenwärtigen Kenntnisstandes nach drei methodischen Ansatzpunkten:

(1) Verwendung der gebietsbezogenen Aussagen (siehe Kap. 7.7.1), insbesondere der vorhandenen kartographischen Darstellungen und der Untersuchungen zum vegetationsgeographischen Formenwandel (RATHJENS/WISSMANN 1934, WISSMANN 1972, JANZEN 1980, AL-HUBAISHI/MÜLLER-HOHENSTEIN 1984). Daneben wurde die von SCHWARTZ (1939) zusammengefaßte Florenliste nach der geographischen Verbreitung aufgeschlüsselt, um punkthaft für Teilgebiete Angaben über die Artenzusammensetzung zu erhalten. Eigene Beobachtungen und stichprobenhafte Vegetationsaufnahmen ergänzen das Bild.

(2) Deduktive Einbeziehung von Gliederungs- und Formenwandelaspekten aus benachbarten Regionen. Ausgehend von vergleichbaren Artenspektren und physiognomisch-ökologischen Merkmalen wird hierdurch die Kennzeichnung der Formationen und ihre räumliche Verbreitung ergänzt sowie eine Typensicherung erreicht. Die Anlage 11 zeigt den Vergleich der für das Gebiet aufgestellten Vegetationsformationen mit den entsprechenden Ausbildungen in benachbarten Regionen Ostafrikas und Arabiens.

(3) Für die Darstellung der Raumstruktur werden ähnlich wie bei FAO/UNESCO (1969) und NOVIKOVA (1971) die sowohl gebietsbezogen bekannten wie auch deduktiv abgeleiteten, korrelativen Beziehungen der Vegetation zu den abiotischen Ausstattungsmerkmalen herangezogen. Die Abgrenzung der Formationsareale basiert damit in wesentlichen Zügen auf der in den vorhergehenden Abschnitten dargestellten räumlichen Differenzierung der entsprechenden Partialkomplexe.

7.7.3.2 Vegetationsformationen

Die großräumige Differenzierung der Vegetationsverhältnisse im Gebiet wird in ihren Grundzügen einerseits durch die vorwiegend orographisch bedingte Verteilung der Niederschläge (vgl. Kap. 7.2.3.2) sowie andererseits durch die ökologische Wirkung der lithologischen und hydrologischen Bedingungen bestimmt. Daraus ergibt sich eine durch die mosaikartige Vernetzung von klimabedingten Vegetationsformationen mit azonalen und extrazonalen Formationstypen geprägte Raumstruktur der Vegetation. In der Anlage

---

[24] Unter klimabedingten Formationen werden die in ariden Gebieten vorrangig durch die Menge und Intensität der Niederschläge bestimmten zonalen Formationen und Formationen der orographischen Höhenstufung zusammengefaßt.

Abbildung 27: Vegetationsformationen

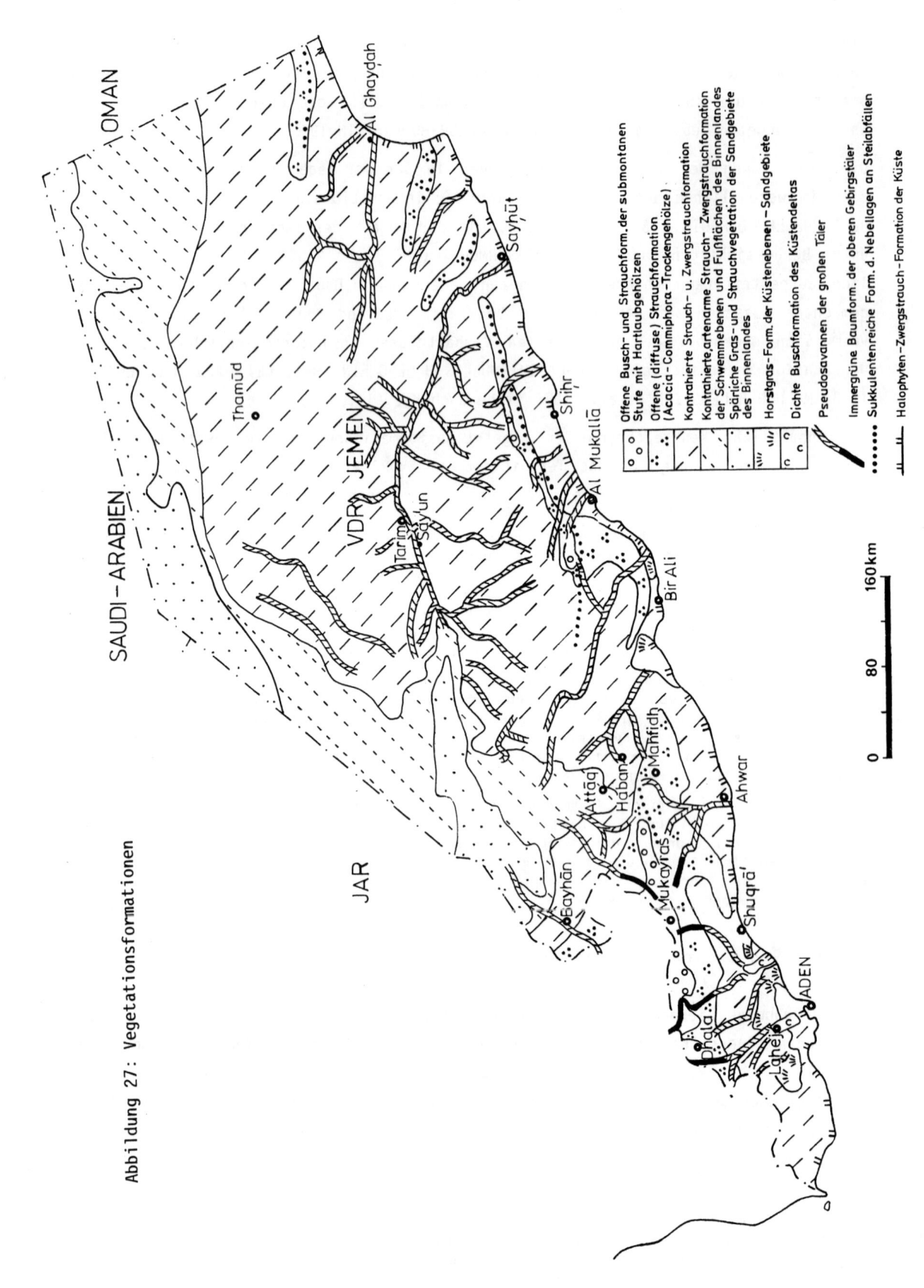

Landschaftliche Partialkomplexe

12 erfolgt die Kennzeichnung der im Gebiet auftretenden Formationen (siehe Tab. 33) nach ihren abiotischen Umweltfaktoren, den Leitpflanzen und dominanten Wuchsformen sowie ihren Verbreitungsgebieten (siehe auch Abb. 27).

Entsprechend den Niederschlagsverhältnissen werden für das Gebiet drei *klimabedingte Formationen* aufgestellt, wobei die sie begrenzenden jährlichen Niederschlagssummen noch sehr unsichere Werte darstellen (siehe Tab. 33). Die Formation 1 ist durch einen relativ dichten, parkähnlichen und diffusen Bewuchs mit vorw. *immergrünen Strauchgehölzen* (Olea, Dodonaea), Sukkulenten (Euphorbia balsamifera, E. ammak) und einer kompositenreichen Krautflora bei einem hohen Anteil von eritreo-arabischen Florenelementen gekennzeichnet (vgl. WISSMANN 1933, 1972, RATHJENS/WISSMANN 1934, ZOHARY 1973). Eine geschlossene Grasdecke und größere Baumbestände fehlen (vgl. KOPP 1981). Ihre Verbreitung ist auf kleinere Areale der westlichen Hochlagen und des südlichen Plateaurandes von Hadramawt beschränkt (1 800 bis über 2 000 m ü.M.). Sie entsprechen den in Ostafrika im Übergangsbereich zwischen Savanne und Juniperus-Wäldern auftretenden Hartlaubgehölzen (vgl. u.a. TROLL 1935, KNAPP 1973, HURNI 1982).

In den mittleren Lagen der westlichen Gebirge und des Küstengebirges von Hadramawt tritt bei ungefähr 100/150 bis 300 mm N_J eine sehr *offene Strauch- und Buschformation*

Tabelle 33: Vegetationsformationen

Klimabedingte Formationen

N_J (in mm)			Abk.
300-400	1	Offene Busch- und Strauchformation der submontanen Stufe, dominant mit Hartlaubgehölzen	Hl
200-100	2	Offene (diffuse) Strauch- und Buschformation der mittleren Lagen (Acacia-Commiphora-Trockengehölze)	dS
150- 50	3	Kontrahierte Strauch- und Zwergstrauchformation der niederschlagsarmen Gebirgs- und Plateaulagen	kS

Azonale Formationen
(edaphisch-hygrische Varianten)

	4	Kontrahierte, artenarme Strauch- und Zwergstrauchformation der Schwemmebenen und Fußflächen des Binnenlandes	kSa
	5	Spärliche Gras- und Strauchformation der Sandgebiete des Binnenlandes mit hohem Ephemerenanteil	eS
	6	Horstgras-Formation der Sandgebiete in der Küstenebene	Tu
	7	Dichte Buschformation der Küstendeltas	Bu
	8a	Pseudosavannen der großen Täler mit Baum- und Strauchvegetation	Psa
	8b	Immergrüne Baumformation der oberen Gebirgstäler	iB
	9	Offene, sukkulentenreiche Baum- und Strauchformation der küstennahen Steilabfälle (Nebellagen)	suBS
	10	Halophyten-Zwergstrauch-Formation der Küste (litorale Salzmarschen)	HaZ

(Formation 2) mit vorwiegend laubabwerfenden Dornsträuchern (Acacia, Commiphora) und Sukkulenten (Aloe, Adenium, Euphorbia) auf (Acacia-Commiphora-Trockengehölze bei DEIL/ MÜLLER-HOHENSTEIN 1985). Die unregelmäßig gestreute, diffuse Verteilung der Pflanzen verdichtet sich in den Tälern zu artenreichen Baum- und Strauchbeständen. Eine geschlossene Grasdecke fehlt auch hier[25].

Bei weiter abnehmenden jährlichen Niederschlagsmengen geht die diffuse Vegetationsdecke in eine auf die Tiefenlinien des Reliefs *kontrahierte Verteilung* über[26]. Dieses räumliche Anpassungsverhalten der Pflanzendecke an die zunehmende Aridität durch die Konzentration auf Wasserzuflußgebieten (vgl. WALTER 1962 b, MONOD 1954, siehe auch Kap. 10.4.1) wird aus anderen ariden Gebieten bei einer Verringerung der Jahresniederschläge unter 100 mm beschrieben (u.a. BOYKO 1954, WALTER 1962 a, ZOHARY 1973, STOCKER 1976). Die durch diese Änderung des Vegetationsmusters markierte Formation (Formation 3) enthält neben den bereits in Formation 2 vorkommenden sudanischen Arten vor allem in ihrem nördlichen Verbreitungsgebiet saharisch-arabische Florenelemente (z.B. Fagonia, Tephrosia, Leptadenia). Dominante Wuchsformen der entsprechend dem abflußbedingten Wasserdargebot in ihrer Dichte variierenden Bestände sind Dornsträucher (Acacia, Maerua, Ziziphus), Sukkulenten und Zwergsträucher.

Die Areale außerhalb der Tiefenlinien sind bis auf sehr vereinzelte Zwergsträucher weitgehend vegetationsfrei, in luftfeuchten Bereichen können weitflächig Krustenflächen auftreten (vgl. STEINER 1907). Vergleichbare, an die Veränderung der Niederschläge gebundene Abfolgen klimabedingter Formationen treten innerhalb des westlichen Gebirgsanstiegs der JAR (vgl. RATHJENS/WISSMANN 1934, WISSMANN 1972) und an der Rotmeerabdachung in Eritrea (vgl. u.a. TROLL 1935, 1970) auf, dort allerdings in einer durch die orographische Situation bedingten deutlicheren Zonierung und intensiveren Ausprägung (vgl. auch GILLILAND 1952 für Nord-Somalia, VESSEY-FITZGERALD 1955 im Hedjaz, KÖNIG 1986 in Asir und JANZEN 1980 im Dhofar-Gebirge).

In die klimabedingten Formationen schalten sich in größeren Teilen des Untersuchungsgebietes Vegetationsausbildungen ein, deren Charakter sich vorrangig aus der relativen Dominanz substratieller und hygrischer Faktoren gegenüber den Klimaverhältnissen ergibt (siehe Tab. 33, Anl. 12). Den größten Flächenanteil nehmen hierbei die *substratbedingten Formationen* (azonale Formationen i.S.v. WALTER 1962 a) der Sandgebiete des Binnenlandes (Formation 5) und der Küstenebene (Formation 6) ein.

Die noch sehr wenig bekannten Vegetationsverhältnisse der *inneren Sand- und Dünengebiete* (Rub Al Khāli, Ramlat Sab'atayn) werden durch eine sehr unregelmäßige, weitständige Pflanzenverteilung mit wenigen perennierenden, vorwiegend saharo-sindischen

---

[25] Deshalb sollte die Bezeichnung Savanne bzw. Steppe (wie z.B. bei WISSMANN 1943, PAVLOV 1965, NOVIKOVA 1971) hier keine Verwendung finden (vgl. auch WALTER 1962 a, ZOHARY 1973). Im Sinne des von WALTER (1962 a) verwendeten Savannenbegriffs tritt dieser Formationstyp im Gesamtgebiet vermutlich nicht auf.

[26] Beobachtungen des Verfassers im Südwesten von Hadramawt und die Auswertung von Luftbildern bestätigen diesen physiognomisch sehr deutlichen Übergang.

Landschaftliche Partialkomplexe

Strauch- und Grasarten und einem hohen Anteil nur nach Niederschlägen auftretender ephemerer Formen beschrieben (vgl. BUNKER 1953, PAVLOV 1965, NOVIKOVA 1971). Auf den vorwiegend kiesig-sandigen Schwemmebenen und Fußflächen zwischen den Sandgebieten und den Plateaus (siehe Kap. 7.4.2, Anl. 2) wird in Anlehnung an FAO/UNESCO (1969) und nach den wenigen Beobachtungen (vgl. THESIGER 1946, 1949, BUNKER 1953) eine sehr artenarme *kontrahierte Übergangsformation* mit hohem Ephemerenanteil (Formation 4) angenommen.

In den Sand- und Dünengebieten der Küstenebene bewirken spezifische ökologische Bedingungen (höheres Einsickerungs- und Speichervermögen, relativer Verdunstungsschutz, vgl. ZOHARY 1973) eine von der Umgebung deutlich abweichende Struktur der Pflanzendecke (Formation 6). Sie besteht aus diffus verteilten, sandbindenden und damit phytogene Kleinstdünen (Nebchas) aufbauenden *Horstgrasbeständen* ("tussocks") mit vorwiegend saharo-arabischen Arten (Panicum, Pennisetum, Aelorupus u.a.). Vereinzelt treten Sträucher und zumeist salztolerante Kräuter auf (vgl. ähnliche Formationen in der Küstenebene des Roten Meeres, u.a. bei VESSEY-FITZGERALD 1955, 1957, KNAPP 1973, HEMMING 1961).

Neben den substratbedingten Abweichungen der Vegetationsausprägung werden durch lokalspezifische *hygrische Bedingungen* Formationen ausgebildet, die trotz ihrer geringen Flächenausdehnung als gebietscharakteristische Formen in die großräumige Darstellung aufgenommen wurden. Die hydrohalomorphen Wuchsbedingungen im Küstensaum (vgl. Kap. 7.5.3) bewirken die Bildung einer in sich nach dem Bodensalzgehalt zonierten *Halophyten-Zwergstrauch-Formation* (Formation 10, vgl. WISSMANN 1972, AL-HUBAISHI-MÜLLER-HOHENSTEIN 1984). Als dominante Wuchsformen sind vor allem halophyte Sukkulenten (Suaeda, Salsola, Zygophyllum) und salztolerante Gräser (Aelorupus, Odyssea) zu nennen. Innerhalb der weitgehend ackerbaulich genutzten Küstendeltas treten auf quasinatürlichen Arealen dichte *Buschgehölze* (Formation 7) mit zumeist phreatophyten und halophyten Gewächsen (Tamarix, Salvadora, Limonium u.a.) auf.

Die Vegetationsprägungen der großen Täler stellen im Sinne von WALTER (1962 a) extrazonale Formationen dar, bei denen der Mangel an klimatischer Feuchte durch die Grundfeuchte (Grundwasser) ersetzt wird. Entsprechend des Gesetzes der relativen Standortkonstanz und des Biotopwechsels (vgl. WALTER/WALTER 1953) finden in diesen durch den Oberflächenwasserzufluß und -durchfluß hygrisch begünstigten Bereichen mit weitgehend permanentem, oberflächennahem Grundwasservorkommen (siehe Kap. 7.5.3, 10.4.1) Pflanzenarten günstige Wuchsbedingungen, die für die trockene Umgebung nicht mehr klimakonform sind. Die in Anlehnung an LE HOUEROU (1959, zit. i. GOODALL/PERRY 1979) als *Pseudosavanne* bezeichnete Formation der großen Talböden außerhalb der oberen Gebirgslagen (Formation 8a) baut sich aus gestreuten, zum Teil dichtständigen, zumeist phreatophyten Gehölzen (v.a. Acacia, Ziziphus, Tamarix, Hyphaena, Salvadora) und Zwergsträuchern mit stellenweise hohem Halophytenanteil auf (vgl. AL-HUBAISHI/MÜLLER-HOHENSTEIN 1984, DEIL 1986).

In den oberen Gebirgslagen geht diese Formation bei geringem anthropogenen Einfluß in immergrüne, *galeriewaldähnliche Baum- und Strauchbestände* (Formation 8b) mit sudanischen Arten (u.a. Ficus, Cordia, Combretum, Tamarindus) über (vgl. RATHJENS/WISSMANN 1934, PAVLOV 1965, DEIL/MÜLLER-HOHENSTEIN 1985, DEIL 1986). Als Ökosysteme mit der höchsten Biomasseproduktion innerhalb des Gebietes unterliegen die Formationen der großen Täler einer erheblichen Degradierung durch Ackerbau, Beweidung und Holzgewinnung (vgl. MÜLLER-HOHENSTEIN et al. 1987). Bei günstigen edaphischen und hydrologischen Bedingungen sind sie teilweise in ausgedehnte, dichtständige Pflanzungen von Dattelpalmen (Phoenix dactilifera) und Ackerland umgewandelt worden.

Die *nebelreichen Lagen* an den küstenexponierten Steilabfällen der westlichen Gebirge und der Südabdachung von Hadramawt (siehe Kap. 7.2.3.3) werden durch eine höhere Kondensationsfeuchte und damit verbundenem Taufall und Verdunstungsverminderung ökologisch begünstigt. Die hier in steilen Hanglagen und Talmulden ausgebildete Formation (Formation 9) besteht aus diffus verteilten sukkulenten und immergrünen Baum- und Strauchgewächsen (Aloe, Adenium, Lavendula, Olea, Dracaena) ohne Grundschicht (vgl. auch VESSEY-FITZGERALD 1955, KÖNIG 1986). Gegenüber der unter anderem von TROLL (1935) aus Nordost-Äthiopien beschriebenen orographischen Nebeloasen bleibt die Vegetationsdichte und die Artenzahl aber weitaus geringer.

Die auf der Grundlage des oben erläuterten methodischen Ansatzes (siehe Kap. 7.7.3.1) vorgenommene räumliche Abgrenzung der Vegetationsformationen zeigt die Abbildung 27. Es muß dabei nochmals auf die sich bereits aus der Raumstruktur der als indikative Merkmale verwendeten Partialkomplexmerkmale ergebende noch sehr unsichere Grenzziehung für die Formationen hingewiesen werden (siehe auch Kap. 7.2 bis 7.6). Entsprechend der klimatischen und lithologischen Verhältnisse wird der Großteil der VDRJ durch kontrahierte Strauch- und Zwergstrauchvegetation (Formation 3) eingenommen. In den westlichen Gebirgen und an der Südabdachung von Hadramawt zeigt sich eine durch die orographische Zunahme der Niederschläge hervorgerufene Höhenstufung der Vegetation über eine offene (diffuse) Strauch- und Buschformation (Formation 2) zu einer dominant durch Hartlaubgewächse bestimmten submontanen Formation (Formation 1). Abweichende edaphische und hygrische Verhältnisse bewirken die Einschaltung azonaler und extrazonaler Formationen in größeren Gebieten des nördlichen und nordwestlichen Binnenlandes und der Küstenebene sowie in den großen Tälern.

8. LANDSCHAFTLICHE RAUMGLIEDERUNG

8.1 Bisherige Landschaftsgliederungen

Die älteren Versuche zur Kennzeichnung der landschaftlichen Verhältnisse Südarabiens beruhen wegen der relativ geringen Kenntnisse über die Raumstruktur des Klimas, des Reliefs und der geologischen Bedingungen auf einer Abgrenzung großflächiger geologisch-morphologischer Teilräume (vgl. WISSMANN 1933, LEIDLMAIR 1961, BEYDOUN 1964, BLUME 1976). Die Grundzüge des klimatisch-orographischen Landschaftswandels im südarabischen Raum werden erstmals durch die Untersuchungen von RATHJENS/WISSMANN (1934) an der Westabdachung des nordjemenitischen Hochlandes und durch die Beobachtungen von MEULEN/WISSMANN (1932) im Hadramawt aufgedeckt. Unter Verwendung von Satelliten- und Luftaufnahmen wurden in den letzten Jahren für die JAR landschaftliche Regionalgliederungen vorgelegt, die in erster Linie die klimatische Höhenstufung widerspiegeln (vgl. LOEW 1977, SCHOCH 1978 a, KING et al. 1983). Eine relativ detaillierte Gliederung der JAR durch die Kombination der klimaökologischen Verhältnisse und der agrarischen Wirtschaftsformen erarbeitete KOPP (1981). Für das östlich der VDRJ gelegene Gebiet des Oman (Dhofar) liegt eine naturräumliche Regionalgliederung durch JANZEN (1980) vor. Dagegen fehlt für das Territorium der VDRJ bisher, abgesehen von den großräumigen Gliederungen bei WISSMANN (1933), LEIDLMAIR (1962) und KOPP (1987) sowie einer ersten Studie für eine Gliederung des Südwestteils (Dhala-Aden-Perim) in "land systems" durch TRAVAGLIA/MITCHELL (1982), eine zusammenfassende Darstellung der landschaftlichen Raumstruktur.

8.2 Prägungsfaktoren der Landschaftsstruktur

Die Erkundung der Landschaftsstruktur für das Gesamtgebiet der VDRJ basiert sowohl in ihrem typologisch orientierten wie auch im regional-systematischen Ansatz auf der Kombination von in ihrer genetischen Bedingtheit unterschiedlichen Hauptmerkmalen des Landschaftskomplexes, deren räumliche Differenzierung (Formenwandel i.S.v. LAUTENSACH 1952) spezifische Prägungsfaktoren zugrunde liegen (vgl. Kap. 2.3.3, siehe Abb. 28). Ausgehend von der Merkmalsausbildung und Raumstruktur der Partialkomplexe Klima (siehe Kap. 7.2), Relief (siehe Kap. 7.4) und Lithologie (siehe Kap. 7.3), aus denen sich die hier verwendeten Hauptmerkmale der Gliederung ergeben, können für das Territorium der VDRJ charakteristische, in ihrem Zusammenwirken die Landschaftsstruktur prägende Faktoren dargestellt werden (zu den methodischen Grundlagen siehe Kap. 2.3.3). Die folgende Übersicht faßt wesentliche Aspekte der räumlich differenzierten Wirksamkeit dieser Faktoren zusammen. Eine ausführliche Darstellung findet sich in den erwähnten analytischen Kapiteln der Arbeit. Anhand großräumiger Landschaftssequenzen (Abb. 29-35) wird der räumliche Wandel der strukturbestimmenden Merkmale des Landschaftskomplexes unter der Wirkung der Prägungsfaktoren verdeutlicht.

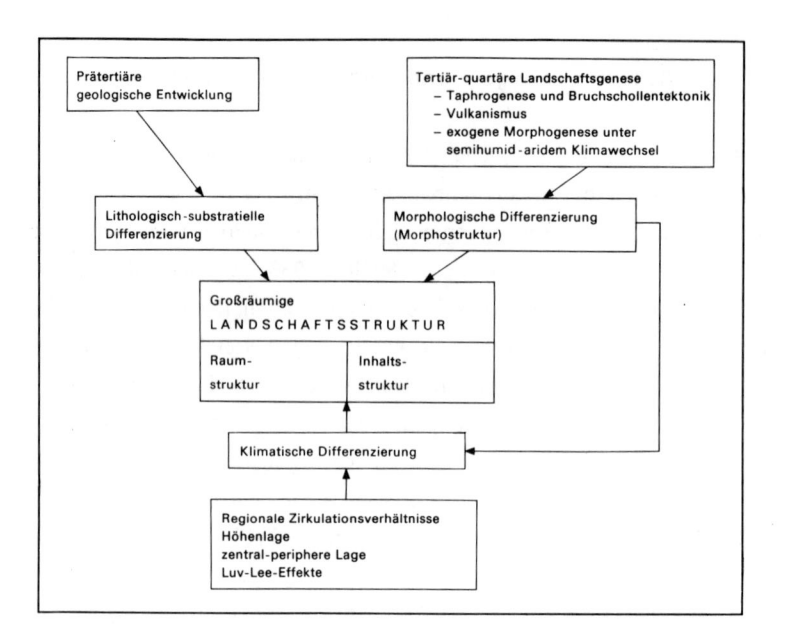

Abbildung 28: Aspekte der Differenzierung der großräumigen Landschaftsstruktur

1. Prägungsfaktoren der klimatischen Differenzierung

a) Zirkulationsbedingter Faktor

Die großräumige Niederschlagsverteilung wird im Gebiet entscheidend durch die Position zur monsunalen Zirkulation bestimmt. Während in den westlichen Gebirgslagen und abgeschwächt im östlichen Küstengebiet der sommerliche SW-Monsun durch eine deutliche Feuchtphase wirksam wird, dominiert im nördlichen und östlichen Binnenland der Einfluß des sommerlichen zentralarabischen Hitzetiefs ohne wesentliche Niederschlagsaktivität (siehe Kap. 7.2.2, Abb. 11).

b) Faktor der zentral-peripheren Lage

Dieser Faktor wird vor allem im zentralen und östlichen Landesteil wirksam und kommt hier mit der zunehmenden Meeresentfernung im sommerlichen Gradienten der Temperaturzunahme, der Vergrößerung der thermischen Kontinentalität (siehe Kap. 7.2.3.1) und der abnehmenden relativen Luftfeuchte (siehe Kap. 7.2.3.3) zum Ausdruck (vgl. Abb. 34, 35). Im Ergebnis der Wirkung dieses Faktors entsteht die peripher-zentrale Abfolge vom heißen, luftfeuchten Küstenklima zum vollariden, lufttrockenen und extrem ariden, hochkontinentalen Binnenlandklima (siehe Kap. 7.2.5, Abb. 21).

c) Faktor der Luv-Lee-Lage

Die geotektonisch bedingten Reliefverhältnisse der westlichen und zentralen küstennahen Bereiche mit steil aufragenden, seewärts exponierten Randabdachungen (siehe Kap. 7.4.2) bewirken in ihrem Luv in Verbindung mit der Meeresnähe die Herausbildung lokaler Zirkulationssysteme (siehe Kap. 7.2.2). Damit verbunden ist einerseits eine Verstärkung der Niederschlagsarmut der Küstenebene und andererseits eine Zunahme der Niederschläge und Nebelhäufigkeit an den Abdachungen (siehe Abb. 30, 32, 33).

Landschaftliche Raumgliederung

Abbildungen 29 - 35: Landschaftsprofile ausgewählter Teilräume in der oberen chorischen Dimension

Geologie

　　Quartäre Sedimente

　Tertiäre Sedimentite
　　Schihr-Gruppe (Schluffsteine, Kalksteine, Gipse, Konglomerate)
　　Habschija-Formation (Kalksteine, Schluffsteine)
　　Rus-Formation (Gipse, Anhydrite)
　　Umm-ar-Radhuma- und Djiza-Formation (Kalksteine, Schluffsteine)

　　Kreide (Sandsteine)
　　Jura (vorwiegend Kalksteine)
　　Magmatite, Metamorphite
　　Vulkanite (Kreide/Tertiär)
　　Vulkanite (Tertiär/Quartär)
　　Störung

- LT　Landschaftstyp der oberen chorischen Dimension (s. Tab. 1)
- LR　Landschaftsregion
- H　Höhe über NN [m]
- N　Jahressumme des Niederschlags [mm]
- T_J　Jahresmittel der Lufttemperatur [°C]
- T_{Ja}　Januarmittel der Lufttemperatur [°C]
- T_{Ju}　Julimittel der Lufttemperatur [°C]
- RF　Jahresmittel der relativen Luftfeuchte [%]
- KWB　Klimatische Wasserbilanz (Differenz Niederschlag – potentielle Verdunstung [mm])
- LWB　Landschaftswasserbilanz (Differenz Niederschlag – potentielle Landschaftsverdunstung [mm])
- B　Bodentypengesellschaft
  - I – Lithosols
  - Y – Yermosols
  - Y_h – Haplic Yermosols
  - Y_k – Calcic Yermosols
  - Y_y – Gypsic Yermosols
  - X – Xerosols
  - Q_c – Calcaric Arenosols
  - R_c – Calcaric Regosols
  - J_c – Calcaric Fluviosols
  - J_e – Eutric Fluviosols
  - Z – Solonchaks
- VF　Vegetationsformation
  - Hl – Buschformation der submontanen Stufe
  - dS – Offene Strauchformation der mittleren Lagen
  - kS – Kontrahierte Strauchformation der niederschlagsarmen Gebirgs- und Plateaulagen
  - kSa – Kontrahierte Strauchformation der Schwemmebenen des Binnenlandes
  - eS – Spärliche Gras- und Strauchvegetation der Sandgebiete des Binnenlandes
  - Tu – Horstgrasformation der Sandgebiete des Küstengebietes
  - Bu – Dichte Buschformation der Küstendeltas
  - Psa – Pseudosavannen der großen Täler
  - suBS – Sukkulentenreiche Formation der küstennahen Steilabfälle
  - HaZ – Halophyten-Zwergstrauch-Formation
- Nu　Nutzungsform
  - exB – Extensive Beweidung
  - RF – Regenfeldbau
  - Oa – Oasenkultur
  - BF – Bewässerungsfeldbau
  - e – Episodisch

Wasserversorgung des Feldbaus durch
- (S) – Hochflutabfluß
- (Sa) – Hangzufluß
- (Gh) – Perennierende Gewässer
- (Gw) – Grundwasser
- (Q) – Quellwasser

LT	G2	G5	G9	B3	B2	B3	F4	F5	F7
LR		Hochland von Dhala	Gebirge d. J. Mishwarah	Bergland von Habil Ayn – Musaymīr			Sandfelder von Lahej	Delta des Wadi Tuban	
N	>400	400 — 300	300 — 200			200 — 100	100 — 50		
T_J	<18	18 — 22	22 — 26				26 — 29		
T_{Ja}	<14	14 — 16	16 — 18			18 — 22	23 — 25		
T_{Ju}	<25	25 — 27	27 — 29				30 — 32		
RF	50-55		55 — 60				60 — 70		
KWB	>-1500	<-2000	-3000 — -2500				-4000 — -3000		
LWB	>-400(4)	-600 — -700(2)	-500 — -650(1)				-500 — -450(0)		
B	I-X	Y_h-X, Q_c	I — Y_h			I — Y_k	R_c — Q_c	J_e — Q_c	I
VF		Hl	dS			kS	Tu	Bu	kS
Nu	RF+(Sa)	RF+BF(GW)	ex B	in Tälern BF (Gh + S)			ex B	BF (S + GW)	Stadt

Geologie nach WISSMANN u.a. 1942 (z.T. veraltet)

Abbildung 29: Landschaftsprofil Dhala – Aden

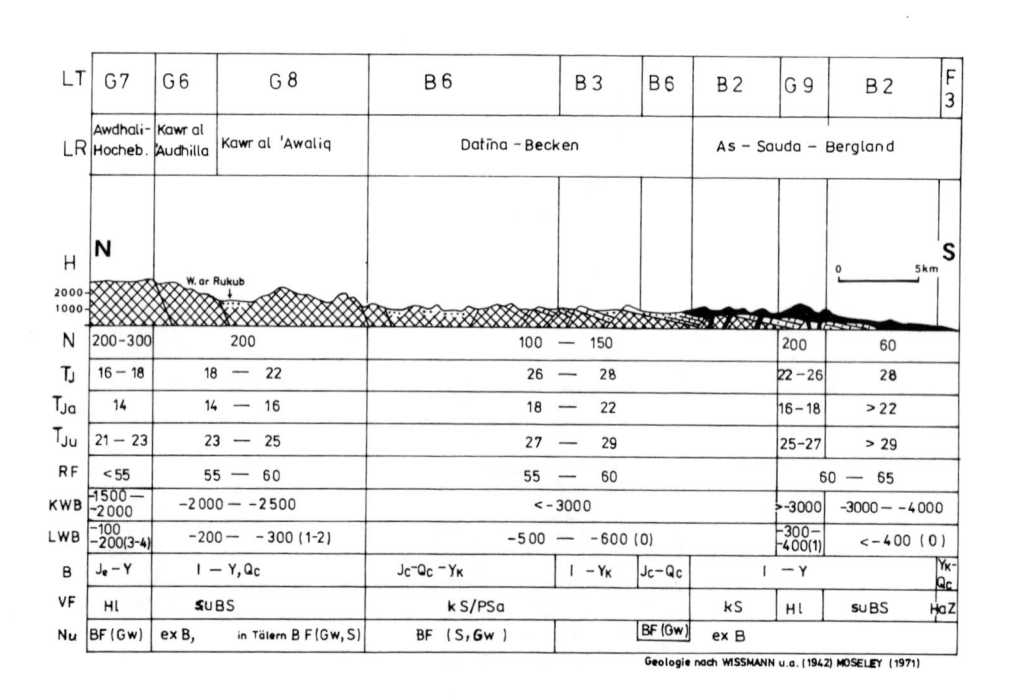

LT	G7	G6	G8	B6	B3	B6	B2	G9	B2	F3
LR	Awdhali-Hocheb.	Kawr al Audhilla	Kawr al 'Awaliq	Datīna – Becken				As – Sauda – Bergland		
N	200-300	200		100 — 150			200	60		
T_J	16 — 18	18 — 22		26 — 28			22-26	28		
T_{Ja}	14	14 — 16		18 — 22			16-18	>22		
T_{Ju}	21 — 23	23 — 25		27 — 29			25-27	>29		
RF	<55	55 — 60		55 — 60			60 — 65			
KWB	-1500 — -2000	-2000 — -2500		<-3000			>-3000	-3000 — -4000		
LWB	-100 -200(3-4)	-200 — -300 (1-2)		-500 — -600 (0)			-300 — -400(1)	<-400 (0)		
B	J_e — Y	I — Y, Q_c		J_c-Q_c -Y_K	I — Y_K	J_c-Q_c		I — Y		Y_K-Q_c
VF	Hl	suBS		kS/PSa			kS	Hl	suBS	HaZ
Nu	BF(Gw)	ex B,	in Tälern B F(Gw,S)	BF (S,Gw)		BF(Gw)	ex B			

Geologie nach WISSMANN u.a. (1942) MOSELEY (1971)

Abbildung 30: Landschaftsprofil Awdhali-Hochebene – As-Sauda

Landschaftliche Raumgliederung

LT	P1	F1	G8	G6	G7	G6	G8	B6
LR	Jawl d. W. Amaqin	Jaww Khudayf	Bergland von Nisāb – Yashbum	Oberes 'Āwaliq – Gebirge			Kawr al 'Āwaliq	Datina-Becken
N		100	100 – 200	> 200			150 – 200	100
T_J		22 – 26	22 – 18	18 – 16			22 – 26	26 – 29
T_{Ja}		16 – 22	16 – 14	14 – 11			16 – 20	22 – 25
T_{Ju}		27 – 29	25 – 23	23 – 20			25 – 27	27 – 32
RF		55	< 55	< 55			55 – 60	> 65
KWB		> –3500	> –3000	> –2000			> –2500	< –3000
LWB		–500 – –400 (0)	–300 – –200 (1)	–200 – –100 (3–4)			–200 – –300 (1–2)	< –500 (0)
B	$Y_k – I$	$Y_k – Q_c$	$I – Y$	$J_c – Y_k$		$I – Y$	$J_c – Q_c$	
VF	kS	kSa	dS	PSa,dS	Hl		suBS Hl	Psa
Nu	eBF (S)	ex B	ex B	BF(Sa)	ex B			BF (S,GW)

Geologie n. WISSMANN u. a. (1942)

Abbildung 31: Landschaftsprofil Jaww Khudayf – Awaliq-Gebirge

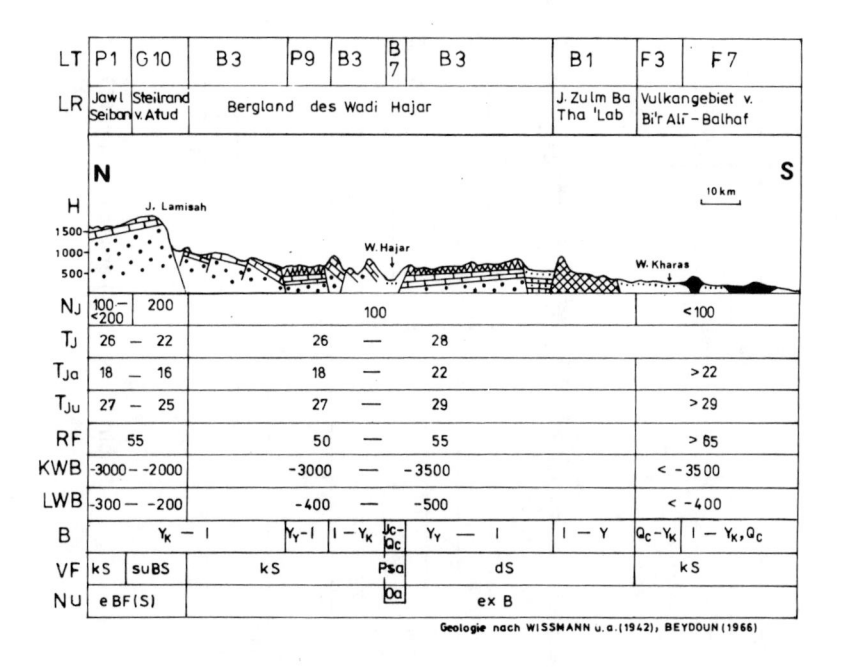

LT	P1	G10	B3	P9	B3	B7	B3	B1	F3	F7
LR	Jawl Seiban	Steilrand v. Atud	Bergland des Wadi Hajar					J. Zulm Ba Tha 'Lab	Vulkangebiet v. Bi'r Alī – Balhaf	
N_J	100 – <200	200	100					< 100		
T_J	26 – 22		26 – 28							
T_{Ja}	18 – 16		18 – 22					> 22		
T_{Ju}	27 – 25		27 – 29					> 29		
RF	55		50 – 55					> 65		
KWB	–3000 – –2000		–3000 – –3500					< –3500		
LWB	–300 – –200		–400 – –500					< –400		
B	$Y_k – I$		$Y_Y – I$	$I – Y_k$	$J_c – Q_c$	$Y_Y – I$		$I – Y$	$Q_c – Y_k$	$I – Y_k, Q_c$
VF	kS	suBS	kS		Psa	dS			kS	
Nu	eBF(S)				Oa	ex B				

Geologie nach WISSMANN u. a. (1942); BEYDOUN (1966)

Abbildung 32: Landschaftsprofil Jawl Seiban – Bi'r Ali

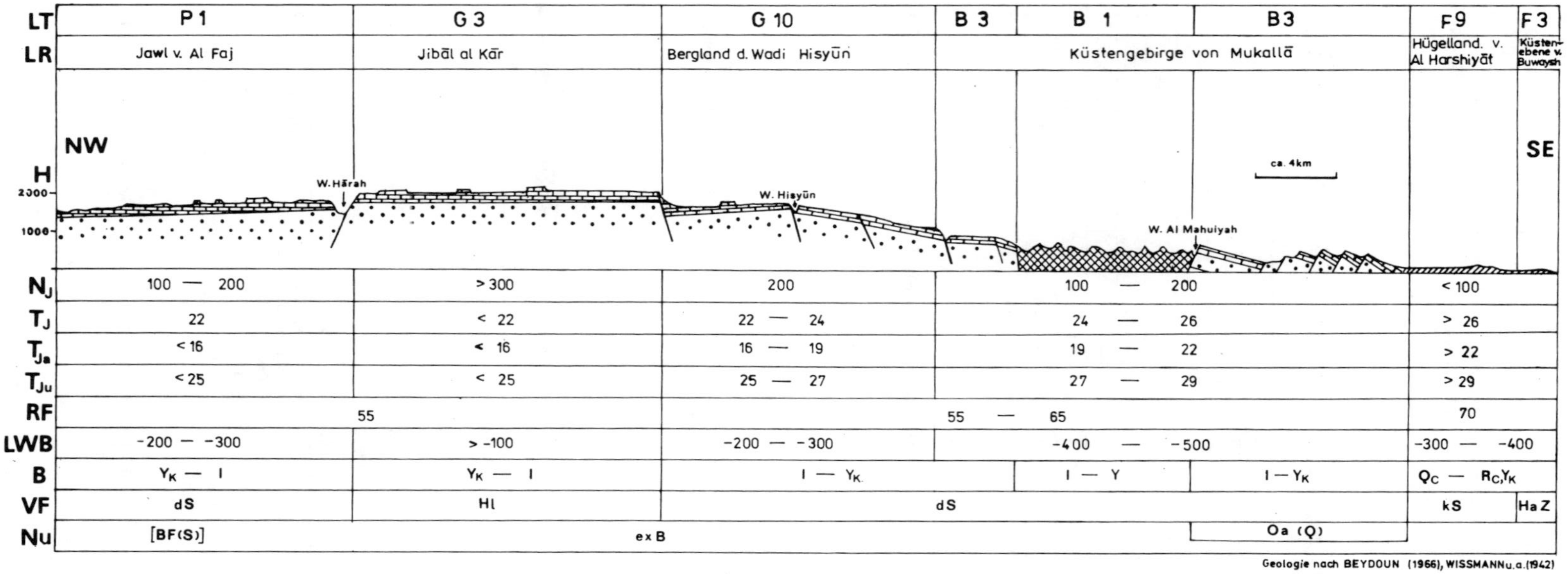

Abbildung 33: Landschaftsprofil Al Faj - Jibāl al Kār - Mukallā

Landschaftliche Raumgliederung

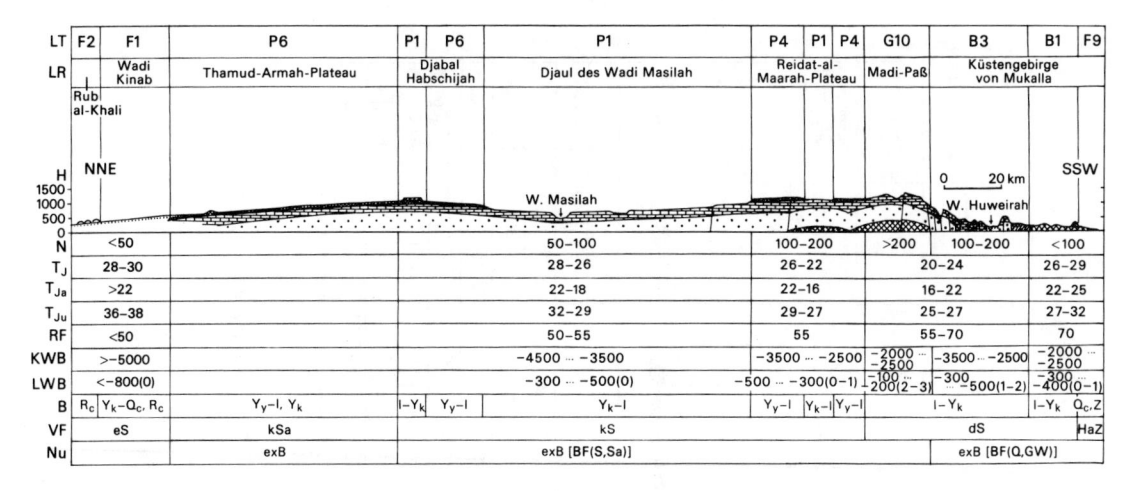

LT	F2	F1	P6	P1	P6	P1	P4	P1	P4	G10	B3	B1	F9
LR	Rub al-Khali	Wadi Kinab	Thamud-Armah-Plateau	Djabal Habschijah		Djaul des Wadi Masilah	Reidat-al-Maarah-Plateau		Madi-Paß		Küstengebirge von Mukalla		
N		<50				50–100		100–200	>200		100–200	<100	
T_J		28–30				28–26		26–22	20–24		26–29		
T_{Ja}		>22				22–18		22–16	16–22		22–25		
T_{Ju}		36–38				32–29		29–27	25–27		27–32		
RF		<50				50–55		55	55–70		70		
KWB		>−5000				−4500 ··· −3500		−3500 ··· −2500	$-2000 \atop -2500$		−3500 ··· −2500	$-2000 \atop -2500$	
LWB		<−800(0)				−300 ··· −500(0)		−500 ··· −300(0–1)	$-100 \atop -200$(2–3)		$-300 \atop 500$(1–2)	$-300 \atop -400$(0–1)	
B	R_c	Y_k-Q_c, R_c	Y_y-l, Y_k	l-Y_k	Y_y-l			Y_y-l	Y_k-l	Y_y-l	l-Y_k	l-Y_k	Q_c, Z
VF	eS	kSa				kS					dS		HaZ
Nu		exB				exB [BF(S,Sa)]					exB [BF(Q,GW)]		

Abbildung 34: Landschaftsprofil Thamūd - Mukallā

d) Faktor der Höhenlage

Mit der Höhenlage verbundene Differenzierungen der Klimaverhältnisse sind besonders in den westlichen Gebirgen und am Südrand von Hadramawt bedeutsam. Sie äußern sich in einer vertikalen Abnahme der Temperatur (siehe Kap. 7.2.3.1) und in einer Zunahme der Niederschläge (siehe Kap. 7.2.3.2) und in den damit verbundenen Veränderungen der klimatischen Wasserbilanz (siehe Abb. 29, 31). Die klimatische Höhenstufung kommt in der Abfolge vom semiariden, warmen Klima der mittleren Lagen zum semiariden und semihumiden, gemäßigt warmen, winterkühlen Klima der oberen Lagen zum Ausdruck (siehe Kap. 7.2.5, Abb. 21). Damit im Zusammenhang steht die Differenzierung der klimabedingten Vegetationsformationen und Bodenausbildungen (siehe Kap. 7.7.3, 7.6.3).

2. Genetische (paläogeographische) Prägungsfaktoren

a) Geotektonischer Prägungsfaktor

Entsprechend der in Kapitel 6. dargestellten landschaftsgenetischen Entwicklung spielt die räumlich differenzierte geologisch-tektonische Struktur eine wesentliche Rolle für die gebietliche Ausprägung der morphologisch-lithologischen Merkmale der Landschaftsstruktur. Auf Grund der unterschiedlichen, über die Reliefformung strukturprägenden Wirksamkeit tektonischer Vorgänge können aus der Lage innerhalb der konsolidierten Horste (Hadramawt-, Jemen-Horst), der Bereiche sehr aktiver neogen-quartärer Bruchtektonik und der tektonischen Tiefenlagen sich ergebende Prägungseinflüsse unterschieden werden (siehe Kap. 7.3.2, Abb. 23). Der geotektonische Prägungsfaktor spiegelt sich dementsprechend vorrangig in der Differenzierung der Makroformen des Reliefs wider (z.B. Bindung des Plateaureliefs an stabile Horstpositionen, Schichtstufen und -rippen-Reliefs an jungtektonisch bewegte Gebiete, siehe Kap. 7.4.2), wie die Landschaftssequenzen in Abb. 29, 33, 34, 35 veranschaulichen.

b) Paläofazieller Prägungsfaktor

Die räumliche Differenzierung der landschaftsstrukturell relevanten lithologischen Merkmale des oberflächennahen Untergrundes und der sich daraus ergebenden petrovarianten Merkmale des Reliefs, der Bodendecke und der Grundwasserverhältnisse (siehe Kap. 7.4 – 7.6) wird im Gebiet in erster Linie durch die geologische Faziesentwicklung bestimmt. Im langzeitig kontinentalen Faziesbereich des westlichen Teils resultiert die lithologische Raumstruktur aus der durch ältere geologische Vorgänge hervorgerufenen Strukturierung des Grundgebirges sowie aus dem kretazisch-tertiären Vulkanismus (siehe Landschaftssequenz Dhala-Aden, Abb. 29).

Dagegen werden die lithologischen Verhältnisse im östlichen Landesteil durch die bis ins Eozän anhaltende marine und evaporitische Fazies mit der Ablagerung von Kalk- und Gipssedimentiten bestimmt (vgl. Kap. 7.3.1). Die ursprünglich zeitliche fazielle

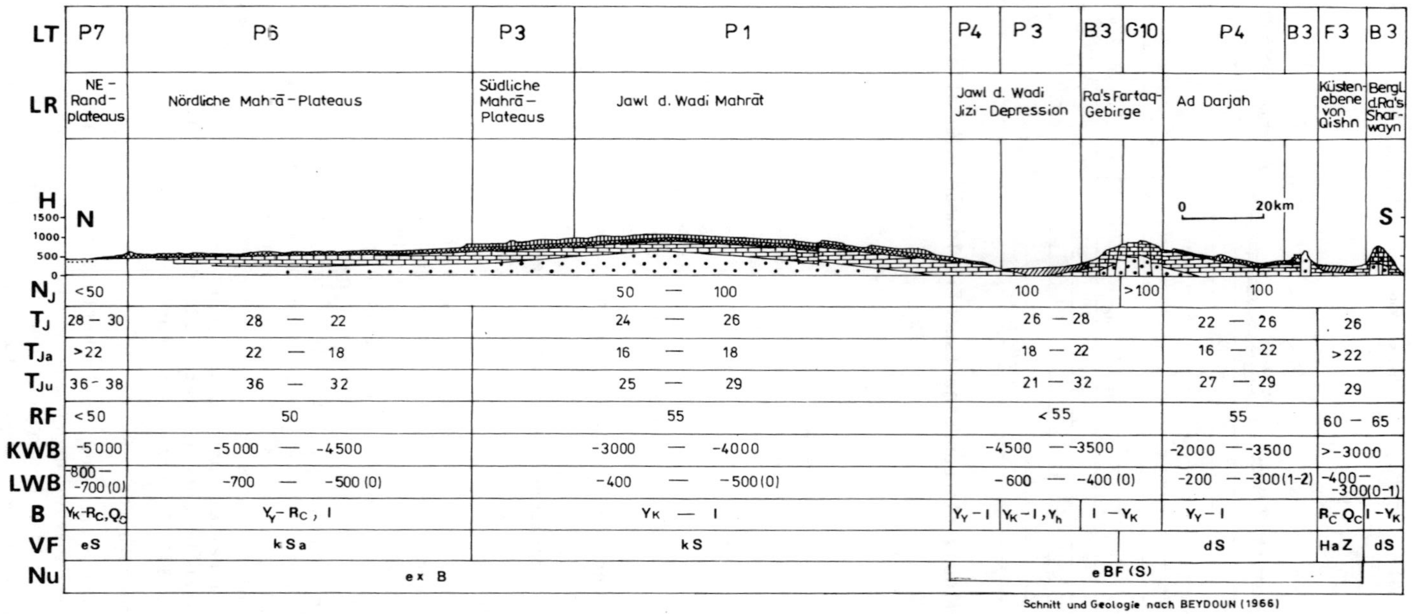

Gerd Villwock

LT	P7	P6	P3	P1	P4	P3	B3	G10	P4	B3	F3	B3
LR	NE-Rand-plateaus	Nördliche Mahrā-Plateaus	Südliche Mahrā-Plateaus	Jawl d. Wadi Mahrāt	Jawl d. Wadi Jizi-Depression		Ra's Fartaq-Gebirge		Ad Darjah		Küstenebene von Qishn	Bergl. d. Ra's Sharwayn
H												
N_J	<50	50		100	100		>100		100			
T_J	28 – 30	28 – 22		24 – 26	26 – 28		26 – 28		22 – 26		26	
T_{Ja}	>22	22 – 18		16 – 18	18 – 22		18 – 22		16 – 22		>22	
T_{Ju}	36 – 38	36 – 32		25 – 29	21 – 32		21 – 32		27 – 29		29	
RF	<50	50		55	<55		<55		55		60 – 65	
KWB	-5000	-5000 – -4500		-3000 – -4000	-4500 – -3500		-3500		-2000 – -3500		>-3000	
LWB	-300 – -700(0)	-700 – -500(0)		-400 – -500(0)	-600 – -300(1-2)		-400 (0)		-200 – -300(1-2)		-400 – -300(0-1)	
B	Y_K-R_C,Q_C	Y_Y-R_C, l		Y_K — l	Y_Y-l	Y_K-l,Y_h	l — Y_K		Y_Y-l		R_C Q_C l -Y_K	
VF	eS	kSa		kS	dS		dS		dS		HaZ	dS
Nu		ex B			eBF(S)							

Schnitt und Geologie nach BEYDOUN (1966)

Abbildung 35: Landschaftsprofil Nördliche Mahrā-Plateaus – Ra's Sharwayn

Landschaftliche Raumgliederung

Differenzierung zwischen marinen und evaporitischen Bedingungen bewirkt durch die unterschiedliche Intensität der denudativen Abtragung (siehe Kap. 7.4.2) eine rezente räumlich-horizontale lithologische Abfolge karbonatischer und gipshaltiger Gesteinskomplexe an der Oberfläche (siehe Abb. 34, 35).

Ein wesentlicher Aspekt der landschaftlichen Raumstruktur im Untersuchungsgebiet ergibt sich aus der Verbreitung morphogenetischer Prozeßbereiche (siehe Kap. 6., 7.4.2). Sie ist vor allem das Resultat des Zusammenwirkens der geotektonischen Prägungsfaktoren (Höhen- bzw. Tiefenlage in bezug auf die Erosionsbasis) mit dem Charakter der exogen bedingten Materialumlagerung. Dabei kennzeichnet Bereiche in Hochlagen (Plateaus, Gebirge) eine vorwiegende Prägung durch flächenhafte und linear-erosive Abtragung, wobei sich das im Zertalungsgrad äußernde Verhältnis beider Prozeßgruppen entsprechend der Position und Petrovarianz differenziert ist (siehe Kap. 7.4.2). Im westlichen Gebirgsbereich äußert sich der morphogenetische Prägungsfaktor zudem in dem Auftreten von Resten präexistenter, flächenbildender Reliefgenerationen (siehe Kap. 6.). Dagegen bestimmen in Tiefenpositionen (z.B. Vorländer der Hochlagen, Ebenen des Binnenlandes, Küstenebene, Täler) akkumulative Prozesse wesentlich die Ausbildung der morphologischen und substratiellen Merkmale der Landschaft (siehe Kap. 6., 7.4.2, 7.6.3). Dabei kann zwischen durch fluvial-proluvial geprägter Genese (Fußflächen, Schwemmebenen, große Talebenen) und dominant äolischer Gestaltung unterschieden werden (siehe Anl. 2).

Der interferente Wirkungszusammenhang der die inhaltliche und räumliche Ausprägung der dominanten Hauptmerkmale bestimmenden Prägungsfaktoren führt zur Herausbildung der großräumigen Landschaftsstruktur. Entsprechend ihrer aufgezeigten regional unterschiedlichen Wirksamkeit läßt sich eine *Dominanzreihung der Prägungsfaktoren* und der durch sie bedingten Hauptmerkmale hinsichtlich ihrer landschaftsstrukturprägenden Rolle vornehmen. Aus dieser Rangfolge geben sich die für die Abgrenzung der Landschaftseinheiten jeweils bestimmenden Kriterien zu erkennen (siehe Kap. 2.3). Als Ausgangspunkt für eine großräumige Landschaftsgliederung läßt sich auf Grundlage der Analyse der Prägungsfaktoren und ihrer Interferenz eine Unterteilung des Landesgebietes in Bereiche mit jeweils spezifischer Dominanzreihung der raumstrukturbestimmenden Hauptmerkmale vornehmen (siehe Abb. 36):

Westliche Gebirge

Das dominante Gliederungsprinzip resultiert hier aus der klimatischen Höhenstufung. Daneben spielen die Expositionslage zur Monsunzirkulation (siehe Kap. 7.2.2) sowie die durch geotektonische und paläofazielle Prägungsfaktoren bestimmte Reliefstruktur eine differenzierende Rolle (siehe Sequenzen Dhala-Aden, Awdhali-Hochebene-As-Sauda, Abb. 29, 30).

Küstengebirge

Die landschaftliche Raumstruktur wird vorrangig durch die intensiv tektonisch geprägten Reliefverhältnisse bestimmt. In den höher gelegenen Bereichen treten die durch Luveffekte und die Höhenlage hervorgerufenen Klimabedingungen als Gliederungsfaktor hinzu (vgl. Sequenzen Jawl Seiban-Bi'r Alī, Al Faj-Mukallā, Thamud-Mukallā, südl. Teil, nördl. Mahrā-Plateaus-Ras Sharwayn, südl. Teil, Abb. 32-35).

Plateaus des Binnenlandes (Hadramawt, Mahrā)

Die Raumgliederung innerhalb der ausgedehnten Plateaubereiche erfährt ihre Prägung dominant durch die lithofaziell (petrovariant) und morphogenetisch determinierten Relief- und Substratverhältnisse (paläofazieller Faktor). Großräumig wird die peripher-zentrale Lage über die Differenzierung der Klimabedingungen wirksam (siehe Sequenzen Thamud-Mukallā, nördl. Mahrā-Plateaus-Ras Sharwayn, Abb. 34, 35).

Abbildung 36: Dominanzreihung der Hauptmerkmale der großräumigen Landschaftsdifferenzierung und ihre bestimmenden Prägungsfaktoren

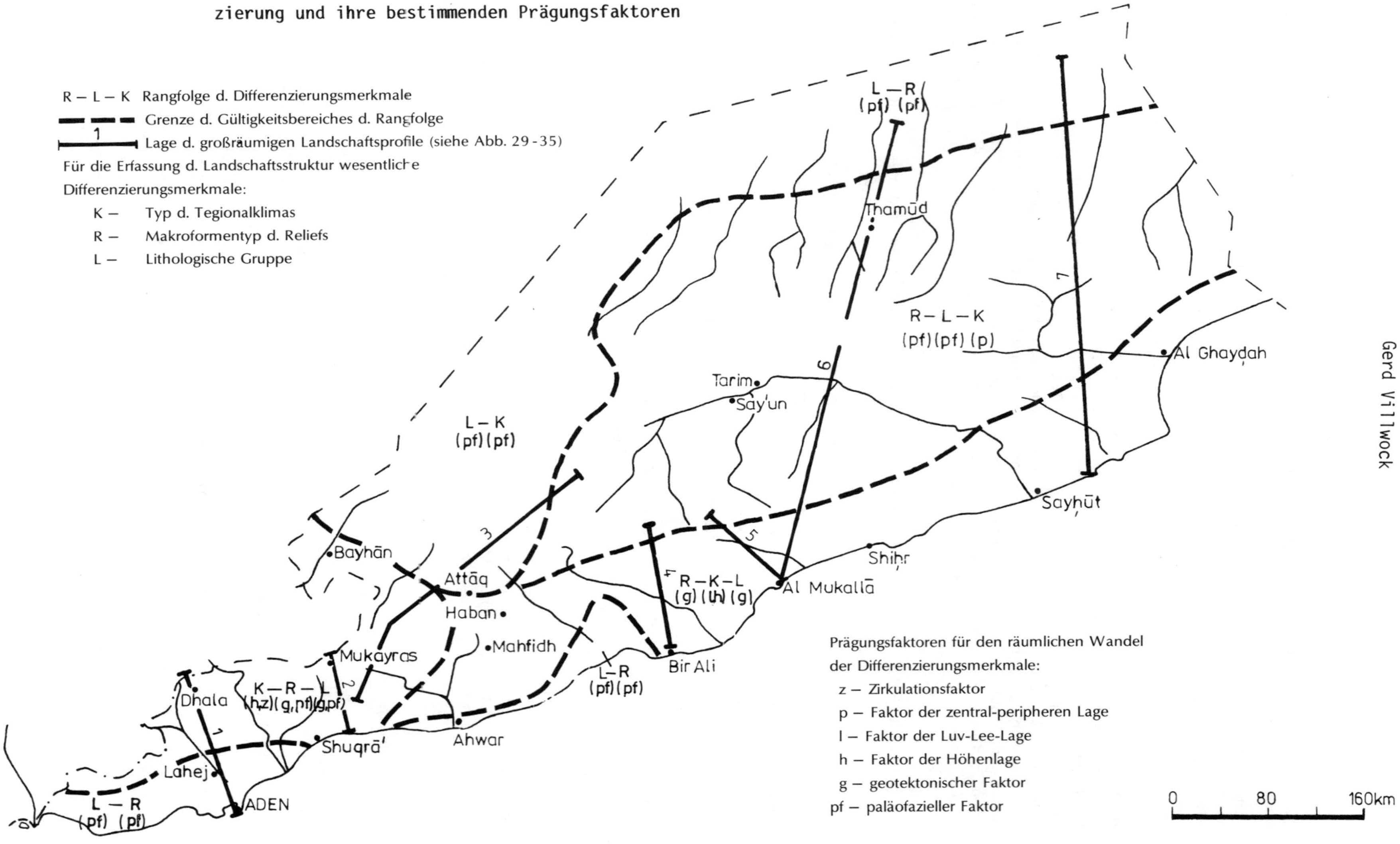
R – L – K Rangfolge d. Differenzierungsmerkmale
Grenze d. Gültigkeitsbereiches d. Rangfolge
1 Lage d. großräumigen Landschaftsprofile (siehe Abb. 29-35)
Für die Erfassung d. Landschaftsstruktur wesentliche
Differenzierungsmerkmale:
K – Typ d. Tegionalklimas
R – Makroformentyp d. Reliefs
L – Lithologische Gruppe
L – R (pf) (pf)
Thamūd
R – L – K (pf) (pf) (p)
Al Ghayḑah
Tarim
Say'un
L – K (pf) (pf)
Sayhūt
Bayhān
Attāq
Shiḥr
R – K – L (g) (h) (g)
Al Mukallā
Haban
Mahfidh
Mukayras
L–R (pf) (pf)
Bir Ali
K – R – L (h,z) (g,pf) (g,pf)
Dhala
Shuqrā'
Ahwar
Lahej
L – R (pf) (pf)
ADEN
Prägungsfaktoren für den räumlichen Wandel der Differenzierungsmerkmale:
z – Zirkulationsfaktor
p – Faktor der zentral-peripheren Lage
l – Faktor der Luv-Lee-Lage
h – Faktor der Höhenlage
g – geotektonischer Faktor
pf – paläofazieller Faktor
0
80
160km

Landschaftliche Raumgliederung

Tiefebenen des Binnenlandes und des Küstengebietes

Die Raumstruktur ergibt sich in erster Linie aus den durch paläofazielle (morphogenetische) Prägungsfaktoren differenzierten Substrat- und Reliefverhältnissen. Klimadifferenzierungen besitzen demgegenüber nur eine untergeordnete Bedeutung (siehe Sequenzen Dhala-Aden, südl. Teil, Jaww Khudayf-Awaliq-Gebirge, Abb. 29, 31).

8.3 Verfahren und Ergebnisse der landschaftlichen Raumgliederung

Aufbauend auf den in Kapitel 2. dargelegten theoretischen Grundlagen und entsprechend der sich aus dem Kenntnisstand sowie der Verfügbarkeit geowissenschaftlicher Informationen für das Territorium der VDRJ ergebenden Ausgangssituation erfolgt der methodische Zugang an eine landschaftliche Raumgliederung des Gesamtgebietes auf zwei Wegen. Zunächst wird auf dem deduktiv-differenzierenden Weg der landschaftlichen (naturräumlichen) Gliederung eine typologisch-systematische Darstellung der Landschaftsstruktur in der oberen chorischen Dimension vorgenommen (vgl. Kap. 2.3.1). Unter Nutzung der Ergebnisse dieser Gliederung und unter Beachtung der raumstrukturbestimmenden Prägungsfaktoren (siehe Kap. 8.2) wird in einem zweiten Schritt die Kennzeichnung der großräumigen Landschaftsstruktur nach dem regional-systematischen Verfahrensweg (vgl. Kap. 2.3.2) angestrebt.

8.3.1 Typologisch-systematische Landschaftsgliederung in der oberen chorischen Dimension

Die Landschaftsgliederung in der oberen chorischen Dimension beruht auf einer durch die Kombination charakteristischer, die Raumstruktur prägender, partialkomplexbezogener Leitmerkmale vorgenommenen Aufstellung von Landschaftstypen und ihrer Abgrenzung als chorische Landschaftseinheiten (siehe Kap. 2.3.1). Für die *Auswahl der Leitmerkmale* sind folgende Kriterien von Bedeutung (vgl. WRIGHT 1972, LESER 1980 a):

(1) Die Rolle der Merkmale bei der Prägung der landschaftlichen Raum- und Inhaltsstruktur und die sich daraus ergebende Verwendungsmöglichkeit für die Grenzbildung.

(2) Die ökologische Relevanz des Merkmals innerhalb des Landschaftskomplexes und die daraus resultierenden Ableitungsmöglichkeiten weiterer Merkmale.

(3) Die praktische Erfaßbarkeit des Merkmals in dimensionsadäquat ausreichender raum- und inhaltsdifferenzierter Genauigkeit und Flächendeckung.

Unter Beachtung der bisher in warmariden Gebieten durchgeführten Landschaftsuntersuchungen mit ähnlicher Zielsetzung erweisen sich klimatische, Relief- und lithologisch-substratielle Merkmale als dominante Differenzierungskriterien der großräumigen Landschaftsstruktur (vgl. u.a. MITCHELL et al. 1979, BARTH 1977).

Klimatische Merkmale, insbesondere die Menge und zeitliche Verteilung der Niederschläge, spielen eine entscheidende Rolle für die großräumige Differenzierung der landschaftsökologischen Verhältnisse in ariden Gebieten (vgl. u.a. GOODALL/PERRY 1979, LESER 1980 c) und sind damit primär für die Ausprägung von Folgemerkmalen des Wasserhaushaltes, der Vegetation und der Böden wesentlich. Die derzeitig faßbaren Aussagen über die klimatischen Verhältnisse für das Gebiet der VDRJ (siehe Kap. 7.2) und ihre Bedeutung für die Differenzierung wesentlicher ökologischer Folgemerkmale (siehe Kap. 7.5 - 7.7) lassen erkennen, daß ihre Rolle für die Prägung der Landschaftsstruktur im oberen chorischen Dimensionsbereich vorrangig nur innerhalb der klimatischen Höhenstufung für die Gebirgsbereiche und Hochlagen wirksam und durch indikative Merkmale kartierbar wird (siehe Kap. 8.2). Für die anderen Teilbereiche des Territoriums werden derzeitig klimatische Differenzierungen nur in sehr großräumigen Zusammenhängen deutlich (siehe Kap. 7.2). Die typologische Kennzeichnung der Klimabedingungen erfolgt durch den Typ des Regionalklimas (siehe Kap. 7.2.5).

Merkmale des Reliefs, insbesondere seiner Formgestalt, bilden auf Grund ihrer günstigen flächenhaften Erfaßbarkeit in ausreichender Raumdifferenziertheit (v.a. durch Methoden der Geofernerkundung) den Hauptansatzpunkt bei der Erfassung der Landschaftsstruktur des Untersuchungsgebietes im betrachteten Dimensionsbereich (vgl. auch WRIGHT 1972, LESER 1980 c). Auf die Bedeutung des Georeliefs als dominantes Merkmal des Landschaftskomplexes und seiner Rolle für die Raumgefügebildung wurde bereits hingewiesen (siehe Kap. 2.3.3, 7.4.1). Die dimensionsgerechte typologische Kennzeichnung ergibt sich durch den Typ der Makroformen (vgl. KUGLER 1974, siehe Kap. 7.4.2).

Als weiteres die Raumstruktur bestimmendes Merkmal können für das Untersuchungsgebiet die aus geologischen Übersichtskarten in hinreichender Genauigkeit erschließbaren **lithologisch-substratiellen Eigenschaften** des oberflächennahen Untergrundes (siehe Kap. 7.3) zur Abgrenzung und Kennzeichnung der chorischen Landschaftseinheiten herangezogen werden. Neben ihrer Bedeutung als faktorielle Einflußbedingungen für die Reliefformung kommt den lithologischen Merkmalen eine wesentliche Rolle als kartierbarer Indikator der Grundwasserverhältnisse (siehe Kap. 7.5.3) und der Bodenausbildung (siehe Kap. 7.6) zu (vgl. auch LESER 1971, BARTH 1977). Für ihre typologische Ansprache werden nach den flächenhaft dominanten Gesteins- bzw. Substratarten gekennzeichnete lithologische Gruppen (siehe Kap. 7.3.3) verwendet.

Die Methodik für die typologisch orientierte Landschaftsgliederung in der vorliegenden Arbeit basiert dementsprechend auf der Analyse der Partialkomplexe in ihrer inhaltlichen und räumlichen Ausprägung (siehe Kap. 7.). Die hierbei verwendeten typologischen Kennzeichnungen gehen in die Bezeichnung der für das Territorium der VDRJ ausgehaltenen *Landschaftstypen der oberen chorischen Dimension* ein. Die Tabelle 34 gibt einen zusammenfassenden Überblick der für die Typenbildung verwendeten Typen der partialkomplexbezogenen Leitmerkmale.

Insgesamt konnten für das Arbeitsgebiet 39 Landschaftstypen der oberen chorischen Dimension aufgestellt werden, die vier Klassen zugeordnet werden können (s. Anl. 5).

- Klasse G - Landschaftstypen der oberen und mittleren Lagen der Gebirge und Steilabdachungen
- Klasse B - Landschaftstypen der unteren Lagen der Gebirge und Bergländer
- Klasse P - Landschaftstypen der Plateaubereiche
- Klasse F - Landschaftstypen der Flachländer des Binnen- und Küstengebietes

Die Einteilung der Klassen beruht im wesentlichen auf der Zusammenfassung nach morphologischen bzw. klimatischen (Klasse G und B) Kriterien. Die weitere Untergliederung in Typen ergibt sich durch die Kombination der als Leitmerkmale verwendeten Makroformentypen des Reliefs und lithologischen Gruppen. Innerhalb der Klasse G werden daneben die Typen des Regionalklimas in die Trennung einbezogen (siehe Anl. 13).

Neben der Kennzeichnung durch die raumstrukturprägenden Leitmerkmale werden für die Landschaftstypen auch charakteristische Merkmale der Partialkomplexe Boden, Vegetation und Wasser ermittelt, die sich als ökologische Folgemerkmale aus dem spezifischen Zusammenwirken der Hauptmerkmale ergeben (siehe Anl. 13). Ihre Ansprache erfolgt ebenfalls durch dimensionsadäquate Typen (Vegetationsformation, Bodentypen-Gesellschaft, Abflußtyp).

Tabelle 34: Typen der Differenzierungsmerkmale für die großräumige Landschaftsgliederung

Differenzierungs-merkmal	Typ des Regionalklimas	Makroformentyp des Reliefs	Lithologische Gruppe
Merkmalstypen für das Gebiet der VDR Jemen	Semihumid-semiarides, gemäßigt warmes Klima der oberen Gebirgslagen	Gebirge und Bergland	Magmatite und Metamorphite
		Bruchschollen-Bergland	Vulkanite
	Semiarides, winterkühles Hochlandklima der oberen Lagen	Wellige Hochebene	Kalksteine
		Intramontane Becken	Sandsteine
		Einzelberggruppe	Gipse, Anhydrite
	Semiarides, warmes, nebelreiches Klima der mittleren Lagen	Plateau mit dichter, tiefer Zertalung	Kiese, Konglomerate (proluvial)
	Vollarides, heißes, luftfeuchtes Küstenklima	Plateau mit geringer Zertalung	Sande, Kiese, Schluffe (fluvial)
			Sande (äolisch)
	Vollarides, heißes, lufttrockenes Binnenlandklima	Plateau mit flacher Zertalung	
		Übergangsabdachung	
	Extremarides, heißes, lufttrockenes Binnenlandklima	Schwemmebene, Fußfläche	
		Hügelrelief	
		Dünen- und Sandfeld	
		Haupttal und Talebene	
		Delta	

Auf Grund des angewendeten deduktiven Kartierungsverfahrens ist die Einbeziehung gefügebezogener Merkmale der Landschaftsstruktur (Typen subordinierter Einheiten, Anordnungs- und Verkopplungsmerkmale) in die Kennzeichnung der Typen weitestgehend nicht möglich. Teilweise können aber aus dem Makroformentyp des Reliefs (z.B. zertaltes Plateau, Hügelrelief, Dünenfeld, Talebene) allgemeine Schlüsse auf Anordnungsmerkmale subordinierter Einheiten gezogen werden (siehe Kap. 7.4.2, Abb. 24)[27].

Die Abgrenzung der Verbreitungsräume der Landschaftstypen führt zu einer Gliederung des Territoriums in chorische Landschaftseinheiten. In ihrem hierarchischen Niveau dürften sie entsprechend dem Abstraktionsgrad der verwendeten Leitmerkmale, ihrer internen Heterogenität (siehe dazu auch Kap. 10.) und ihrer Flächengröße in etwa den von HAASE/RICHTER (1965) ausgehaltenen Mesochoren oberer Ordnung bzw. den im Verfahren der "land classification" (vgl. u.a. HOWARD/MITCHELL 1980, siehe Kap. 2.3.3) ausgegliederten "land systems" entsprechen. Da eine eindeutige taxonomische Zuordnung beim derzeitigen Erkundungsstand und der Unterschiedlichkeit der verwendeten Ausgangsdaten sowie der auch theoretisch noch problematischen Vergleichbarkeit von Hierarchiestufen der

---

[27] Für einige Landschaftstypen erfolgt eine Analyse der subordinierten Struktur anhand von Teilgebieten in Kap. 10.

Landschaftsforschung (vgl. u.a. LESER 1976) unsicher bleibt, werden die ausgewiesenen Landschaftstypen und -einheiten ohne nähere Festlegung in den oberen chorischen Dimensionsbereich gestellt.

Unter Beachtung der in Kapitel 8.2 dargestellten, räumlich differenzierten Dominanzreihung der Hauptmerkmale ergeben sich in der Vorgehensweise bei der *Abgrenzung der Landschaftseinheiten* Unterschiede in den Teilräumen der VDRJ. Ausgehend von der Abgrenzung der Verbreitungsareale des für das jeweilige Teilgebiet dominanten Leitmerkmals (siehe Abb. 36) vollzieht sich die weitere Differenzierung der Raumstruktur durch die Hinzuziehung der weiteren Hauptmerkmale. Bei dieser auf den Untersuchungen der Raumstruktur der Partialkomplexe aufbauenden, schrittweisen Synthese zu Landschaftseinheiten gelten dementsprechend für die Genauigkeit der Grenzziehungen die bereits dort (siehe Kap. 7.2, 7.3, 7.4) gemachten Aussagen hinsichtlich der Ausgangsdaten und der darauf beruhenden möglichen räumlichen Differenzierung.

Während die auf klimatischen Kriterien beruhenden Grenzen (innerhalb der Klasse G, Trennung Klasse G und B) durch indikative Merkmale (Höhenlage, Position) fixiert werden, basiert die Grenzlage bei morphologischen Kriterien vorrangig auf der Auswertung von Satelliten- und Luftbildern. Diese Grenzen können deshalb in der Regel nach visuell erfaßbaren Kriterien (Bildmuster) relativ scharf gefaßt werden. Die Abgrenzung der lithologischen Merkmalsareale wurde weitgehend den im Kapitel 7.3.1 genannten Übersichtskarten entnommen.

Die Ergebnisse der typologisch-systematischen Landschaftsgliederung in der oberen chorischen Dimension werden in der Anlage 5 in Form einer kleinmaßstäbigen Übersichtskarte des Gesamtgebietes wiedergegeben (siehe auch VILLWOCK 1989 a). Die Flächenanteile und mittleren Flächengrößen der Landschaftseinheiten als räumliche Repräsentanten der Landschaftstypen zeigt die Anlage 13. Danach dominieren innerhalb des Untersuchungsgebietes die Landschaftstypen der Plateaus (Klasse P, 48 % Flächenanteil) und die Landschaftstypen der Flachländer (Klasse F, 32 %). Nur geringe Flächenanteile besitzen die Typen der oberen und mittleren Bergländer (Klasse G, 7 %) sowie der unteren Gebirge und Bergländer (Klasse B, 13 %). Die Tabelle 35 weist die nach ihrem Anteil an der Landschaftsfläche dominanten Landschaftstypen für das Territorium der VDRJ aus. Die Landschaftstypen mit dem größten Flächenanteil (P1, F1, F2) werden durch wenige, ausgedehnte, beim gegenwärtigen Kenntnisstand nicht untergliederbare Landschaftseinheiten im östlichen und nördlichen Landesteil repräsentiert.

Die durch die Anzahl der in einer Flächeneinheit[28] auftretenden Landschaftstypen zum Ausdruck kommende *Diversität* (inhaltliche Heterogenität) der Landschaftsstruktur weist innerhalb des Territoriums der VDRJ deutliche Unterschiede auf (siehe Abb. 37). In den Bereichen der westlichen Gebirge und des Küstengebirges führt die durch eine sehr differenzierte Interferenz der Prägungsfaktoren hervorgerufene heterogene Ausbildung der Leitmerkmale (siehe Sequenzen in Abb. 29, 30) zum Auftreten einer großen Zahl von Landschaftstypen (11 - 15 Typen je Gradfeld). Dagegen bewirkt die tektonisch-lithologisch bedingte weiträumige Gliederung des Makroreliefs bei geringer klimatischer Differenzierung im östlichen und nördlichen Landesteil (siehe Landschaftssequenzen in

---

[28] Als Bezugsflächen im Kartogramm (Abb. 37) wurden die in ihrer Größe für das Gebiet der VDRJ nur gering variierenden Eingrad-Felder des geographischen Koordinatensystems (ca. 1 425 km^2) verwendet.

Landschaftliche Raumgliederung

Tabelle 35: Dominante Landschaftstypen der oberen chorischen Dimension

Landschaftstyp		Flächenanteil (%)	Anzahl der Einheiten (Areale)
P 1	Tief und dicht zertalte Plateaus in Kalksteinen	24,6	6
F 1	Schwemmebenen bzw. Fußflächen mit kiesig-sandigen, z.T. verfestigten Substraten	14,6	4
F 2	Sand- und Dünengebiete des Binnenlandes	9,5	3
P 6	Weitständig-flach zertalte Plateaus in Gipssedimenten	8,0	19
B 3	Bruchschollen-Gebirge und -Bergländer in Kalksteinen	6,1	11
P 3	Weitständig-flach zertalte Plateaus in Kalksteinen	3,6	2
F 3	Küstenebenen mit kiesig-sandigen Substraten	3,4	23
B 1	Gebirge und Bergländer in Magmatiten und Metamorphiten	3,2	15

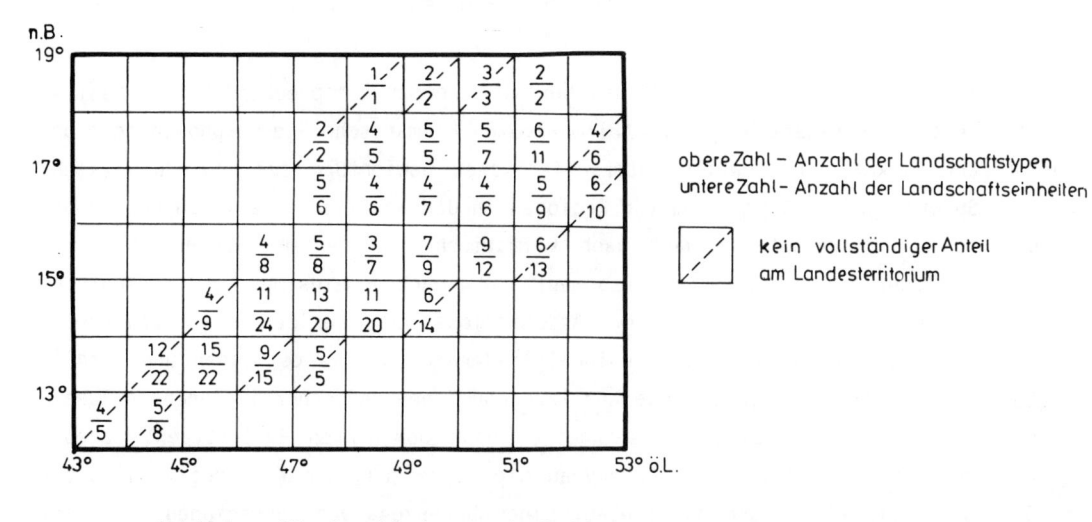

Abbildung 37: Anzahl der Landschaftstypen und -einheiten je 1° Feld

Abb. 34, 35) eine Dominanz weniger Landschaftstypen (2 - 5 Typen/Gradfeld). Gleichfalls im engen Zusammenhang mit der Wirkung und Interferenz der strukturbildenden Prägungsfaktoren steht die räumliche Heterogenität der Landschaftsstruktur als Ausdruck der auf die Flächeneinheit bezogenen Anzahl von Landschaftseinheiten (Typenareale). Auch hier treten markante, sich in der Abbildung 48 widerspiegelnde Unterschiede zwischen den westlichen Gebirgslagen und dem Küstengebirge (20 - 24 Einheiten/Gradfeld) einerseits und den nördlichen und östlichen Landesteilen (5 - 9 Einheiten/Gradfeld) hervor.

8.3.2 Regional-systematische Landschaftsgliederung

Entsprechend den in den Kapiteln 2.3.2 und 2.3.3 dargelegten methodologischen Grundlagen zielt die regional-systematische Erkundung auf die großräumige Charakterisierung der Landschaftsstruktur durch die Abgrenzung und Kennzeichnung lagegebunden individueller Landschaftsräume, die als Regionen bezeichnet werden. Den methodischen Zugang zu einer derartig orientierten Gliederung des Territoriums bildet die durch den Lagezusammenhang determinierte Zusammenfassung von Gebieten nach dominanten Ähnlichkeitsmerkmalen. Aufbauend auf die typologisch-systematische Gliederung im oberen chorischen Dimensionsbereich (siehe Kap. 8.3.1, Anl. 5) bietet sich für eine Regionalgliederung der VDRJ der selektiv-generalisierende Weg der Arealzusammenfassung an (vgl. Kap. 2.3.2). Er beruht auf der lagegebundenen Aggregierung der chorischen, typologisch gekennzeichneten Landschaftseinheiten zu flächengrößeren Landschaftsräumen. Als Kriterien der Arealzusammenfassung und der Abgrenzung regionaler Einheiten werden die sich aus der Interferenz der landschaftsstrukturbestimmenden Prägungsfaktoren (siehe Kap. 8.2) ergebenden dominanten, partialkomplexbezogenen Leitmerkmale (siehe Kap. 8.3.1) verwendet. Daneben gehen in die Regionalgliederung auch das Landschaftsgefüge kennzeichnende Merkmale ein. Sie ergeben sich vorrangig aus den gebietscharakteristischen Assoziationen der chorischen Landschaftstypen sowie aus durch die Auswertung von kosmischen Aufnahmen gewonnenen Eigenschaften des räumlichen, vorwiegend reliefbedingten Gefügemusters.

Für die regional-systematische Gliederung der VDRJ kommen entsprechend der in Kapitel 8.2 entwickelten Dominanzreihung der *Leitmerkmale* klimatische, geomorphologische und lithologische Merkmale in jeweils unterschiedlicher Gewichtung zur Anwendung (siehe Abb. 36). So erfolgt die Abgrenzung von Regionen in den westlichen Gebirgen und an der Südabdachung von Hadramawt dominant nach klimatischen Kriterien, während sich die Gliederung in Subregionen aus einer Zusammenfassung nach gemeinsamen Makroformentypen des Reliefs bzw. nach charakteristischen Assoziationen der chorischen Landschaftseinheiten ergibt. Das Hauptprinzip der Regionalgliederung für die östlichen und nördlichen Landesteile besteht dagegen in einer lagegebundenen und generalisierenden Zusammenfassung der chorischen Landschaftseinheiten nach dominanten Relieftypen. Daneben kann in diesem räumlichen Abstraktionsniveau die Abgrenzung der Klimaregionen (siehe Kap. 7.5.2) in die Gliederung einfließen. Eine Abgrenzung von Subregionen erscheint beim derzeitigen Erkundungsstand nur für Teilgebiete sinnvoll. Sie beruht hier auf einer Zusammenfassung spezifischer Assoziationen chorischer Einheiten bzw. auf einer Unterteilung der Region nach dominanten lithologischen Merkmalen sowie Haupteinzugsgebieten.

Für die *inhaltliche Kennzeichnung* der ausgewiesenen Regionen werden in erster Linie typologisch gefaßte Merkmale der landschaftlichen Partialkomplexe herangezogen, die für das Gesamtareal repräsentative Aussagen ermöglichen (siehe Kap. 2.3.2). Neben den die Abgrenzung bestimmenden klimatischen, morphologischen und lithologischen Merkmalen wird durch eine Zuordnung wesentlicher, im Rahmen der Partialkomplexanalysen (siehe

Landschaftliche Raumgliederung

Kap. 7.) ermittelter Merkmale der Bodendecke, des Wasserhaushaltes und der Vegetation eine umfassende Charakterisierung der physisch-geographischen Ausstattung angestrebt. Der Kennzeichnung des internen Gefüges der Regionen dienen Angaben zu den auftretenden Landschaftstypen der oberen chorischen Dimension. Eine erste quantitative Abschätzung des Landschaftshaushaltes der regionalen Landschaftseinheiten erfolgt durch die Zuordnung der überschlägigen, partiellen Bilanzierungen des klimatischen Wasserhaushaltes (n. LAUER/FRANKENBERG 1981) und der potentiellen Biomasseproduktion (n. LIETH 1967), die in kleinmaßstäbigen Übersichten für das Gesamtgebiet durch Modellberechnungen ermittelt wurden (siehe Kap. 7.2.4, Abb. 18 und Kap. 9.2, Abb. 38). Dazu treten individuelle Merkmale zur Ausprägung der Hauptklimaelemente und der Wasserverhältnisse sowie Angaben zur Höhenlage.

Die konkrete Lagegebundenheit und der landschaftliche Grundcharakter kommen in der *Benennung der Regionen* mit Eigennamen zum Ausdruck. Für die Namensgebung stehen aus den verfügbaren Unterlagen nur teilweise geographische Landschaftsnamen zur Verfügung, die zudem in ihrem räumlichen Bezug oft uneinheitlich verwendet werden. Aus diesem Grund mußte zum größten Teil auf "künstliche" Bezeichnungen zurückgegriffen werden, die nach den Lagebeziehungen zu charakteristischen Lokalitäten (Täler, Berge, Siedlungen) gebildet wurden. Für die Ermittlung der geographischen Namen wurden v.a. HUNTING-MAP (1979), WISSMANN (1942, 1953), MALTZAN (1873), BEYDOUN (1964) und GREENWOOD (1967) verwendet.

Bei der regional-systematischen Gliederung des Territoriums der VDRJ wurden 42 Regionen ausgewiesen (siehe Anl. 5 und 14). Hinsichtlich ihrer Stellung innerhalb der hierarchischen Rangfolge der regional-systematischen Ordnung (vgl. ARMAND 1975, HAASE 1978 a) sind sie nach ihrem inhaltlichen Abstraktionsniveau und ihrer Flächenausdehnung mit den Mikroregionen bei HAASE (1978 a), den "Okrugi" bei ARMAND (1975), den "Gruppen naturräumlicher Haupteinheiten" bei MEYNEN/SCHMITHÜSEN (1953/1962) bzw. "Großlandschaftsgruppen" bei PAFFEN (1953) sowie mit den "land regions" des CSIRO-Systems (vgl. HOWARD/MITCHELL 1980) vergleichbar. Die Größe der ausgewiesenen landschaftlichen Regionaleinheiten ist bedingt durch die unterschiedliche Heterogenität der Landschaftsstruktur (siehe auch Kap. 8.3.1) sowie zum Teil durch die auf Grund der zur Verfügung stehenden Informationen begrenzten Möglichkeit der räumlichen Differenzierung innerhalb des Untersuchungsgebietes sehr uneinheitlich. Während in den westlichen und zentralen Gebirgs- und Berglandbereichen sowie im Küstengebiet Regionen mit Flächengrößen von 1 000 bis 8 000 km² abgegrenzt werden konnten, liegt die Größe in den nördlichen und östlichen Landesteilen bei 6 000 bis 26 000 km² (siehe Anl. 14). In gleicher Weise treten Unterschiede bezüglich der regionsinternen inhaltlichen Heterogenität auf, die annähernd durch die Anzahl der das innere Landschaftsgefüge repräsentierenden Landschaftstypen der oberen chorischen Dimension ausgedrückt wird (siehe Anl. 14).

9. Beurteilung der agrarwirtschaftlichen Ressourcen

9.1 Methodische Grundlagen

Für die Überführung der naturwissenschaftlichen Ergebnisse von Landschaftsuntersuchungen in praxisrelevante, ökonomisch beurteilbare Aussagen müssen Zusammenhänge zwischen den Ausstattungsmerkmalen der Landschaft und den Anforderungen der Formen ihrer Nutzung hergestellt werden (vgl. u.a. HAASE 1978 b). Dieser Transformationsprozeß (i.S.v. NEEF 1966) erfolgt durch eine auf nutzungsspezifische Anforderungen bezogene Interpretation der Ergebnisse der Landschaftserkundung mittels Bewertungs- und Beurteilungsverfahren (vgl. u.a. VINK 1975, ZAPOROCEC/HOLE 1976, GRAF 1984). Die auf Landschaftstypen bzw. -einheiten bezogene Beurteilung der potentiellen Naturressourcen beinhaltet folgende methodische Hauptschritte (vgl. LÜKEN 1978, BRUNNER/THÜRMER 1981, MANNSFELD 1983):

1. Beurteilung einzelner, für die spezielle Nutzungsform relevanter Partialkomplexe durch Bewertungen ihrer wesentlichen qualitativen und quantitativen Merkmale

2. Synthese der partialkomplexbezogenen Bewertungen unter Beachtung von Minimum- und Optimumregeln sowie der Wertigkeit der einzelnen Partialkomplexe für die Nutzungsform

3. Transformation der Landschaftseinheiten in Eignungs- bzw. Ungunsträume für spezielle Nutzungsformen auf der Grundlage der Merkmalsbewertungen

Bei ihrer Anwendung in Entwicklungsländern zielen Landschaftsbewertungsverfahren zur Erfassung des "gebietswirtschaftlichen Potentials" (LESER 1980 c) als integraler Bestandteil der Landnutzungs- und Entwicklungsplanung in erster Linie auf die Beurteilung der Eignung für eine agrarwirtschaftliche Nutzung (vgl. FAO 1976, siehe auch Kap. 3.). Dabei kommen zumeist Methoden der semiquantitativen Bonitierung zur Anwendung, die auf einer empirischen Merkmalsauswahl und -gewichtung sowie auf einer ordinalen Abstufung der Merkmalsausprägungen beruhen (vgl. BRUNNER/THÜRMER 1981).

9.2 Schätzung der potentiellen biotischen Primärproduktivität

Das Vermögen landschaftlicher Ökosysteme zum Aufbau organischer Substanz kann durch die biotische Primärproduktion als Gesamtmenge erzeugter pflanzlicher Trockenmasse bzw. durch die Produktivität als zeit- und flächeneinheitsbezogene Bildungsmenge gefaßt werden (vgl. LERCH 1985). Die biotische Netto-Primärproduktion bzw. -produktivität[29] wird in ihrer Größe und räumlichen Verteilung vorrangig durch klimatische Fakto-

---

[29] Netto-Primärproduktivität ergibt sich aus der assimilativen Produktion pflanzlicher Substanz abzüglich des Substanzverlustes durch Dissimilation (LERCH 1985).

Agrarwirtschaftliche Ressourcen

ren bestimmt (vgl. u.a. BAZILEVIČ/RODIN 1967, RODIN et al. 1970) und kann damit als wesentlicher Indikator für die Abschätzung der agroklimatischen Ressourcen verwendet werden.

Für die Bestimmung der potentiellen Netto-Produktivität großräumiger Landschaftseinheiten im globalen Maßstab wurden eine Reihe von Verfahren entwickelt, die auf empirisch ermittelten Korrelationen zu Merkmalen des Klimas und des Strahlungshaushaltes beruhen (vgl. u.a. BAZILEVIČ/RODIN 1976). Im Rahmen der vorliegenden Arbeit kommt das von LIETH (1976) dargestellte "Miami model" für die *Schätzung der Netto-Primärproduktivität* zur Anwendung. Es ermöglicht den Einsatz einfacher klimatischer Parameter (Jahressumme des Niederschlags, Jahresmittel der Temperatur), die über empirisch gefundene Korrelationen zur Produktivität (NPP) in Beziehung gesetzt werden. Dabei ergeben sich zwei Ansätze:

Niederschlagsansatz: $NPP = 3\,000\,(1 - e^{-0,000644\,N_J})$

Temperaturansatz: $NPP = \dfrac{3\,000}{1 + e^{1,315 - 0,119\,t_J}}$ (in g/m²/a)

e - Basis d. nat. Logarithmus
N_J - Jahressumme d. Niederschlags (in mm)
t_J - Jahresmitteltemperatur (in °C)

Nach dem LIEBIGschen Minimumgesetz erweist sich der jeweils geringste Berechnungswert als die tatsächliche Schätzgröße. Für die warmariden Gebiete mit dem Niederschlag als ökologischem Minimumfaktor findet deshalb der Niederschlagsansatz des Modells Verwendung.

Mit diesem Modell besteht damit die Möglichkeit, die Größe und die räumliche Verteilung der Netto-Primärproduktivität für das Territorium der VDRJ auf der Grundlage der in Kapitel 7.2.3.2 entwickelten Karte der Niederschlagsverteilung (siehe Abb. 11) abzuschätzen. Die Abbildung 38 verdeutlicht die für den weitaus größten Teil des Gebietes sehr geringe klimatisch bedingte potentielle Primärproduktivität (unter 2 t/ha/a) und die damit äußerst ungünstigen agroklimatischen Verhältnisse. Nur in den relativ feuchtebegünstigten Hochlagen der westlichen Gebirge und der Südabdachung von Hadramawt treten etwas höhere Werte auf (5 - 7 t/ha/a). Die von RODIN et al. (1970) auf der Grundlage von Boden-Vegetationsformationen vorgenommene Abschätzung weist in der Größenordnung vergleichbare Werte auf[30].

9.3 Bewertung der ackerbaulichen Ressourcen

In Anlehnung an vorliegende, auf eine großräumige Kennzeichnung der natürlichen agrarwirtschaftlichen Ressourcen zielende Bewertungsverfahren (z.B. OZEROVA/DMITREVSKIJ 1975, BARTH 1977, BRUNNER/THÜRMER 1981) wurde für die vorliegende Untersuchung eine

---
[30] Zum Vergleich: humide, immergrüne Wälder 30 t/ha/a, tropische Bergwälder 35, Gras- und Strauchsavannen 11 - 12 (nach RODIN et al. 1970).

Abbildung 38: Potentielle Netto-Produktivität von Biomasse
(Berechnung nach "Miami Model", LIETH 1976, aus jährlicher Niederschlagsmenge)

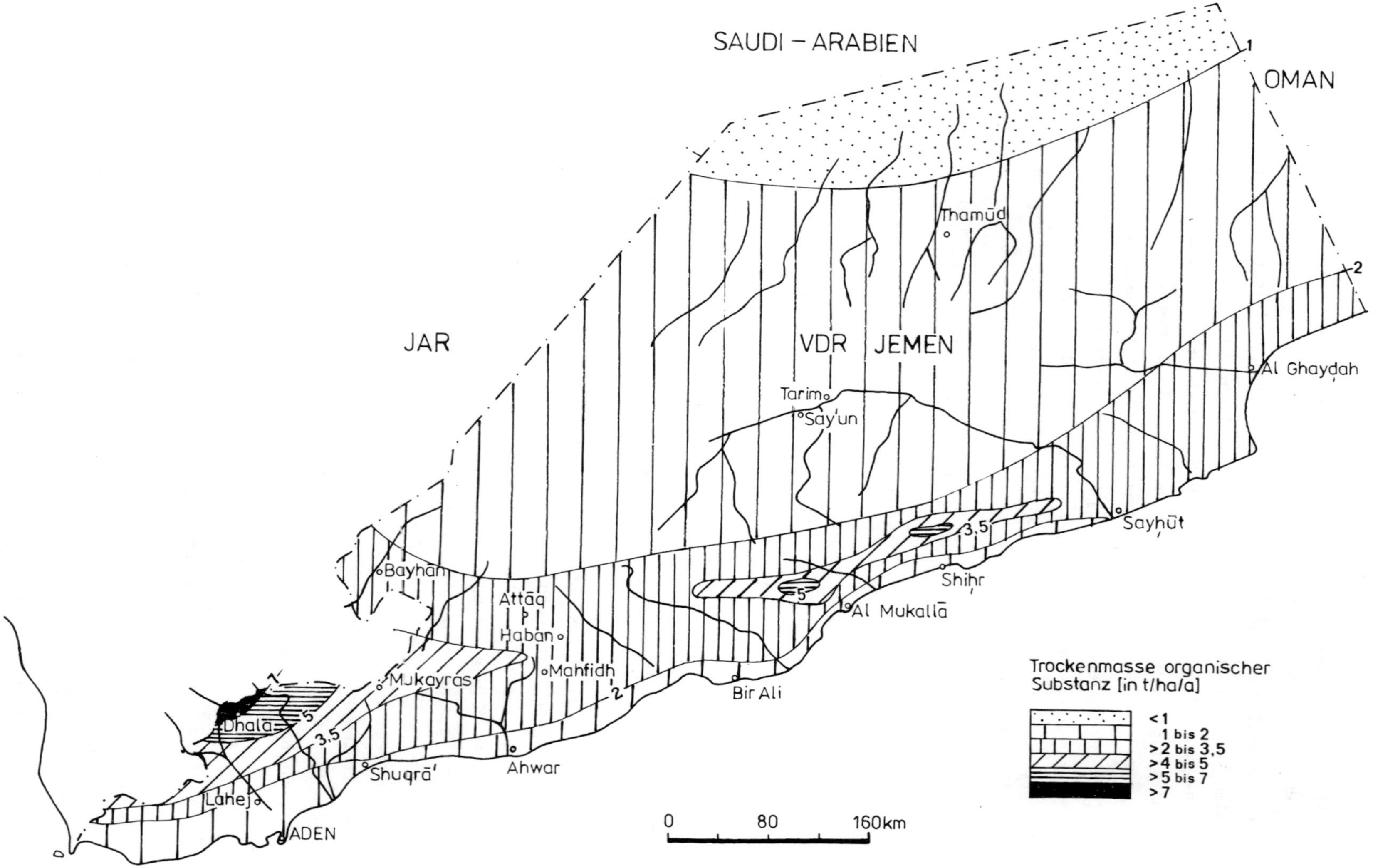

Bewertungsmethodik entwickelt, die unter Verwendung der bei der Analyse der Partialkomplexe gewonnenen Ergebnisse (siehe Kap. 7.) eine auf die Landschaftstypen der oberen chorischen Dimension bezogene Beurteilung der ackerbaulichen Nutzbarkeit gestattet. Die vorgenommene Bewertung muß als ein Versuch angesehen werden, trotz des insgesamt noch sehr begrenzten Kenntnisstandes über die natürlichen Bedingungen in ihrer Ausprägung und Raumstruktur zu einer ersten einfachen Kennzeichnung der agrarwirtschaftlichen Ressourcen im großräumigen Betrachtungsbereich zu gelangen. Dabei werden zunächst nur die ackerbaulichen Ressourcen betrachtet, da für eine Beurteilung der Beweidungsressourcen keine ausreichende Datengrundlage gegeben war[31].

9.3.1 Verfahren zur Bewertung der ackerbaulichen Ressourcen der Landschaftstypen

Die natürlichen Ressourcen für die ackerbauliche Nutzung ergeben sich aus dem Wirkungszusammenhang der Teilkomplexe Klima- und Bodenressourcen (-fruchtbarkeit) sowie dem für die Bewässerung zur Verfügung stehenden Wasserdargebot (vgl. BRUNNER/THÜRMER 1981). Während die Bewertung der agroklimatischen Ressourcen auf der bei der gegenwärtigen Datensituation möglichen Kennzeichnung der Klimaelemente Niederschlag, Verdunstung und Temperatur (siehe Kap. 7.2) beruht, fehlen für eine Ansprache der Bodenressourcen noch ausreichende bodenanalytische Untersuchungen (vgl. Kap. 7.6). Aus diesem Grunde wird hier der Flächenanteil kulturfähiger Böden als indikatives Merkmal bei der Beurteilung der Landschaftstypen herangezogen. Die Abschätzung des Wasserdargebots erfolgt nach der in Kapitel 7.5.4 vorgenommenen hydrogeographischen Gliederung des Untersuchungsgebietes. Die Abbildung 39 verdeutlicht im Modellansatz die *Faktoren der natürlichen Fruchtbarkeit* für das Territorium der VDRJ und die zu ihrer Bewertung verwendeten Merkmale der Partialkomplexe.

Das hier entwickelte Verfahren beruht auf einer empirisch-semiquantitativen, bewertenden Abschätzung der relevanten Merkmalsausprägungen mittels Punktbonitierungen und beinhaltet folgende Teilschritte:

1. Bonitierung der Einzelmerkmale

1.1 Klimamerkmale

1.1.1 Jahressumme des Niederschlags

Die ordinalskalierte Abstufung des Merkmals in Ausprägungsgrade erfolgt nach dem Zusammenhang zwischen Niederschlag und der Art bzw. Intensität der möglichen Ackerbaunutzung. Sie beruht auf den Untersuchungen von KOPP (1981) für die JAR sowie auf Angaben von FALKNER (1938), BORN (1967), FAO (1978) und IBRAHIM (1984) für vergleichbare Gebiete.

---

[31] Ein grober Überblick über die Ressourcen für die im Gebiet auf die Beweidung der natürlichen Vegetation basierenden Viehhaltung gestatten die in Kap. 9.2 abgeschätzten Werte der biotischen Produktivität.

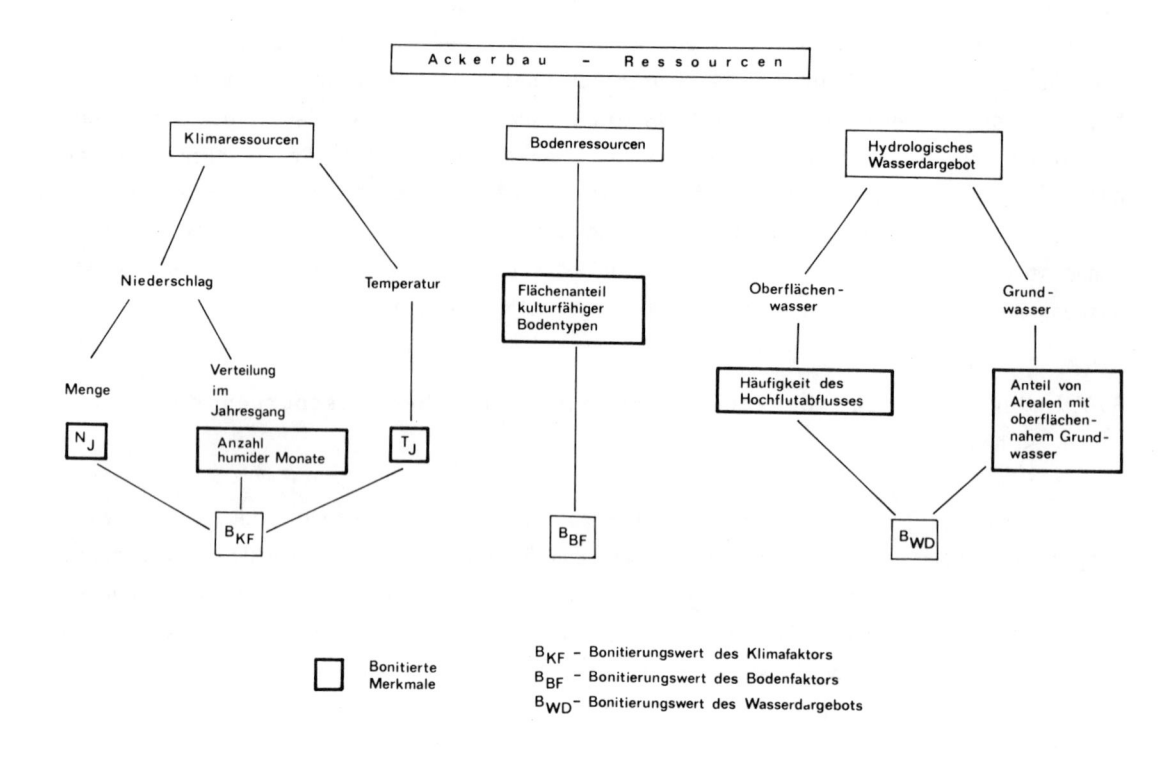

Abbildung 39: Modellansatz für die großräumige Beurteilung der Ackerbauressourcen

Tabelle 36 a: Bonitierung der jährlichen Niederschlagssumme (B_N)

Punkte	Merkmalsausprägung (in mm)	Bedeutung
1	unter 50 – 100	kein Regenfeldbau möglich, nur sporadischer Anbau nach Niederschlägen oder bei Bewässerung
2	über 100 – 200	dominant Bewässerungsfeldbau, nur episodisch Regenfeldbau möglich
3	über 200 – 300	
		– Agronomische Trockengrenze –
5	über 300 – 400	bedingt Regenfeldbau möglich

1.1.2 Anzahl humider Monate

Zur Kennzeichnung der Andauer einer feuchtbedingt möglichen Wachstumsphase wird die Anzahl landschaftsökologisch humider Monate verwendet (vgl. SCHREIBER 1973, JÄTZOLD 1970, LAUER/FRANKENBERG 1981, siehe Kap. 7.2.4).

Nach JÄTZOLD (1970) ist bei zwei bis drei Monaten mit N_M größer 0,4 pV Regenfeldbau möglich ("agrohumide Monate"). In der VDRJ erreicht nur die Station Dhala zwei agrohumide Monate (siehe Kap. 7.2.4, Abb. 20).

Agrarwirtschaftliche Ressourcen

Tabelle 36 b: Bonitierung der Anzahl humider Monate (B_{hM})

Punkte	Anzahl landschaftsökologisch humider Monate
1	0 - 1
2	1 - 2
4	2 - 4

1.1.3 Jahresmittel der Temperatur

Die Abstufung ergibt sich aus der ökologischen Wirkung der Temperatur auf das Pflanzenwachstum und die Verbreitung der Kulturarten (nach Angaben von SCHREIBER 1973, LAUER 1975 a, KOPP 1981).

Tabelle 36 c: Bonitierung der Jahresmitteltemperatur (B_T)

Punkte	T_J (in °C)	Bedeutung
2	unter 18	Wärmemangelgrenze für tropische Pflanzen
3	18 - 26	gute Wuchsbedingungen für alle Kulturen
2	über 26	Bereich mit Hitzeschäden durch sommerliche Maxima und sich dadurch ergebende Einengung des potentiellen Nutzungsspektrums

1.2 Bodenmerkmale

Die Bewertung wird infolge des Fehlens repräsentativer bodenanalytischer Angaben durch eine Abschätzung des Flächenanteils der auf Grund ihres Substratcharakters für den Ackerbau geeigneten Bodentypen innerhalb der Landschaftstypen vorgenommen. Als kulturfähig erweisen sich für das Untersuchungsgebiet in erster Linie nur die feinmaterialreichen Böden der Täler und Deltabereiche (Fluviosols) sowie die Yermosols der Becken und Hochebenen (siehe Kap. 7.6.3, Anl. 10). Begrenzt nutzbar sind die unter einer Steindecke feinerdereichen Yermosols der Fußflächen und Schwemmebenen. Die hier notwendige Beseitigung der Steinbedeckung führt allerdings zu einer erheblichen nutzungseinschränkenden Wirkung von intensiven Deflationsprozessen (vgl. auch EVENARI et al. 1971). Auf Grund der engen korrelativen Beziehungen des Auftretens kulturfähiger Böden zu bestimmten Reliefformen (Talböden, Becken usw., vgl. Kap. 7.6.3) geht in die Bewertung dieses Merkmals indirekt die Reliefgestalt ein, so daß sie nicht als gesonderter Ressourcenkomplex betrachtet wird.

Tabelle 37: Bonitierung der Bodeneigenschaften (B_{BF})

Punkte	Flächenanteil kulturfähiger Bodentypen
0	ohne Anteil
1	punkthaft, ohne größere Ausdehnung
2	vereinzelt größere Flächen
4	hoher Anteil (über 50 % des Gesamtareals)

1.3 Merkmale des Wasserdargebots

Die vorhandenen Daten gestatten nur eine sehr grobe Abschätzung der für den Ackerbau relevanten hydrologischen Merkmale der Landschaftstypen unter Beachtung der klimatisch bedingten Abflußverhältnisse und der hydrogeologischen Bedingungen (vgl. Kap. 7.5.4, Tab. 30).

Tabelle 38: Bonitierung des hydrologischen Wasserdargebots (B_{WD})

Punkte ($= B_{GW}$)	Vorkommen oberflächennahen Grundwassers
0	ohne
1	geringer Flächenanteil
3	vereinzelt größere Flächen
4	Großteil der Fläche

Häufigkeit von Hochflutabfluß ("sayl")

Punkte ($= B_{HW}$)	Häufigkeit des Eintritts
1	episodisch
3	periodisch

2. Zusammenfassung der Einzelbonitierungen

Durch die Addition der Bonitierungswerte der Einzelmerkmale ergibt sich für den Teilkomplex Klimaressourcen eine Gesamtpunktzahl. Wegen der überragenden Bedeutung für die Klimafruchtbarkeit wird der Bonitierungswert der Niederschlagssumme mit dem Faktor 10 gewichtet:

$$B_{KF} = 10\,B_N + B_{hM} + B_T$$

Der Bonitierungswert des Wasserdargebots wird durch die Addition der Teilwerte ermittelt:

$$B_{WD} = B_{GW} + B_{HW}$$

3. Ausprägungsgrad der Teilkomplexe

Durch den Bezug der Teilkomplex-Bonitierungswerte auf die für das Untersuchungsgebiet maximal möglichen Bonitierungen kann eine relative, gebietsbezogene Abstufung der Teilkomplexe in Ausprägungsgrade (Grad der Klimafruchtbarkeit usw.) erreicht werden (vgl. RIQUIER 1972 i. VINK 1975, BRUNNER/THÜRMER 1981):

Grad der Klimafruchtbarkeit $\quad \dfrac{B_{KF}}{B_{KFmax}} \quad B_{KFmax} = 57$

Grad der Ausstattung mit Bodenressourcen $\quad \dfrac{B_{BF}}{B_{BFmax}} \quad B_{BFmax} = 4$

Grad des hydrologischen Wasserdargebots $\quad \dfrac{B_{WD}}{B_{WDmax}} \quad B_{WDmax} = 7$

Agrarwirtschaftliche Ressourcen

Eine multiplikative Verknüpfung der einzelnen Ausprägungsgrade zu einem synthetischen Gesamtwert für die Beurteilung der Ackerbauressourcen (vgl. z.B. BRUNNER/THÜRMER 1981) erscheint in diesem Zusammenhang nicht sinnvoll, da jedem bewerteten Teilkomplex für die Eignungsbeurteilung eine spezifische Bedeutung zukommt. So wirkt der Anteil kulturfähiger Böden (B_{BF}) als absolut begrenzender Faktor, der auch durch hohe Bonitierungswerte des Klimas bzw. des Wasserdargebots nicht ausgeglichen werden kann. Dagegen ist eine Kompensation der unzureichenden Ausprägung der Klimafruchtbarkeit (B_{KF}) durch ein günstiges hydrologisches Wasserdargebot (B_{WD}) möglich, so daß ausreichende Eignung für Bewässerungsfeldbau auftritt.

9.3.2 Bewertung der Landschaftstypen der oberen chorischen Dimension

Auf der Grundlage des entwickelten Verfahrens wird eine Einschätzung der für eine Ackerbaunutzung relevanten natürlichen Bedingungen für das Gesamtgebiet vorgenommen. Die Bezugsgrundlage der Bewertung bilden die in Kapitel 8.3.1 ausgewiesenen Landschaftstypen der oberen chorischen Dimension (siehe Anl. 13). Dabei kommen folgende *Gruppierungen der Ausprägungsgrade* zur Anwendung (siehe Kap. 9.3.1):

Tabelle 39: Gruppierung der Ausprägungsgrade der Ressourcen-Teilkomplexe

	Klimafruchtbarkeit			Bodenfaktor			Wasserdargebot	
B_{KF}	Ausprägungs-grad (in %)	Eignung	B_{BF}	Ausprägungs-grad (in %)	Eignung	B_{WD}	Ausprägungs-grad (in %)	Eignung
>48	>84	sehr gut	4	100	sehr gut	>6	>84	sehr gut
>35	>61	gut	2	50	gut	>5	>67	gut
>19	>33	mäßig	1	25	gering	4	50	mittel
>19	>33	gering	0	0	ohne	3	40	gering
						2-1	<10	sehr gering

In der Tabelle 40 erfolgt die Gruppierung der Landschaftstypen nach den Ausprägungsgraden der die Ackerbaueignung bestimmender Faktoren sowie die Bilanzierung ihrer Flächenanteile am Gesamtgebiet. Die Anlage 3 zeigt die räumliche Verteilung der Eignungstypen.

Sehr gute *Eignung für den Ackerbau* besitzen dementsprechend nur die intramontanen Becken in den Hochlagen (Landschaftstyp G 5) durch das Zusammentreffen günstiger klimatischer und edaphischer Verhältnisse. Als relativ günstig erweisen sich daneben noch die Becken und Täler in den mittleren Lagen (G 12, G 13), die Hochebenen (G 7) sowie die oberen Lagen der Vulkanitgebirge (G 2), wo durch eine ausgedehnte Hangterrassierung (siehe Kap. 11.1) ausreichende Bodenressourcen gegeben sind[32]. Die weitgehende Kompensation der geringen Ausprägung der Klimafruchtbarkeit durch ein relativ günsti-

---

[32] Nach FAO (1978) werden diese kühltropischen Gebiete in die randliche Eignungsstufe für den Weizenanbau mit einem Ertragspotential von 2,4 - 5 t/ha eingeordnet (vgl. auch KOPP 1981).

Tabelle 40: Gruppierung der Landschaftstypen der oberen chorischen Dimension nach ihrer Eignung für den Ackerbau

		Ausprägung des Bodenfaktors (BF)			
		sehr gut	gut	gering	ohne
Ausprägung des Klimafaktors (KF)	sehr gut	G 5 (0,03)	G 2 G 4 (0,2)		G 1 G 3 (0,4)
	gut	G 7 (0,4)			G 6 (1,6)
	mäßig	G 13 (0,5) G 12 (0,1)			G 8, G 9, G 10, G 11 (3,7)
	gering	B 6 P 8 ... F 5 (3,6)	B 7 (0,7)	P 1, P 2, P 3, P 4, P 6, P 7, F 1, F 3 (62,5)	B 1, B 2, B 3, B 4, B 5, P 5, P 9, F 2, F 4, F 9, F 10 (25,4)

_____ Typen mit sehr gutem hydrologischen Wasserdargebot

..... Typen mit gutem hydrologischen Wasserdargebot

(1,8) Flächenanteil der Landschaftstypen am Landesgebiet

Erläuterung der Landschaftstypen siehe Anl. 5

ges hydrologisches Wasserdargebot bedingt eine gute Eignung der Tal- und Beckenbereiche mit hohem Anteil schluffreicher Böden (B 6, 7, P 8) und der Deltagebiete in der Küstenebene (F 5).

Für den Landschaftstyp P 8 (Täler und Talebenen der Plateaubereiche) ergibt sich aus dem regional unterschiedlichen Anteil von kulturfähigen Böden eine deutliche Differenzierung ihrer ackerbaulichen Eignung, die sich allerdings beim gegenwärtigen Erkundungsstand räumlich nicht vollständig fixieren läßt. So weist der Typ im südlichen und zentralen Teil von Hadramawt (Regionen 23 - 25, siehe Anl. 5) einen erheblichen Anteil von Schluffböden auf (vgl. u.a. ABDULBAKI 1984, siehe Kap. 7.6, 10.4.1), dagegen fehlen diese vermutlich in den nördlichen und östlichen Plateauregionen weitgehend (vgl. WISSMANN 1957).

Die übrigen Landschaftstypen des Territoriums weisen äußerst ungünstige natürliche Bedingungen für eine ackerbauliche Nutzung auf. Sie ergeben sich für die klimatisch begünstigten Gebirgslagen (G 1, 3, 6, 8 - 11) aus dem reliefbedingt fehlenden Anteil kulturfähiger Böden. In den unteren Lagen der Gebirge und Bergländer sowie in den Plateaubereichen[33] und Flachländern des Binnenlandes treten dagegen klimatische und bodenbedingte Ungunstfaktoren bei weitgehend geringem hydrologischen Wasserdargebot zusammen.

[33] Zu den äußerst kleinflächig auftretenden kulturfähigen Bereichen auf den Plateaus siehe Kap. 10.4.1.

Agrarwirtschaftliche Ressourcen

Im Fazit lassen sich die Ackerbauressourcen der VDRJ in den in Tabelle 41 dargestellten Angaben zusammenfassen. Bei einem Vergleich mit den bisher nur sehr unsicheren Angaben zur Flächenstatistik der Landwirtschaft (siehe Tab. 42) muß berücksichtigt werden, daß sich die in Tabelle 41 ausgewiesenen Flächenwerte auf potentiell nutzbare, heterogene Landschaftseinheiten beziehen, in denen die eigentlich nutzbaren Areale nur einen bestimmten, gegenwärtig nur grob faßbaren Anteil besitzen (siehe auch Kap. 10).

Tabelle 41: Territoriale Ackerbau-Ressourcen (bezogen auf Landschaftseinheiten der oberen chorischen Dimension)

Eignungsgebiete	Flächengröße (km^2)	Anteil an der Landesfläche (%)
Gebiete mit bedingter Eignung für Regenfeldbau	650	0,2
Gebiete mit dominantem Bewässerungsfeldbau und teilweise möglichem Regenfeldbau	1 400	0,5
Gebiete mit ausschließlichem Ackerbau bei Bewässerung	8 700	3,0
Insgesamt für den Ackerbau geeignete Landschaftseinheiten	10 750	3,7
Gebiete mit sehr gutem hydrologischen Wasserdargebot	2 920	1,0
Gebiete mit gutem hydrologischen Wasserdargebot	11 600	4,0

Tabelle 42: Angaben zu ackerbaulich nutzbaren und genutzten Flächen (Schätzwerte, in km^2)

Autor	Geeignete Flächen	Kulturflächen	Bewässerungsflächen
VARADINOV et al. (1980)	2500 – 2800	ca. 1000	200 – 600
STAT. D. AUSL. (1983)	.	1900 – 2070	500 – 700
FISHER (1973)	.	2600	.
UN-CONF. (1977 b)	.	2520	.

Tabelle 43: Teilgebiete für die Landschaftsanalyse in der unteren chorischen Dimension

Teilgebiet	Landschaftstyp der oberen chorischen Dimension (siehe Anl. 5)	Landschaftsregion	Grundlagen der Bearbeitung der Partialkomplexe				
			Relief	Lithologie	Wasser	Vegetation	Böden
1 Ad Dhali'ah	P 2	Südwestliches Hadramawt	LB, TK	LB, FK	–	LB, FK	FK
2 Umgebung des Wadi Jardān	P 1, P 2, P 8	Südwestliches Hadramawt	LB, TK, FK	LB, FK	–	LB, FK	FK
3 Umgebung des Wadi Jibith	P 1	Südwestliches Hadramawt	LB, TK, FK	LB, FK	–	LB, FK	FK
4 Unterlauf des Wadi Hadramawt zwischen Haynan und Shibam	P 8, P 1	Wadi Hadramawt - Region	SB, LB	A.	A.	A.	–
5 Bergland nordwestlich von Mukallā	B 3, B 1, F 9	Zentrales Küstengebirge	LB, TK, FK	LB, FK	S.	LB, FK	–
6 Delta des Wadi Hajar	F 5	Zentrale Tihama	LB, TK	LB, FK	–	LB, FK	–
7 Mukayrās - Lawdar	G 4, B 6	Datīna - Becken	SB	M.	M.	FK	M.

Erläuterungen: Datenquellen –
LB – Luftbilder (panchromatisch)
SB – Kosmische Aufnahmen (Landsat u.a.)
TK – Topographische Karten (1 : 100 000)
FK – Geländekartierungen und -beobachtungen

A. – Karten bei ABDULBAKI (1984) nach unveröffentlichten Berichten
S. – SOGREAH (1980)
M. – Karten und Angaben bei MOSELEY (1971)

10. ANALYSE DER LANDSCHAFTSSTRUKTUR IN DER UNTEREN CHORISCHEN DIMENSION FÜR AUSGEWÄHLTE TEILGEBIETE

10.1 Vorbemerkungen

Die umfassende Kennzeichnung der natürlichen Verhältnisse für die Ableitung landschaftsökologischer, -bewertender und -planerischer Aussagen macht auch in den bisher wenig erkundeten Entwicklungsländern eine detaillierte Analyse der Landschaftsstruktur im Niveau der chorischen Dimension notwendig, wobei aus technisch-organisatorischen und ökonomischen Gründen zumeist eine Konzentration auf repräsentative Teilgebiete erfolgen muß (siehe Kap. 3.).

Das Ziel der folgenden Ausführungen besteht in einer exemplarischen Darstellung der Landschaftsstruktur im unteren chorischen Dimensionsbereich für einige ausgewählte Teilbereiche der VDRJ. Damit wird zugleich eine Kennzeichnung der subordinierten Inhalts- und Raumstruktur von in Kapitel 8.3 ausgegliederten großräumigen Landschaftseinheiten angestrebt. In Abhängigkeit von den verfügbaren Ausgangsdaten (mittelmaßstäbige Kartierungen von Partialkomplexmerkmalen und Luftbilder, siehe Kap. 4.2) sowie den Möglichkeiten der Geländeerkundung durch den Verfasser wurden die in Tabelle 43 ausgewiesenen Teilgebiete für eine Landschaftsanalyse ausgewählt. Mit einer Gesamtfläche von 3 900 km² erfassen sie ca. 1,2 % der Landesfläche.

10.2 Kriterien für die kleinräumige Landschaftsdifferenzierung in warmariden Gebieten

Für den Ansatz topischer und chorischer Landschaftsanalysen sind folgende grundlegende *Aspekte arider Ökosysteme* von Bedeutung (vgl. WALTER 1962 a, UN-CONF. 1977 c, GOODALL/PERRY 1979, 1981, LESER 1980 b, c, WALTER/BRECKLE 1984):

(1) Auf Grund des geringen Anteil biotischer Elemente dominieren im Wirkungsgefüge arider Ökosysteme die abiotischen Faktoren. Die biotische Diversität bleibt dementsprechend relativ gering (vgl. LESER 1980 b).

(2) Im natürlichen Zustand weisen aride Ökosysteme infolge der physiologischen und standörtlichen Anpassung an die klimatische Aridität und Variabilität eine hohe Stabilität auf. Gegenüber anthropogenen Veränderungen der Systemelemente bzw. Partialkomplexe reagieren die sich in einem schmalen ökologischen Gleichgewicht befindlichen Systeme allerdings mit äußerster Empfindlichkeit.

(3) Aride Ökosysteme sind durch eine hohe temporale Variation ihrer veränderlichen Zustandsmerkmale in Abhängigkeit unregelmäßiger und saisonaler Schwankungen bzw. Veränderungen der klimatischen Bedingungen (v.a. des Niederschlags) gekennzeichnet.

(4) Die räumliche Differenzierung der Struktur und Produktivität arider Ökosysteme in der großräumigen Betrachtung wird in erster Linie durch die Klimaverhältnisse be-

stimmt. Dagegen ergeben sich für den unteren chorischen Dimensionsbereich die entscheidenden Differenzierungsfaktoren aus den Relief- und lithologisch-substratiell gesteuerten Wasserverhältnissen sowie aus der Salinität als wesentliche ökophysiologische Einflußgröße (vgl. auch WALTER 1962 b, KASSAS 1952, EVENARI et al. 1971).

Aus den genannten Aspekten, insbesondere aus (1) und (4), kann unter Berücksichtigung der landschaftsökologischen Zusammenhänge das Beziehungsgefüge zwischen den Partialkomplexen für chorische Landschaftseinheiten warmarider Gebiete abgeleitet werden (siehe Abb. 40). Dabei zeigen sich wegen ihrer zentralen Steuer- und Regelfunktion im Landschaftskomplex und ihrer praktikablen Erfaßbarkeit Merkmale des Georeliefs und des Substrates als Hauptkriterien für eine Kennzeichnung und Abgrenzung von Landschaftseinheiten der unteren chorischen Dimension (vgl. u.a. KASSAS 1952, GOODALL/PERRY 1981, WALTER/BRECKLE 1984). Daneben spielen Merkmale der Vegetation (Zusammensetzung und räumliche Verteilung) als aussagekräftige, gut kartierbare Indikationen der landschaftsökologischen Verhältnisse, insbesondere der Feuchtebedingungen, eine wesentliche Rolle (vgl. u.a. BARTH 1977, LESER 1980 b).

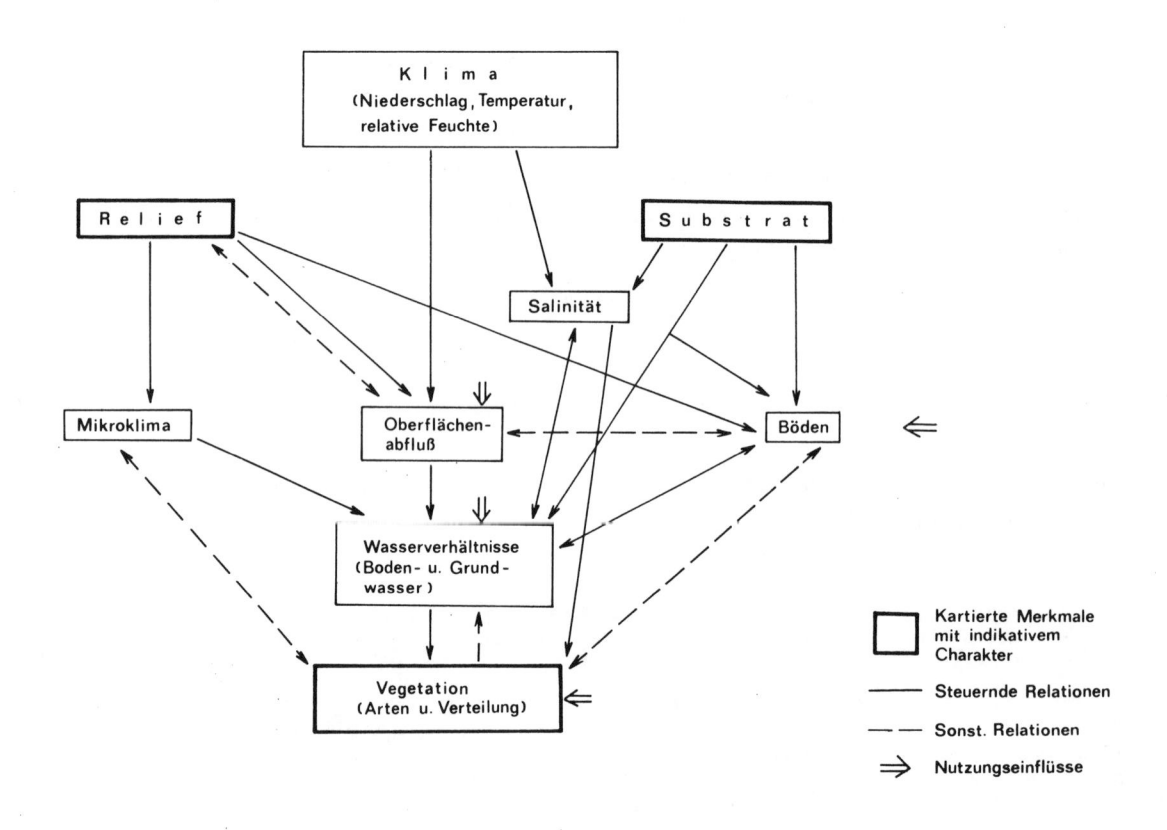

Abbildung 40: Beziehungsgefüge chorischer Landschaftseinheiten warmarider Gebiete

Ausgewählte Teilgebiete

10.3 Kartierungsmetnodik

Aufbauend auf den in Kapitel 2.4 dargestellten methodologischen Grundlagen der Landschaftsanalyse in der unteren chorischen Dimension und entprechend den zur Verfügung stehenden Ausgangsdaten (siehe Tab. 43) sowie dem möglichen Umfang von Geländeerkundungen (siehe Kap. 4.2) kommt für die Abgrenzung und Kennzeichnung chorischer Landschaftseinheiten ein *deduktiv-differenzierendes Kartierungsverfahren* zur Anwendung, das der Methodik der "semidetailed surveys" (siehe Kap. 3) entspricht.

Das Verfahren beinhaltet zunächst die Kartierung der primär aus den Ausgangsdaten (Luftbilder, thematische und topographische Karten) und bei der Geländeerkundung erfaßbaren Partialkomplexmerkmale. Den ersten Schritt bildet hierbei die Erfassung der Reliefverhältnisse als landschaftsstruktur- und grenzbestimmendes Merkmal mittels der Auswertung von Luftbildern und topographischen Karten. Dem schließt sich eine weitergehende Differenzierung durch die Einbeziehung der durch Geländekartierung, Luftbild- und Kartenauswertung ermittelten Gesteins- und Substratmerkmale an. Die Erkundung der räumlichen Verteilung und der Hauptarten der Vegetation durch Luftbildinterpretation und Feldbeobachtungen ermöglicht in einem dritten Schritt die indikative Ableitung von Merkmalen der Feuchteverteilung und damit wesentlicher ökologischer Bedingungen. Als weitere Indikation kann in diesem Zusammenhang die aus Luftbildern gut erfaßbare Verteilung landwirtschaftlicher Nutzflächen verwendet werden.

Für die typisierende Kennzeichnung und die Abgrenzung der Landschaftseinheiten konnte auf die Erfahrungen von Untersuchungen in ähnlich ausgestatteten Gebieten zurückgegriffen werden. Hierfür kamen in erster Linie die Arbeiten von KASSAS (1952), KASSAS/IMAM (1954), KASSAS/GIRGIS (1970) und BLUME et al. (1984) in den ägyptischen Wüstengebieten, von GILLILAND (1952) in Somalia, von TROLL (u.a. 1935), HEMMING (1961) in Äthiopien, EVENARI et al. (1971) im Negev (Israel) und von VOGG (1981) in der mittleren Sahara in Frage.

Die Kennzeichnung der Landschaftstypen bzw. -einheiten erfolgt entsprechend dem angewendeten Verfahren durch die Kombination von für das Gesamtareal gültigen Partialkomplexmarkmalen. Für die einzelnen Partialkomplexe werden folgende Merkmale verwendet:

Relief – Die Kennzeichnung ergibt sich aus dem skulpturellen Formentyp in der Mesogrößenordnung bzw. ausgewählter Mikroformtypen (vgl. KUGLER 1974) sowie aus ergänzenden Angaben zur Reliefamplitude und Hangneigungsspanne.

Substrat – dominante Gesteins- bzw. Lockersubstratart

Vegetation – Da im Rahmen der Geländeerkundung eine pflanzensoziologische Aufnahme und Gliederung nicht möglich war, werden in erster Linie physiognomische Merkmale der dominanten Wuchsformen und des räumlichen Anordnungsmusters verwendet. Daneben werden charakteristische Hauptarten bzw. -gattungen des Bestandes angegeben.

Boden – Durch die korrelative Ableitung aus den Relief- und Substratmerkmalen können charakteristische Kombinationen von Leit-Bodeneinheiten entsprechend der FAO/UNESCO-Klassifikation (FAO/UNESCO 1977) ermittelt werden.

Wasserverhältnisse – Die die Grundwasserverhältnisse charakterisierenden Merkmale (Grundwasservorkommen, Bilanz des Oberflächenabflusses) werden weitgehend aus den Relief-, Substrat- und Vegetationsverhältnissen abgeleitet. Für das Teilgebiet "W.Hadramawt" standen Angaben zur Grundwassertiefe zur Verfügung (ABDULBAKI 1984).

Die Kennzeichnung der Landschaftseinheiten durch gefügebezogene Merkmale ist auf Grund des verwendeten, eine Aufnahme des Inventars subordinierter Einheiten ausschließenden Kartierungsverfahrens nur in begrenztem Umfang möglich. So können bei der Auswertung von Luftbildern ausgewählte, landschaftsökologisch bedeutsame subordinierte Elemente der chorischen Landschaftseinheiten (z.B. Stufen, kleine Talformen, Einzelberge) erfaßt werden. Gefügebezogene Anordnungs- und Verkettungseigenschaften innerhalb der chorischen Landschaftsstruktur werden für die bearbeiteten Teilgebiete durch Abfolgen der chorischen Einheiten in Form lagegebundener *Profilschnitte* dargestellt. Durch die Kombination der jeweiligen die landschaftsökologischen Bedingungen bestimmenden und abgrenzenden Hauptmerkmale werden zunächst vorläufige *Landschaftstypen* für die bearbeiteten Teilgebiete aufgestellt und dann verallgemeinert für den betrachteten Gesamtraum (Region, Teilregion) formuliert.

Für die Teilgebiete konnten auf Grundlage des Kartierungsverfahrens mittelmaßstäbige *Landschaftskarten* (1:80 000 - 1:200 000) erarbeitet werden, welche die räumliche Verteilung der Landschaftstypen, wesentliche subordinierte Elemente sowie Merkmale der aktuellen Dynamik zeigen. Sie werden erläutert und ergänzt durch ein Landschaftsprofil sowie durch eine tabellarische Übersicht der wesentlichen Merkmale der Typen. Die ausgewiesenen Einheiten stellen in der Regel einfache Gefüge topischer Grundeinheiten dar und entsprechen damit im hierarchischen Niveau annähernd der mikrochorischen Dimensionsstufe (vgl. u.a. NEEF 1963 b, siehe Kap. 2.4) bzw. der Stufe der "land units" des "land classification"-Systems (vgl. u.a. HOWARD/MITCHELL 1980).

10.4 Analyse der Landschaftsstruktur in ausgewählten Teilgebieten

Die vorliegende Untersuchung konzentrierte sich in erster Linie auf Teilgebiete der südwestlichen Hadramawt-Region und der Wadi Hadramawt-Region (siehe Anl. 1), für die die Ergebnisse in Kapitel 10.4.1 ausführlich dargestellt werden. Daneben werden exemplarische Ausschnitte des Küstengebirges (Teilgebiet Mukallā, Kap. 10.4.2), der Küstenebene (TG Delta des Wadi Hajar, Kap. 10.4.3) und der westlichen Gebirgs- und Beckenregion (TG Mukayrās-Lawdar, Kap. 10.4.4) bearbeitet. Die Detailergebnisse dieser Untersuchungen können aus Platzgründen hier nicht ausführlich behandelt werden und sind deshalb den beigegebenen Abbildungen und Tabellen zu entnehmen.

Ausgewählte Teilgebiete

10.4.1 Südwestliches Hadramawt

Die großräumige Landschaftsstruktur des westlichen und südwestlichen Teils von Hadramawt (Südwest-Hadramawt-Region, Plateaus des Wadi Hadramawt, Wadi Hadramawt-Region, siehe Anl. 5) wird durch Landschaftstypen der Plateaus (P 1, P 2) und der großen Talebenen (P 8) bestimmt (siehe Kap. 8.3.1). Die Analyse ihres subordinierten Landschaftsgefüges in der unteren chorischen Dimension wird anhand von vier Teilgebieten vorgenommen, die charakteristische Ausschnitte dieser Landschaftseinheiten der oberen chorischen Dimension repräsentieren (siehe Abb. 41 - 44, Tab. 44 - 47).

In Ableitung aus den Kartierungsergebnissen dieser vier Teilgebiete sollen im folgenden charakteristische *Landschaftstypen der unteren chorischen Dimension* für den südwestlichen Teil von Hadramawt aufgestellt und durch ihre Hauptmerkmale beschrieben sowie in ihrem räumlichen Zusammenhang dargestellt werden. Dabei ergeben sich unter Einbeziehung weiterer Beobachtungen in anderen Bereichen der Region (siehe Kap. 4.2, Anl. 1) die folgenden kennzeichnenden Landschaftstypen, die in ihrer räumlichen Verbreitung als dominante Einheiten das subordinierte Gefüge der Landschaftseinheiten der oberen chorischen Dimension bestimmen. Die folgende Beschreibung der Typen konzentriert sich auf die Kennzeichnung wesentlicher inhaltlicher und räumlicher Merkmale der Landschaftsstruktur sowie auf die Darstellung des landschaftsökologischen Grundcharakters.

Fastebenes, unzertaltes Kalksteinplateau in Topposition ohne Zufluß

Areale dieses Typs bilden jeweils lokal das oberste Niveau innerhalb der lithologisch kontrollierten, schichtakkordanten Flächensysteme der Plateaubereiche (siehe Kap. 7.4.2). Sie besitzen gegenüber den tiefer positionierten Flächen hinsichtlich des Oberflächenabflusses auf Grund des fehlenden Zuflusses eine hydrologisch und morphodynamisch autonome Stellung, die sich in dem extremen ökologischen Feuchtemangel und der fehlenden Zertalung äußert.

Das Oberflächensubstrat der ebenen bzw. sehr gering geneigten Plateaus (0,5 - 1° Neigung) besteht aus flachgründigem, scherbigem Kalksteinschutt, der teilweise eine geringmächtige subkutane Verwitterung zu schluffiger Matrix und oberflächige Verkrustung ("plateau calcrete", vgl. AL-SAYARI/ZÖTL 1978) aufweist (Hammada-Oberflächentyp i.S.v. MECKELEIN 1959, siehe Kap. 7.6.2).

Bedingt durch die extreme edaphische Trockenheit und fehlenden Wurzelraum sind diese Flächen bis auf Krustenflechten fast vegetationsfrei. Nur bei geringer Feinbodenansammlung in Kluftspalten und randlichen Flachrinnen finden sich vereinzelt Sträucher und Zwergsträucher.

Als subordinierte Elemente treten innerhalb dieses Typs weitverbreitet flache, einige Meter bis Dekameter in die Umgebung eingesenkte, zumeist abflußlose Wannen (Dayas) mit Durchmessern zwischen 300 und 1 500 m auf (siehe TG 1, 3). Die Genese dieser auch aus anderen ariden Plateaulandschaften bekannten Formen (vgl. u.a. MITCHELL 1970, VOGG 1981) ist vermutlich auf lokale karstogene Lösungsvorgänge in den karbonatischen Sedimentiten zurückzuführen (vgl. MITCHELL/WILLIMOT 1974). Sie stellen als lokale Abflußsammelgebiete und mit dem dadurch bedingten höheren Anteil von eingeschlemmten Feinmaterial feuchtebegünstigte Areale innerhalb des Typs dar, die in Abhängigkeit von ihrer Einzugsgebietsgröße markante Vegetationsstandorte (diffuse Strauchvegetation) bilden bzw. teilweise für den episodischen Feldbau genutzt werden.

Gerd Villwock

Ebene bis gering geneigte Kalkstein-Landterrasse mit flacher Zertalung und episodischem Durchfluß

Dieser Landschaftstyp faßt die unterhalb eines lokalen Dach-(Topp-)niveaus liegenden plateauartigen, durch Stufenhänge getrennten Flächen mit schichtakkordanter Anlage zusammen. Infolge ihrer zwischenständigen Position sind die Areale dieses Typs charakteristische Durchflußbereiche des episodisch-intensiven Oberflächenabflusses (vgl. Kap. 7.5.2) und damit im morphodynamischen Sinne Bereiche aktiver Flächenspülungsprozesse (siehe Kap. 7.4.3).

Die dadurch bedingte initiale Zertalung führt zu einer deutlicheren landschaftsökologischen Differenzierung. Während die außerhalb der Dellen liegenden Areale ähnliche Merkmale wie der vorhergehende Typ aufweisen (edaphisch extrem trockene Kalksteinschutt-Decke), bewirkt die Konzentration des episodischen Abflusses nach Niederschlagsereignissen auf die Spüldellen hier relativ günstige Feuchtebedingungen. Die Intensität der Wasserversorgung der Spüldellen und flachen Talanfangsmulden ist im wesentlichen abhängig von dem Verhältnis ihrer Flächenausdehnung zur Größe ihres Einzugsgebietes[34] und von dem durch Relief- und Substratmerkmale sowie der Intensität des Niederschlags bestimmten Abflußfaktor (vgl. WALTER 1962b, EVENARI et al. 1971).

Das relativ höhere Feuchteangebot bewirkt in diesen Bereichen die Ausbildung einer lockeren Strauchvegetation (dominant: Acacia, Maerua, Aloe, Euphorbia) und damit für das Gesamtareal des Typs die Ausprägung eines kontrahierten Vegetationsmusters (vgl. MONOD 1954, WALTER 1962 b, siehe Kap. 7.7.3.2). Bei ausreichender Flächengröße und bei Vorkommen kulturfähiger Böden (v.a. schluffreiche Substrate) werden vor allem die unterhalb von Stufenhängen gelegenen Talanfangsmulden ackerbaulich genutzt (siehe Kap. 11.2). Dabei spielt neben natürlichen Faktoren (Größe und Struktur des Einzugsgebietes, Mächtigkeit der Lockersedimente) vor allem die anthropogene Regulierung des Zu- und Abflusses eine wesentliche Rolle.

Neben den Spüldellenbereichen stellen innerhalb dieses Typs auch die 10 bis 15 m hohen, flächenbegrenzenden Stufenhänge auf Grund der höheren Speicherfähigkeit der hier ausstreichenden schluffreichen Substrate (Mergel, Schluffsteine d. Jiza-Formation) bevorzugte Wuchsareale mit einer lockeren Strauchvegetation bei hohem Sukkulentenanteil (Adenium, Euphorbia, Sanseviera) dar.

Steilhängig-gestuftes Kerbsohlental mit episodischem Zu- und Durchfluß

Große Teile der Plateaulandschaften des Gebietes werden durch bis zu 200 bzw. 300 m eingetiefte, steilhängige, canyonartige Kerbsohlen- und Kastensohlentäler zerschnitten (vgl. Kap. 7.4.2). Sie bilden infolge ihres Reliefcharakters und ihrer spezifischen landschaftsökologischen Verhältnisse einen eigenständigen Typ in der unteren chorischen Dimension, der insbesondere in dem Landschaftstyp P 1 als wesentliche subordinierte Einheit auftritt.

Als Sammel- und Durchflußbereiche des episodisch-intensiven Abflusses stellen sie Räume mit hoher Erosionsdynamik dar. Die in Abhängigkeit von den lithologischen Verhältnissen im Kalkstein wandig gestuften, zum Teil Überhänge und Hohlkehlen bildenden und im liegenden Sandstein steilkonkaven Talhänge werden durch ein dichtes Netz von Runsen und Kerben gegliedert. Ihre Vegetationsbedeckung ist zumeist sehr spärlich und auf die Abflußlinien beschränkt.

Dagegen besitzen die in ihrem Längsgefälle zumeist unausgeglichenen, schmalen Talsohlen mit vorwiegend flachgründigen steinigen bis kiesig-sandigen Lockersedimenten und räumlich sowie zeitlich sehr variablen Grundwasservorkommen Bedingungen für die Ausbildung einer relativ dichten Strauch- und Baumvegetation (dominant: Acacia, Ziziphus, Ficus, Rhazya, Anisotes). Diese Bestände werden allerdings sowohl durch den episodischen Einfluß des Hochflutabflusses wie auch durch die in Siedlungsnähe intensive Nutzung (Beweidung, Holzgewinnung) erheblich degradiert (vgl. DEIL/MÜLLER-HOHENSTEIN 1985). Innerhalb dieses Typs spielen sich aus der Exposition und Beschattung ergebende kleinräumige mikroklimatische Unterschiede eine wesentliche Rolle bei der ökologischen Differenzierung.

---

[34] In den untersuchten Teilgebieten liegt das karto- bzw. stereometrisch ermittelte Flächenverhältnis zwischen 1:12 bis 1:30 (ähnliche Werte bestimmten EVENARI et al. 1971 im Negev).

Ausgewählte Teilgebiete

Erläuterungen zu den Tabellen 44 - 50

Gestein / Substrat:

- B   — Gesteine des Grundgebirges (Magmatite, Metamorphite)
- Kst — Kalksteine
- Sst — Sandsteine
- Zst — Schluffsteine
- Gi   — Gipse
- Sch — Schutt
- St   — Schotter
- Kg   — Konglomerate
- K   — Kiese
- S   — Sande
- Z   — Schluffe

- e   — eluvial
- p   — proluvial
- f   — fluvial
- ä   — äolisch
- m   — marin
- (Kru) — fossile Krustenbildungen

Bodentypen: siehe Erläuterungen zu Tabelle 32.

Wasserverhältnisse:

- GW — Grundwasser
- D — Durchflußgebiete
- Z — Zuflußgebiete

- e — episodisch hoher Abfluß
- p — periodisch hoher Abfluß

Nutzung:

- B — Beweidung
- BW — Bewässerungsfeldbau
- RF — Regenfeldbau

- Ho — Holzgewinnung
- e — episodisch

Legende: Landschaftsprofile Abb. 41 - 44, 46 - 48

Lithologie

- Neogen-quartäre Sedimente
- Sand, äolisch
- Schluff, Sandlehm, fluvial
- Kiese, Schotter, z.T. Konglomerate, fluvial-proluvial
- Gipse, Schluff-Kalksteine (Shihr-Gr.)
- Gipse (Rus-Formation)
- Kalkstein-Sandstein-Wechsellagerung (Jura-F.)
- Kalksteine (Umm ar Radhuma-F.)
- Sandsteine (Tawilah-Gr.)
- Kalksteine (Jura)
- Vulkanite (Tertiär-Quartär)
- Magmatite, Metamorphite

Vegetation, Landnutzung

- Strauchvegetation
- Baumbestände
- Kulturflächen
- Dattelpflanzungen

Aktuelle Dynamik

- Episod. Spülprozesse
- Äolische Prozesse

Topogr. Angaben

- Siedlung
- Straße
- 900   Lokaltyp. Höhenlage [m ü.M]

Gerd Villwock

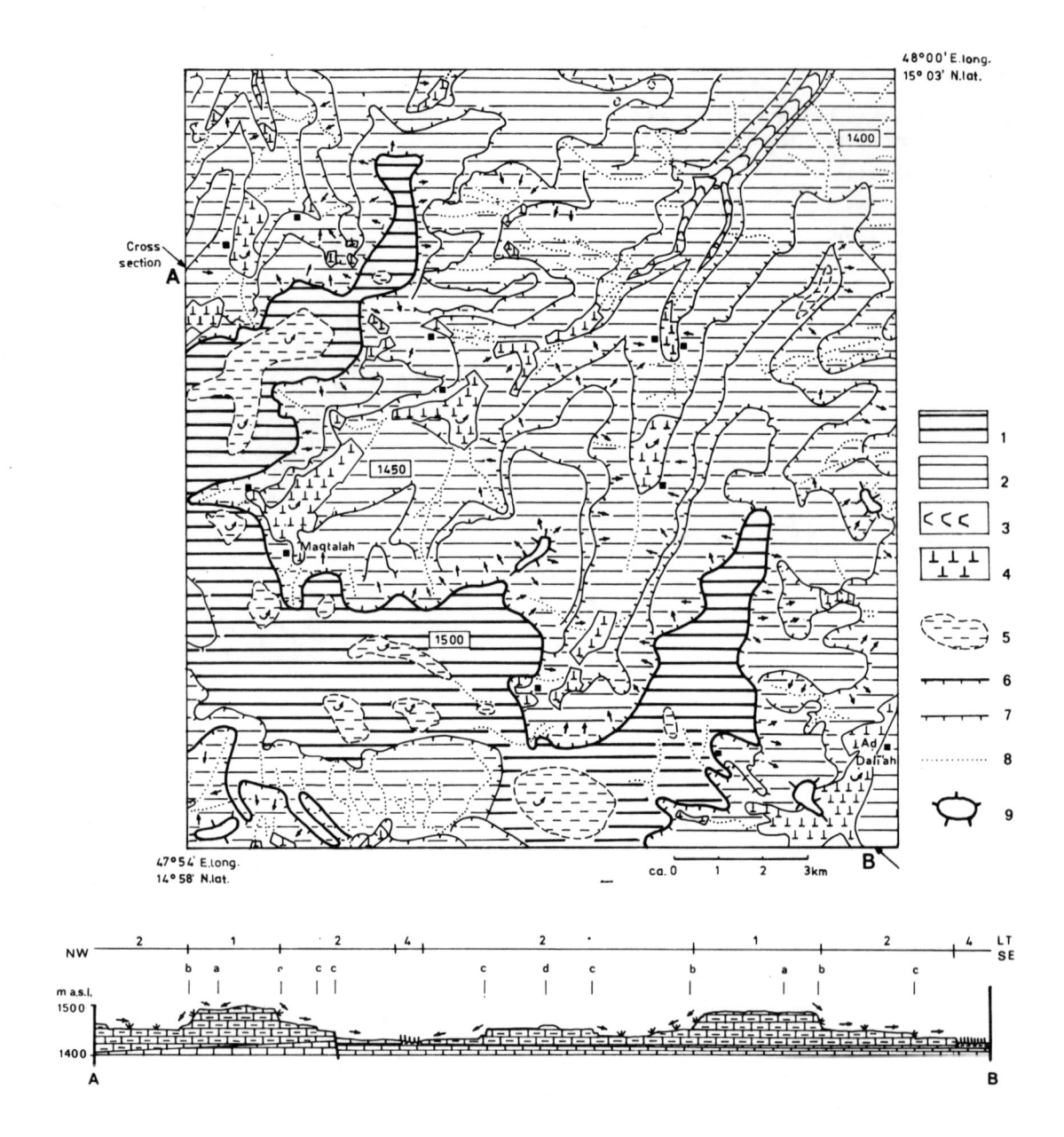

Abbildung 41: Landschaftsgliederung der unteren chorischen Dimension
Teilgebiet Ad Dali'ah

Ausgewählte Teilgebiete

Tabelle 44: Landschaftstypen der unteren chorischen Dimension im Teilgebiet Ad Dalia'ah

	Landschaftstyp	Relief	Mittlere Hang-neigung (in °)	Gestein, Substrat	Bodentypen	Wasserver-hältnisse	Vegetation	Nutzung
1	Vegetationsfreie, fastebene, unzer-talte Plateaus	Toppflächen von Tafelbergen	0,5 - 3	Kst, Sch (Kru)	I, Y$_c$	GW-fern, ex-trem trocken	fast ohne Bewuchs, nur sehr zerstreut Strauchwuchs	ohne
2	Ebene und schwach geneigte Landterras-sen mit flacher Zer-talung	Schichtakkordante Flächen mit fla-chen muldenförmi-gen Abflußrinnen	0,5 - 4	Kst, p-e Z, Sch (Kru)	I, Y$_c$	GW-fern, eD	kontrahierte Strauchvegetation in Rinnen (Acacia, Euphorbia, Salso-la, Fagonia)	e B
3	Steilhängig-gestufte Kerbsohlentäler mit dichter Vegetation	20 - 100 m einge-tiefte, steilhän-gig-wandige Täler		Kst, f K, S, St	I, J	episodisch ge-ringe GW-Füh-rung, e D, Z	relativ dichte Strauch- und Baum-vegetation (Aca-cia, Maerua, Ani-sotes, Rhazya)	e B, Ho
4	Flache schluffbe-deckte Mulden der Talanfänge	ebene bis schwach-geneigte Sohlen-täler	0 - 2	p-e Z, S	J, Y$_c$	GW-fern, e Z, Hangwasser-Bewässerung	Strauch- und Baum-vegetation, Kul-turflächen mit Se-getalvegetation	e BF

Subordinierte Einheiten

	Landschaftstyp	Relief	Mittlere Hang-neigung (in °)	Gestein, Substrat	Bodentypen	Wasserver-hältnisse	Vegetation	Nutzung
a	Flache schluffbe-deckte Wannen im Plateaubereich (Dayas)	?karstogene Flach-wannen, nur wenig eingetieft (2 - 20 m)	0,5 - 5	p-e Z, S	Y$_c$	GW-fern, e Z	zerstreut Sträu-cher und Zwerg-sträucher	ohne
b	Stufenhänge der Pla-teaus und Landter-rassen	gestreckte Steil-hänge, intensiv zerrunst	20 - 45	Zst, Kst, Sch	I	GW-fern, e D	vereinzelt rela-tiv dichter Strauchwuchs (Aca-cia, Maerua, Eu-phorbia, Aloe, Commiphora)	e B
c	Flache Abflußrinnen der Landterrassen	Flachmuldentäl-chen	0,5 - 2	Kst, S	I	GW-fern, e D	zerstreut Strauch- und Zwergstrauch-vegetation (Acacia, Euphorbia, Periplo-ca, Fagonia)	e B
d	Kleine Tafelberge	Steilhängig be-grenzte Tafel-berge		Kst, Zst	I	GW-fern	fast vegetations-frei	ohne

Tabelle 45: Landschaftstypen der unteren chorischen Dimension im Teilgebiet Wadi Jibith

	Landschaftstyp	Relief	Mittlere Hangneigung (in °)	Gestein, Substrat	Bodentypen	Wasserverhältnisse	Vegetation	Nutzung
1	Plateauflächen der Tafelberge	fastebene, unzertalte Topfflächen	0,5 – 1	Kst, Sch (Kru)	I, Y_c	GW-fern, extrem trocken	fast vegetationsfrei, nur Flechten auf Gestein	ohne
2	Breite, flach zertalte Landterrassen mit kontrahierter Vegetation	ebene bis schwach geneigte Flächen mit flachen Muldentälchen	0,5 – 3	Kst, Sch (Kru)	I, Y_c	GW-fern, e D	kontrahierte Strauchvegetation (Acacia, Euphorbia, Zygophyllum, Salsola)	e B
3	Steilhängige Nebentäler	Kerb- und schmale Kerbsohlentäler mit steilen, gestuften Hängen		Kst, f St, K	I	nur geringe GW-Vorkommen, e Z, D	zerstreute Strauchvegetation (Acacia, Maerua, Euphorbia)	e B, Ho
4	Gestufte Hangzone im Kalkstein	durch Stufen (bis 20 m) gegliederte Hänge	15 – 35	Kst	I	GW-fern, e D	nur vereinzelt Strauchbewuchs	e B
5	Hohe Steilhänge der Talränder	in wandartige Oberhänge (Kst) und konkave Unterhänge (Sst) gegliederte Hänge, intensiv zerrunst	15 – >40	Kst, Sst, Sch	I	GW-fern, im unteren Teil Hangfeuchte, e D	Oberhänge vegetationsfrei, am Unterhang zerstreute Strauchvegetation (Acacia, Aloe, Euphorbia)	e B
6	Grundwasserferne, zerschnittene Terrassen, 20 – 40 m über dem Vegetation	intensiv zertalte Terrassen, 20 – 40 m über dem Talboden	1 – 15	St, Kg (Kru)	I	extrem trocken, e D	fast vegetationsfrei, nur vereinzelt Sträucher	ohne
7	Grundwasserferne Hügelgebiete in Gipsen und Kalksteinen	intensiv zertaltes und zerrunstes Hügelrelief	0 – 30	Gi, Kst, Zst	I	extrem trocken, e D	nur vereinzelt Zwergsträucher (Zygophyllum, Salsola, Euphorbia)	ohne

Ausgewählte Teilgebiete

8	Rezente Talböden (Hochflutbereich)	20 - 200 m breite, ebene Talböden, z.T. erosiv zerschnitten	0 - 2	St, K	I, J	oberflächennahe GW-Vorkommen, e D, Z	relativ dichte Strauch- und Baumvegetation (Acacia, Rhazya, Calotropis, Euphorbia, Tamarix, Salvadora)	B, Ho
9	Sandig-kiesige Terrassen in Grundwassernähe	unzertalte Terrassen, 3 - 5 m über Talboden	0 - 1	St, K, S	Q_c	trocken, im Liegenden z.T. GW	zerstreuter Strauch- und Baumbewuchs (Ziziphus, Acacia, Indigofera)	B, Ho
10	Grundwassernahe Talterrassen mit Schluff-/Sandlehmdecke	flache Terrassen, 3 - 5 m über Talboden, z.T. erosiv zerschnitten	0 - 0,5	Z, Sandlehm	J_c	im Liegenden z.T. GW-Vorkommen, Bewässerung	Baumbestände (Ziziphus, Ficus), Kulturen (Phoenix)	BF, Ho, B

Subordinierte Einheiten

a	Kleine Tafelberge	steilhängige Tafelbergreste	0 - 30	Kst, Zst	I	extrem trocken	fast vegetationsfrei	ohne
b	Stufen der Landterrassen und Plateaus	stufenartige Steilhänge, intensiv zerrunst	10 - 45	Kst, Zst, Sch	I	e D, z.T. Hangfeuchte	zerstreute Strauchvegetation in flachen Rinnen (Acacia, Maerua, Aloe, Euphorbia)	e B
c	Flache Talmulden der Landterrassen	flach (bis 1 m) eingetiefte Muldentälchen	0,5 - 2	Sch, Z, Kst	Y_c, I	GW-fern, e D, Z	lockere Strauchbestände (Acacia, Aloe, Euphorbia, Sansevieria, Limonium)	e B
d	Schmale Kerbtäler			Kst, Sch		GW-fern, e D	zerstreuter Strauchwuchs	e B
e	Flache Wannen in den Plateaus (Dayas)	?karstogene Flachwannen, nur wenig eingetieft (2 - 20 m)	0,5 - 5	p-e, Z, S	Y_c	GW-fern, e Z	zerstreute Sträucher und Zwergsträucher	ohne

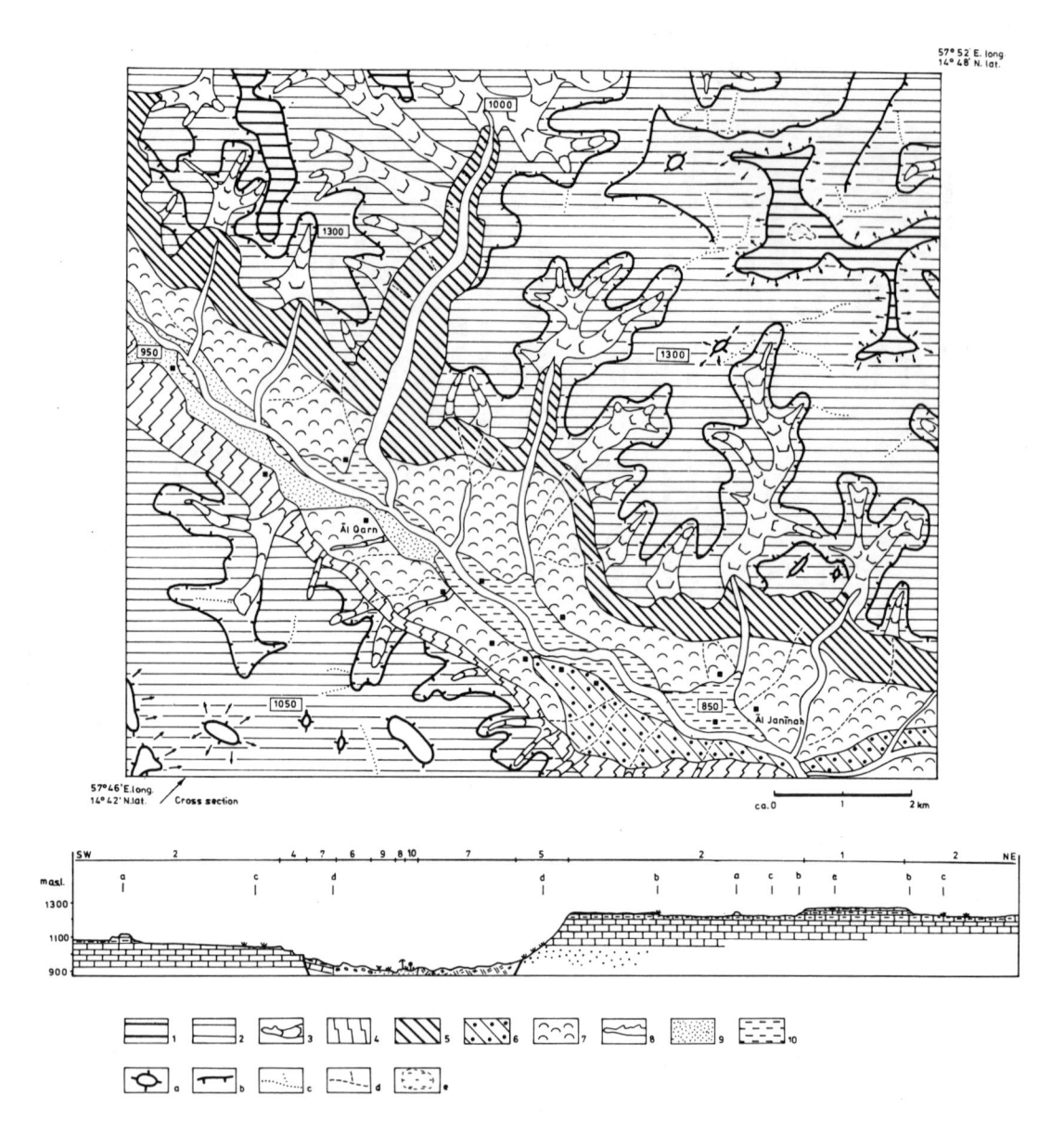

Abbildung 42: Landschaftsgliederung der unteren chorischen Dimension
Teilgebiet Wadi Jibith

Ausgewählte Teilgebiete

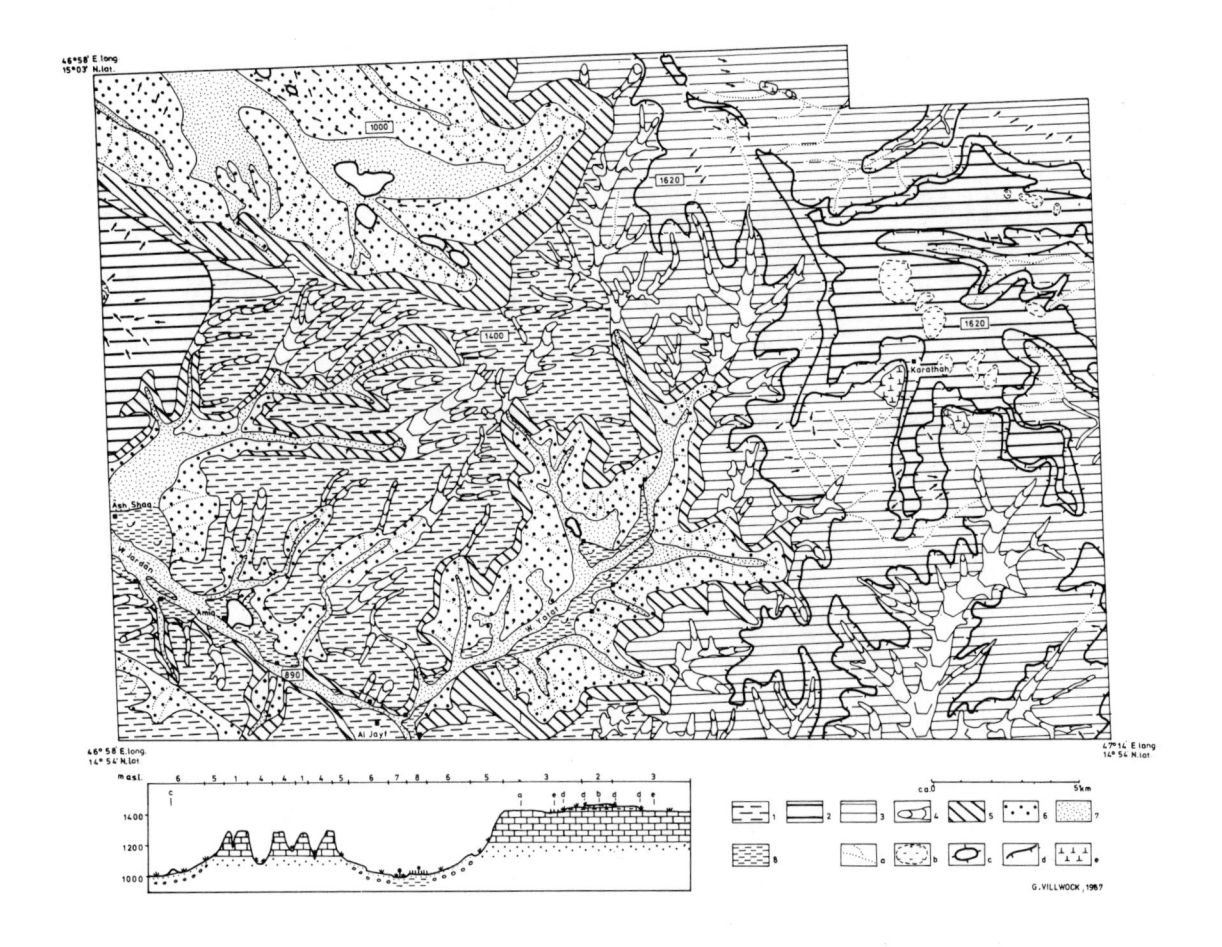

Abbildung 43: Landschaftsgliederung der unteren chorischen Dimension
Teilgebiet Wadi Jardān

Tabelle 46: Landschaftstypen der unteren chorischen Dimension im Teilgebiet Wadi Jardān

	Landschaftstyp	Relief	Mittlere Hang- neigung in °)	Gestein, Substrat	Bodentypen	Wasserver- hältnisse	Vegetation	Nutzung
1	Intensiv zertaltes Kalkstein-Bergland	breit geöffnete, gestufte Kerbtä- ler, schmale Pla- teaubergzüge und -riedel, RE 100- 200 m	10 – 45	Kst	I	GW-fern, e D	geringe Strauchve- getation in Tälern	ohne
2	Vegetationsfreie, fastebene Plateaus	Toppflächen von Tafelbergzügen, unzertalt	0,5 – 1	Kst, Sch (Kru)	I	GW-fern, extrem trocken	ohne Vegetation	ohne
3	Breite, flach zertal- te Landterrassen mit kontrahierter Vegeta- tion	schichtakkordan- te Flächen mit flachen mulden- förmigen Abfluß- rinnen	0,5 – 3	Kst, p-e Z, Sch (Kru)	Y_c, I	GW-fern, e D	kontrahierte Strauch- und Zwergstrauchvege- tation (Salsola, Fagonia, Acacia, Euphorbia)	e B
4	Steilhängige Kerbsoh- lentäler mit dichter Vegetation	Kerb- und schmale Kerbsohlentäler mit gestuften Steilrändern	20 – 40	Kst, Sst, St, Sch	I	lokal geringe GW-Vorkommen, e D, Z	Talboden mit rela- tiv dichter Strauch- und Baum- vegetation (Aca- cia, Ziziphus, Fi- cus, Anisotes, Rhazya)	e B, Ho
5	Steilhänge der Tal- weitungen und Pla- teauränder	hohe (300-400 m) Abhänge, Wand- Oberhang (Kst), konkav-gestreck- ter Unterhang (Sst), intensiv zerschnitten	15 – 45	Kst, Sst, Sch	I	GW-fern, e D, lokal am Unter- hang Hang- und Quellwasser	am Unterhang und in Rinnen Strauch- vegetation (Acacia, Commiphora, Maerua, Euphorbia)	e B
6	Grundwasserferne Fuß- flächen der Talwei- tungen	konkav-gestreckte Flachhänge mit flacher Zertalung, unterschnittene Rampenhänge	0,5 – 5	p Kg, St (Kru)	Q_c	extrem trocken, e D	kontrahierte Strauchvegetation (Acacia, Maerua, Fagonia, Periploca)	e B

Ausgewählte Teilgebiete

7	Breite Talebenen mit Grundwasserführung	Talboden, eben mit flachen Terrassen, bis 3 m eingetieftes Hochflutbett	0 – 1	f St, K, S	Q_c	in Schottern perennierendes GW, e D, Z, hohe Versickerung	Strauch- und Baumvegetation z.T. relativ dicht (Acacia, Maerua, Ziziphus, Balanites, Rhazya)	e B, Ho
8	Schluffterrassen der großen Täler	2 – 10 m hohe Terrassen, z.T. erosiv zerschnitten	0 – 0,5	f Z	J_c, J_e	z.T. GW-Vorkommen im Liegenden, Bewässerung	Baumbestände (Ziziphus), Kulturen	BF. Ho, B

Subordinierte Einheiten

a	Flache Abflußrinnen auf Landterrassen	flache Muldentälchen		Kst, S, Z	Y_c	GW-fern, e D	vereinzelt Strauchvegetation	e B
b	Flache Wannen auf den Plateaus (Dayas)	?karstogene Flachwannen, nur wenig eingetieft (2 – 20 m)	0,5 – 5	p-e Z, S	Y_c	GW-fern, e Z	zerstreut Sträucher und Zwergsträucher	ohne
c	Steilhängiger Einzelberg innerhalb der Täler			Sst, Kst	I	GW-fern	ohne Vegetation	ohne
d	Stufenhänge der Tafelberge und Landterrassen	gestreckte Steilhänge, intensiv zerrunst	20 – 45	Zst, Kst, Sch	I	GW-fern, e D	vereinzelt relativ dichter Strauchwuchs (Acacia, Maerua, Euphorbia, Aloe, Commiphora)	e B
e	Flache, schluffbedeckte Mulden der Talanfänge	flache Talanfänge unterhalb von Stufen		p-e Z, S	Y_c	GW-fern, e Z, Hangwasserbewässerung	Baumbestände (Ziziphus), Kulturen	e BF

Tabelle 47: Landschaftstypen der unteren chorischen Dimension im Teilgebiet Unterlauf des Wadi Hadramawt

	Landschaftstyp	Relief	Mittlere Hangneigung (in °)	Gestein, Substrat	Bodentypen	Wasserverhältnisse	Vegetation	Nutzung
1	Talbodenbereiche und Terrassen mit Schluff-/Sandlehmdecke	ebene Talböden, flache Terrassen, z.T. erosiv zerschnitten	0	f Z, Sandlehme			Kulturen mit Segetalvegetation, Baumbestände (Phoenix, Ziziphus, Prosopis), Sträucher (Cassia, Cleome, Calotropis, Salvadora)	BW, Ho, B
1.1	bei tiefliegendem Grundwasser (über 20 m)				J_e, J_c	GW-Spiegel über 20 m unter Flur, vorwiegend salzarm, e Z		
1.2	bei hochliegendem Grundwasser (unter 20 m)				J_e, Z	GW-Spiegel oberflächennah, dominierend Salzwasser, e Z		
2	Talböden und flache Terrassen mit Kies- und Sanddecke	Hochflutbereich und flache Terrassen, z.T. zerschnitten	0 – 1	f-p St, K, S	Q_c	2.1 GW über 20 m unter Flur, e Z, D 2.2 GW unter 20 m unter Flur, e Z, D	Strauchvegetation (Acacia, Prosopis, Zygophyllum, Suaeda, Tamarix)	B, Ho
3	Sandfelder mit Dünen	Dünenfelder, vorwiegend Transversaldüner, aktive äolische Dynamik	0 – 20	ä S	R	3.1 GW über 20 m unter Flur 3.2 GW unter 20 m unter Flur	zerstreute Strauch- und Zwergstrauchvegetation, bei GW-nähe dichter (Dipterygium, Zygophyllum, Suaeda)	e B
4	Stufenhänge mit steilnig-kiesigen Fußflächen	Oberhang wandartig (Kst), Unterhang steilkonkav, Gesamthöhe 200-300 m	30 – >50	Kst, Sst, Sch	I, Q_c	GW-fern, e D, am Unterhang lokal Quellwasser	zerstreute Strauchvegetation	e B

146

Ausgewählte Teilgebiete

5	Zertalte Plateaubereiche	dicht zertalte Plateaus mit tiefen Kerb- und Kerbsohlentälern (RE über 300 m)	15 - 30	Kst	I	Plateaus GW-fern, Täler mit lokalen GW-Vorkommen, e D	kontrahierte Strauchvegetation (Acacia, Maerua) e B
6	Gering zertalte Plateaus mit flachen Tafelbergen	weite, schichtakkordante Flächen mit flachen Tälern (RE unter 100 m) und aufgesetzten Tafelbergen	0 - 3	Kst, Zst	I	GW-fern, e D	kontrahierte Strauchvegetation (Acacia, Maerua) e B

Subordinierte Einheiten

a	Hochflutbett der Talböden	2-5 m eingetieftes Hochflutabflußbett mit Erosions- und Akkumulationsformen	0 - 0,5	f St, K, S		a 1 GW-Spiegel über 20 m unter Flur a 2 GW-Spiegel unter 20 m unter Flur, e Z, D	fast vegetationsfrei ohne
b	Schmale, tiefe Täler der Plateaus	bis 200/300 m eingetiefte Kerbsohlen- und Kerbtäler		Kst, f St, K	I	lokal mit tiefliegenden GW-Vorkommen	relativ dichte Strauchvegetation e B, Ho

Gerd Villwock

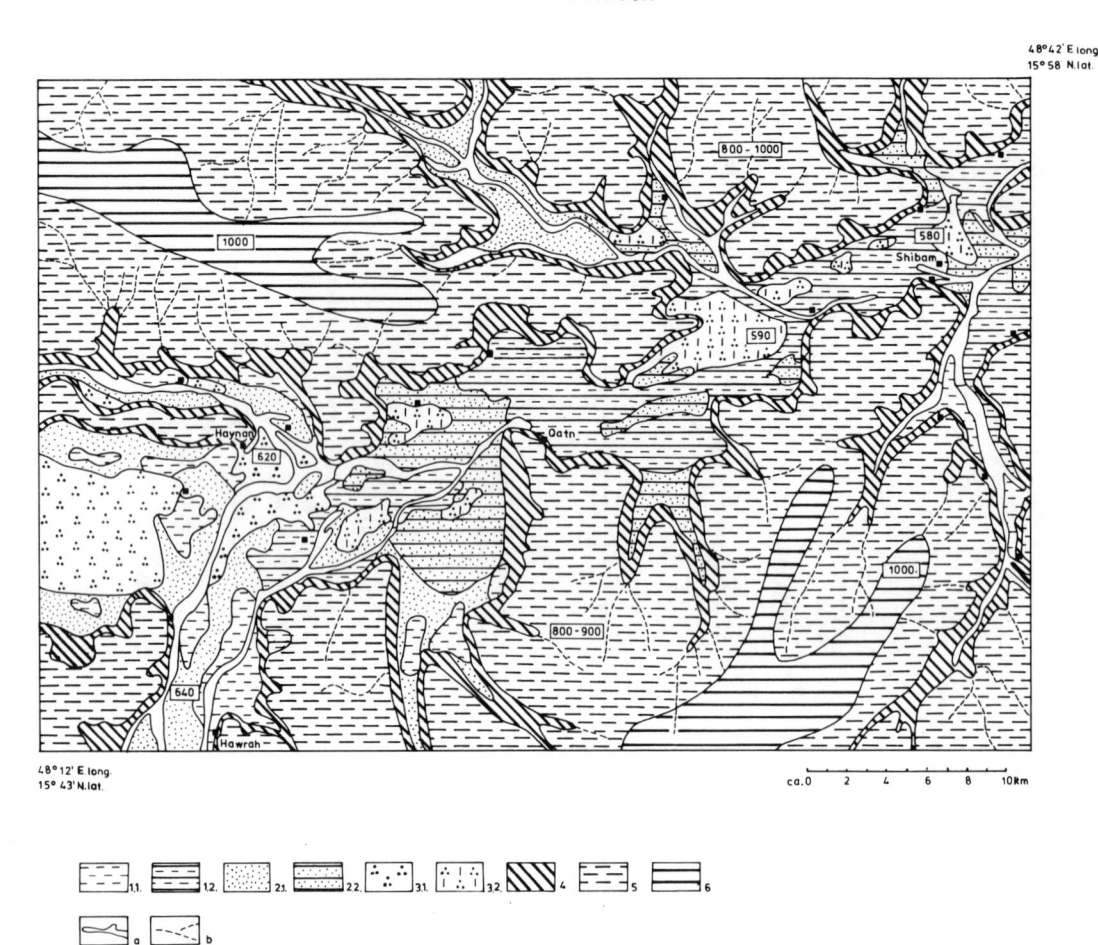

Abbildung 44: Landschaftsgliederung der unteren chorischen Dimension

Teilgebiet Oberlauf des Wadi Hadramawt

Eine markante landschaftliche Differenzierung erfährt der südwestliche Teil von Hadramawt durch den großräumigen Landschaftstyp der *großen Täler und Talebenen* (Typ P 8). Die Landschaftseinheiten dieses Typs bilden bis zu 3 km breite und bis zu 200 - 400 m in die Plateaus eingetiefte Täler (z.B. Wadi Rakhyah, 'Amd, Daw'an, Yataf-Jirdān, Amāqin, Ās Sufrah-Jibath) und die stellenweise bis 10 km breite Talebene des Wadi Hadramawt (siehe Anl. 5). Die subordinierte Landschaftsstruktur der großen Täler und Talebenen wird durch folgende dominante Landschaftstypen des unteren chorischen Dimensionsbereiches gekennzeichnet.

Ausgewählte Teilgebiete

Hoher, zerschnittener Stufensteilhang des Talrandes mit episodischem Durchfluß

Die Begrenzung der Täler zu den Plateaubereichen erfolgt durchgängig durch in ihrem Grundriß bis zu 800 m breite und bis zu 400 m hohe Steilhänge. Diese sind in Abhängigkeit von den lithologischen Gegebenheiten im oberen Teil (ca. 200 m) wandartig-gestuft (grobbankiger Kalkstein der Umm er Radhuma-Formation) und im Unterhang steilkonkav bis gestreckt (Sandsteine der Tawilah-Gruppe, Kreide) ausgebildet. Der episodisch hohe Wasserdurchfluß mit erosiv-spülender Wirkung ruft eine intensive Zerschneidung und Zerrunsung verbunden mit gravitativen Schollenabstürzen hervor.

Während im Oberhangbereich das anstehende Festgestein ausstreicht, bedecken deluviale Schuttablagerungen weite Teile der Unterhänge (siehe TG 2, 3, 4). Die Wasserversickerung an Gesteinsspalten und vor allem in den Schuttdecken bewirkt in Verbindung mit der tageszeitlichen Schattenlage im Unterhang- und Hangfußbereich relativ günstige Feuchteverhältnisse (vgl. auch KASSAS 1952), die lokal noch durch Quellenaustritte (Karstquellen im Kalkstein, Schichtquellen im Sandstein, siehe Kap. 7.5.3) verstärkt werden. In diesen Bereichen sowie in den Abflußrinnen treten lockere Strauchbestände mit Acacia, Commiphora, Euphorbia, Sanseviera auf. Die teilweise ausgedehnte Überweidung der Steilhangbereiche führte zu einer erheblichen Degradierung der Vegetation und zu einer verstärkten erosiven Abtragung.

Grundwasserferne Konglomerat- und Schotter-Fußfläche bzw. Terrasse

In einigen großen Tälern des Gebietes (z.B. Wadi Jirdān, Amāqin, Jibath, siehe TG 2 und 3) treten weitflächig erhaltene, neogen-quartäre Fußflächen und Terrassen auf (siehe auch Kap. 7.4.2). Sie bilden einerseits gering geneigte (0,5 - 5°), konkavgestreckte Fußhänge unterhalb der Steilstufen sowie andererseits stärker zerschnittene Hügelgebiete in grundwasserfernen Talniveaus (4 bis über 40 m über dem rezenten Talboden). Ihre Oberfläche besteht aus durch Kalkkrusten fest verbackenen proluvial-fluvialen Schottern. Die intensive, zum Teil tiefreichende Verkrustung (zur Genese siehe Kap. 7.6.2) hat eine weitgehende Undurchlässigkeit für Wasser und Wurzeln zur Folge und bewirkt damit die weiträumige Vegetationslosigkeit der Areale dieses Typs (vgl. auch EVENARI et al. 1971). Nur in den Zertalungsbereichen tritt bei geringmächtiger Lockermaterialakkumulation zerstreut Strauch- und Krautwuchs auf.

Auf jüngeren grundwasserfernen Arealen fehlen die Kalkkrusten, hier unterliegen die unverfestigten Schotter und Kiese einer episodischen Flächenspülung mit flacher Zertalung. Bei etwas günstigerer Wasserversorgung bildet sich vor allem auf lokalen Sandablagerungen eine lockere Strauchvegetation (Acacia, Anisotes, Rhazya, Periploca).

Kiesig-sandiger Talboden in Grundwassernähe

Große Teile des eigentlichen Talbodens der Täler werden durch die Schotterflur des rezenten Abflusses und flache Terrassen mit kiesig-steinigen und sandigen Oberflächensubstraten eingenommen (siehe TG 2, 3, 4). Der infolge der Größe der Einzugsgebiete episodisch sehr hohe Zufluß und das gute Versickerungsvermögen und damit die Verringerung der Verdunstungsverluste führt zur Ausbildung von zumeist permanenten, mehr oder weniger oberflächennahen (siehe TG 4) Grundwasservorkommen. Sie machen diese Bereiche damit zu relativen ökologischen Gunststandorten. Die geringe Wasserkapazität der grobtexturierten Rohböden (Arenosols) verursacht allerdings eine ungünstige Wasserversorgung im oberen Wurzelraum (vgl. auch VOGG 1981), so daß vor allem phreatophytische Strauch- und Baumgewächse (u.a. Acacia, Ziziphus, bei hohem Grundwasserstand Tamarix, Salvadora) die natürliche Vegetation bilden.

Die mit dem Hochflutabfluß verbundenen episodischen Materialumlagerungen und teilweise Zerstörung der Pflanzendecke bedingen in Arealen dieses Typs eine hohe Variabilität des aktuellen Landschaftszustandes. Daneben wirken die Beweidung und Brennholzgewinnung als wesentliche destruktive Faktoren.

Eine arealinterne Differenzierung der landschaftsökologischen Verhältnisse erfolgt in erster Linie durch die von der Position im Tallängsgefälle und im -querprofil abhängige Höhe des Grundwasserspiegels sowie durch die Textur und Mächtigkeit der Lockersubstratdecke (vgl. DEIL 1986).

Talboden bzw. flache Terrasse mit Schluff-/Lehmdecke in Grundwassernähe

Die in den großen Tälern sowohl großflächig (siehe TG 4) wie auch als kleinere Areale (siehe TG 2, 3) auftretenden Talbodenbereiche mit einer 2 bis über 10 m mächtigen, schluffreichen Sedimentdecke werden auf Grund ihrer besonderen landschaftsökologischen Merkmale als eigenständiger chorischer Landschaftstyp angesehen. Die lößähnlichen, vermutlich anthropogen-fluvialen Ablagerungen (zur Genese siehe Kap. 11.1) bilden zumeist flache, durch das rezente Abflußbett bis zu 10 m tief zerschnittene Terrassen.

Auf Grund der hohen Wasserkapazität[35] der schluffigen bis sandlehmigen, karbonatreichen, stickstoff- und humusarmen Böden (Fluviosols) und des in den liegenden Schottern bzw. Kiesen vorhandenen Grundwassers verfügen diese Bereiche über die günstigsten ökologischen Bedingungen unter den hier beschriebenen Landschaftstypen (vgl. auch AL-HUBAISHI/MÜLLER-HOHENSTEIN 1984, DEIL 1986, siehe auch Kap. 7.6.3, Anl. 10).

Die dementsprechend relativ dichte und zumeist artenreiche natürliche Vegetationsdecke besteht vorwiegend aus Baum- und Strauchgehölzen (Wadisaum-Gesellschaften bei DEIL/MÜLLER-HOHENSTEIN 1985), bei denen Acacia, Ziziphus, Cissus, Anisotes, Cleome sowie in Grundwassernähe Tamarix und Salvadora dominieren.

Wegen ihrer edaphischen Standortgunst werden die Areale dieses Typs in größerem Umfang ackerbaulich genutzt bzw. bei sehr günstigen Wasserverhältnissen zur Anlage von Dattelpalmenpflanzungen verwendet. Die Bewässerung erfolgt durch Zuleitung des Hochflutabflusses ("sayl-Bewässerung"), durch Hangwasserzufuhr bzw. zum Teil auch aus Grundwässern (siehe auch Kap. 11.2). Die relativ intensive Nutzung hat zu einer weitgehenden Degradierung der natürlichen Vegetationsdecke geführt (vgl. DEIL/MÜLLER-HOHENSTEIN 1985). Bei der Aufgabe von Nutzung und Abflußregulierung unterliegen die sehr erosionsanfälligen Feinmaterialien einer sehr raschen Abtragung und Zerschneidung, die letztendlich zu einer "Badland"-Bildung führt (z.B. TG 2 und 3). Daneben neigen die schluffreichen Böden bei unzureichender Be- und Entwässerung zu starker, nutzungsbeeinträchtigender Versalzung (vgl. ABDULBAKI 1984, siehe Kap. 7.6.3, 11.3).

Äolisches Sandfeld mit Dünen

In der weiten Talebene des Wadi Hadramawt sowie in den Mündungsbereichen seiner Nebentäler treten verbreitet große Sand- und Dünenfelder auf (siehe TG 4, vgl. auch ABDULBAKI 1984). Die durch ein äolisches Mikrorelief stark zergliederten Areale weisen eine zerstreute Strauch- und Zwergstrauchvegetation mit vorwiegend sandbindenden Formen (Leptadenia, Dipterygium, Calligonum) auf. Bei stärkerem Grundwassereinfluß ist die Vegetationsdichte höher und wird vor allem durch Halophyten (z.B. Zygophyllum, Suaeda, Tamarix) bestimmt. Relativ günstige Feuchteverhältnisse nach rasch versickernden Niederschlägen rufen kurzzeitig einen ephemeren Pflanzenwuchs hervor.

Die infolge der zumeist geringen Vegetationsbedeckung hohe äolische Morphodynamik (Sand- und Staubstürme) kann zu erheblichen Übersandungen benachbarter Flächen führen (vgl. ABDULBAKI 1984).

Zusammenfassend stellt sich die chorische Landschaftsstruktur der großen Talbereiche als ein *Wirkungsgefüge* von Faktoren der umgebenden Landschaftsräume (Größe, Relief-, Substratverhältnisse des Einzugsgebietes als steuernde Faktoren des Wasserzuflusses) und von internen Faktoren der landschaftlichen Ausstattung (Textur und Mächtigkeit der Lockersedimentdecke, Reliefstruktur) und der Nutzung (Art, Intensität) dar (siehe Abb. 45). Das jeweils spezifische interferente Zusammenwirken der Einflußfaktoren bestimmt insbesondere die Wasserverhältnisse als die entscheidenden Voraussetzungen für die Ausprägung der landschaftsökologischen Bedingungen und für die potentiellen Nutzungsmöglichkeiten (vgl. auch KASSAS 1952, KASSAS/IMAM 1954, EVENARI et al. 1971).

---

[35] Nach ABDULBAKI (1984) liegt die Versickerungsgeschwindigkeit dieser Schluffböden bei 42 - 60 mm/h gegenüber bis zu 300 mm/h bei Sandböden.

Ausgewählte Teilgebiete

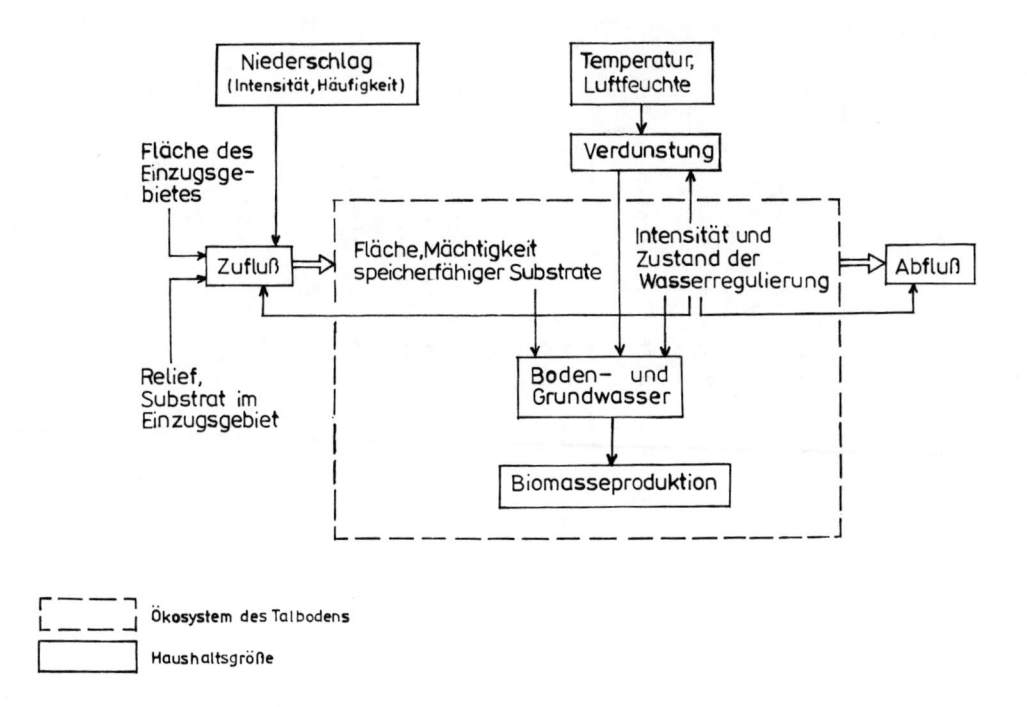

Abbildung 45: Hauptmerkmale des ökologischen Haushaltes der Talböden im Plateaubereich (in Anlehnung an WALTER 1962, EVENARI et al. 1971)

10.4.2. Küstengebirge von Mukallā

Die Region des zentralen Küstengebirges (Reg. 13, siehe Anl. 50) weist auf Grund ihrer Lage im Bereich der neogen-quartären Bruchtektonik (siehe Kap. 7.3.2, Abb. 23) sehr engräumig differenzierte lithologische und geomorphologische Verhältnisse auf (siehe Kap. 7.4.3, Anl. 2). Das ca. 280 km² große Teilgebiet nordwestlich der Hafenstadt Mukallā (ca. 49° ö.L., 14°33' n.B.) repräsentiert einen Ausschnitt aus dem küstennahen Kalkstein-Bruchschollenbergland (Landschaftstyp B 3 der oberen chorischen Dimension) und des Berglandes in Grundgebirgsgesteinen (Typ B 1) sowie randlich des Bereiches der Hügelländer in Kalk- und Gipssedimentiten (Typ F 9).

Bei der Analyse der chorischen Landschaftsstruktur des Ausschnittes mittels Geländekartierung und Luftbildauswertung konnten neun Typen von Landschaftseinheiten der unteren chorischen Dimension ausgewiesen werden (siehe Abb. 46 und Tab. 48).

Kennzeichnend für den Bereich des Kalkstein-Berglandes ist eine reliefstrukturbedingte Abfolge von geneigten (5 - 20°), durch schmale Kerbtälchen konsequent zerschnittenen, schichtakkordanten Hangflächen (Dachflächen, Rückenhänge) mit felsiger bzw. gering schuttbedeckter Oberfläche und diffusem Strauchbewuchs (Typ 1, siehe Tab. 48) und 200 - 400 m hohen, gestuft-konkaven Steilhängen im Kalk- (Oberhang) und Sandstein (Mittel- und Unterhang), die vor allem im unteren Teil zumeist durch Hang- bzw. Quellwasser feuchtebegünstigt sind (Typ 2, vgl. auch die Stufensteilhänge in Kap. 10.4.1).

Tabelle 48: Landschaftstypen der unteren chorischen Dimension im Teilgebiet Bergland nordwestlich von Mukallā

	Landschaftstyp	Relief	Mittlere Hangneigung (in °)	Gestein, Substrat	Bodentypen	Wasserverhältnisse	Vegetation	Nutzung
1	Hangflächen im Kalkstein	schichtakkordante Rückenhänge der Schichtrippen, durch Kerbtäler zerschnitten	10 – >20	Kst	I	GW-fern, e D	diffuse, weitständige Strauchvegetation (Acacia, Commiphora, Boswellia, Balanites, Aloe, Adenium)	e B
2	Hohe Steilhänge im Kalk- und Sandstein	wandartiger Oberhang (Kst), steilkonkav-gestreckter Unterhang (Sst), intensiv zerrunst, Höhe 200 – 400 m	15 – 40	Kst, Sst, Sch	I	e D, im Unterhang z.T. Hangwasser, lokal Quellaustritte	diffuse, weitständige Strauchvegetation (Acacia, Commiphora, Boswellia, Balanites, Aloe, Adenium)	e B
3	Steilhängige, tief zertalte Kammbergzüge	steilhängige, schmale Bergzüge mit tiefen Kerbtälern, intensiv zerrunst (RE 200–400 m)	15 – 35	B, Sch	I	GW-fern, e D	diffuse, weitständige Strauchvegetation (Acacia, Commiphora, Boswellia, Balanites, Aloe, Adenium)	e B
4	Trockene Hügelgebiete	flach zertaltes Hügel- und Tafelbergrelief (RE 40 – 80 m)	10 – 20	Kg, Gi, Zst, Kst	I, Y, y, Y_c	GW-fern, sehr trocken	kontrahierte Strauch- und Zwergstrauchformation (Acacia, Euphorbia, Zygophyllum, Rhazya)	e B
5	Grundwasserferne Terrassen	zerschnittene Terrassenebenen	0,5 – 2	f St, Kg, K	Q_c	GW-fern, e D	zerstreute Strauchvegetation	e B
6	Kiesig-steinige, grundwassernahe Talböden	ebene Talböden und flache Terrassen	0,5 – 1	f K, St, S	I, Q_c	zumeist salzhaltiges GW in Oberflächennähe	an den Rändern relativ dichte Strauchvegetation (Tamarix, Acacia, Rhazya, Calotropis)	e B, Ho

Ausgewählte Teilgebiete

7	Strandebenen	flache marine Terrassen und Abrasionsflächen	0 – 1	m S, Kst	I, Z	Salzwasser in Oberflächennähe	halophytische Zwergstrauchvegetation (Suaeda, Zygophyllum, Salsola, Limonium)
8	Haupttäler im Bergland	tiefe, steilhängige Kerbtäler	30 – 45	B	I	e D, lokal GW-Vorkommen	relativ dichte Strauchvegetation e B
9	Haupttäler der Kalkstein-Hangflächen	tiefe, wandhängige Kerbsohlentäler (RE 200–400 m)	30 – 50	Kst	I	e D, lokal GW-Vorkommen	relativ dichte Strauchvegetation e B
	Subordinierte Einheiten						
a	Wandstufen im Kalkstein	klüftig-blockige, bis 200 m hohe Steilwände	40 – 50	Kst			fast vegetationsfrei ohne
b	Kleine Kerbtäler der Kalksteinhänge und Bergländer						
c	Quelloasen der Täler und Unterhänge	Talböden bzw. Terrassen in Steilhangnähe	0 – 1	Z, Sandlehme	J_e, Z	Bewässerung durch Quellen, e Z	Kulturen (Phoenix) mit Segetalvegetation Pflanzungen, z.T. verfallen

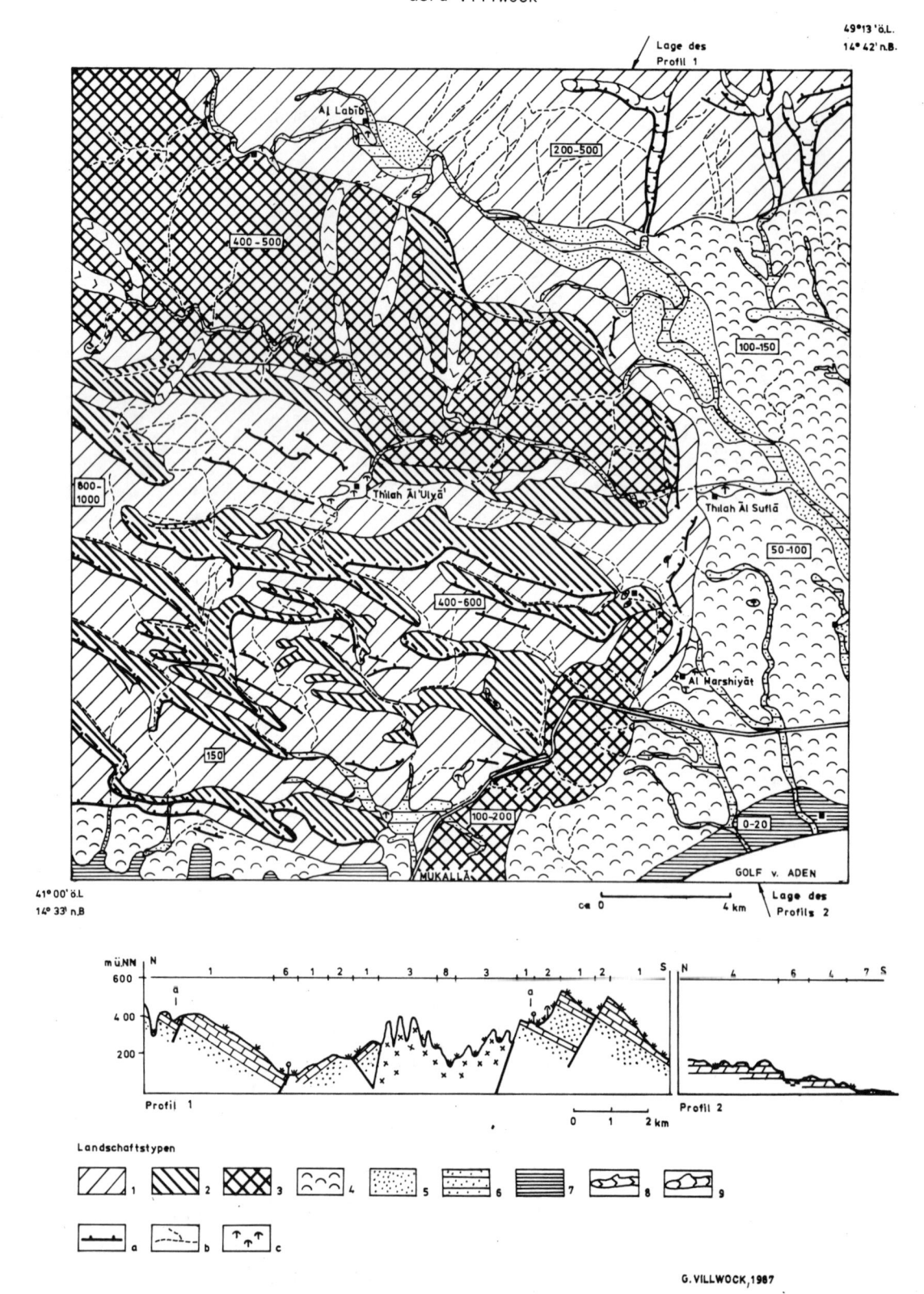

Abbildung 46: Landschaftsgliederung der unteren chorischen Dimension
Teilgebiet Bergland nordwestlich von Mukallā

Ausgewählte Teilgebiete

Das Landschaftsgefüge des aus Magmatiten und Metamorphiten aufgebauten Berglandes wird durch steilhängige, intensiv zerrunste und zertalte Kammbergzüge sowie durch bis zu 400 m eingetiefte, steilhängige Kerbtäler (Typ 8) geprägt.

10.4.3 Delta des Wadi Hajar

Mit dem ca. 180 km² großen in der Umgebung des Ortes Mayfa' Hajr (48°45' ö.L., 14°05' n.B.) gelegenen Teilgebiet wird die Landschaftsstruktur innerhalb eines Küstendeltas (Landschaftstyp F 5) und eines Ausschnittes der äolisch überprägten Küstenebene (Typ F 4) dargestellt.

Das Tal des perennierend fließenden Wadi Hajar (siehe Kap. 7.5.2) weitet sich nordwestlich von Mayfa'Hajr zu einer 6 - 8 km breiten, durch Fußflächen begrenzten Talebene, die in Küstennähe in eine ca. 10 km breite Deltaschüttung übergeht. Im Vorland des intensiv zertalten Kalkstein-Berglandes des Jibāl Likwad wird die Küstenebene durch weitflächige Sand- und Dünenfelder gebildet. Die Bereiche der Talböden und des Deltas werden zum Teil durch Bewässerungskulturen genutzt.

Die landschaftliche Differenzierung innerhalb der nur gering reliefierten Talböden, des Deltas und der Küstenebene ergibt sich in erster Linie durch die Position zum Grundwasserspiegel und den Grad der äolischen Überprägung (siehe Abb. 47 und Tab. 49). Im küstennahen Bereich stellt außerdem der durch den Meerwassereinfluß (siehe Kap. 7.5.3) erhöhte Salzgehalt einen wesentlichen ökologischen Faktor dar (vgl. auch KASSAS 1952, AL-HUBAISHI/MÜLLER-HOHENSTEIN 1984). Da Angaben zum Flurabstand des Grundwassers nicht vorlagen, erfolgt die Abgrenzung der chorischen Landschaftseinheiten vorrangig durch die Auswertung von Luftbildern und durch punktuelle Vegetationsbeobachtungen.

10.4.4 Mukayrās-Lawdar

Das ungefähr 650 km² große Gebiet zeigt die landschaftliche Differenzierung eines Ausschnitts aus dem westlichen Teil der VDRJ im Bereich zwischen Mukayras im Norden und dem Vulkangebiet as-Sauda im Süden (ca. 13°30' bis 14°n.B., 46° ö.L.). Damit repräsentiert es gebietscharakteristische Landschaftstypen der semiariden Hochebenen und Gebirge (G 7 bzw. G 6) und der vollariden-luftfeuchten intramontanen Becken (Typ B 6). Auf Grundlage der von MOSELEY (1971) vorgenommenen hydrologischen Kartierung und eigenen partiellen Geländebeobachtungen konnten für das Teilgebiet 10 Landschaftstypen der unteren chorischen Dimension aufgestellt werden (siehe Abb. 48 und Tab. 50).

Für die gering feuchtebegünstigten, winterkühlen Bereiche des Awdhali-Hochlandes (über 2 000 m ü.M.) war nur eine einfache Gliederung in Hügelgebiete (Typ 6) und in zumeist ackerbaulich genutzte Talböden (Typ 7) möglich.

Tabelle 49: Landschaftstypen der unteren chorischen Dimension im Teilgebiet Delta des Wadi Hajar

	Landschaftstyp	Relief	Mittlere Hang-neigung (in °)	Gestein, Substrat	Bodentypen	Wasserver-hältnisse	Vegetation	Nutzung
1	Bergland in Grundgebirgsgesteinen	flaches Einzelbergrelief mit Fußflächen, intensiv zertalt (RE 100–300 m)	15 – 35	B, Sch	I	GW-fern, e D	diffuse Strauchvegetation (Acacia, Adenium, Indigofera)	e B
2	Bergland im Kalkstein	intensiv zerschnittene Stufen und Schichtflächen	6 – 40	Kst	I	GW-fern, e D	diffuse Strauchvegetation (Acacia, Adenium, Indigofera)	e B
3	Haupttäler des Kalkstein-Berglandes	steilwandige Kerbtäler	>30	Kst	I	lokal GW, e D	Strauchvegetation im Talboden	e B
4	Einzelberge im Kalkstein	intensiv zerschnittene Stufen und Schichtflächen	6 – 40	Kst	I	GW-fern, e D	diffuse Strauchvegetation (Acacia, Adenium, Indigofera)	e B
5	Schutt- und kiesbedeckte Flachhänge	flach geneigte, gering zertalte Fußflächen des Steilreliefs	0,5 – 2	p Kg, Sch, K (Kru)	Q_c, Y_c	GW-fern, e D	kontrahierte Zwergstrauchvegetation (Acacia, Indigofera, Zygophyllum)	e B
6	Übersandete Flachhänge und Ebenen	Sandfelder und Barchandünengruppen (RE unter 50 m)	0 – 15	ä S	R, Q_c	episodisch höherer Feuchtegehalt	vereinzelt Graskupsten und Zwergsträucher	ohne
7	Aktive Dünenfelder	hohe aktive Dünenzüge (RE 50 m)	20	ä S	R	episodisch höherer Feuchtegehalt	vereinzelt Graskupsten und Zwergsträucher	ohne
8	Bewachsene Dünenfelder mit Salzmarschen	flache, z.T. aktive Dünenzüge	0 – 15	ä S	Z, Q	lokal versalzenes GW	dichte Strauch- und Halophytenvegetation (Salvadora, Acacia, Tamarix, Suaeda, Salsola, Zygophyllum)	B, Ho

Ausgewählte Teilgebiete

9	Grundwassernahe Talböden mit schluffigen Substraten	ebene Talböden und flache Terrassen	0 - 1	f Z, S, K	J_e	GW in Oberflächennähe, pernierender Wasserlauf	Kulturen mit Segetalvegetation, Baum- und Strauchvegetation (Ziziphus, Salvadora, Tamarix)	BF, Ho, B
10	Grundwassernahe Deltaebene mit Salzmarschen	durch Altarme zergliederte Deltaschüttung	0	f S, Z, K	Z, J_e	versalzenes GW in Oberflächennähe	Kulturen, Halophytenbestände (Suaeda, Salsola, Zygophyllum, Tamarix)	BF, B
11	Übersandete Deltaebene mit Salzmarschen	flache Deltaterrassen mit aktiver Sanddecke	0	ä-m S, K	Q, Z	außerhalb flacher Senken GW-fern	sehr zerstreute Zwergstrauchvegetation	e B
12	Strandsaum	Abrasionsplatte, flache Strandterrassen	0 - 1	m S, Kst	Z, I	Salzwassereinfluß	zerstreut halophytische Zwergsträucher (Suaeda, Salsola)	ohne

Subordinierte Einheiten

a Kerbtälchen des Kalksteinberglandes

b Sohlentälchen der Fußflächen

c Wandstufen im Kalkstein

Gerd Villwock

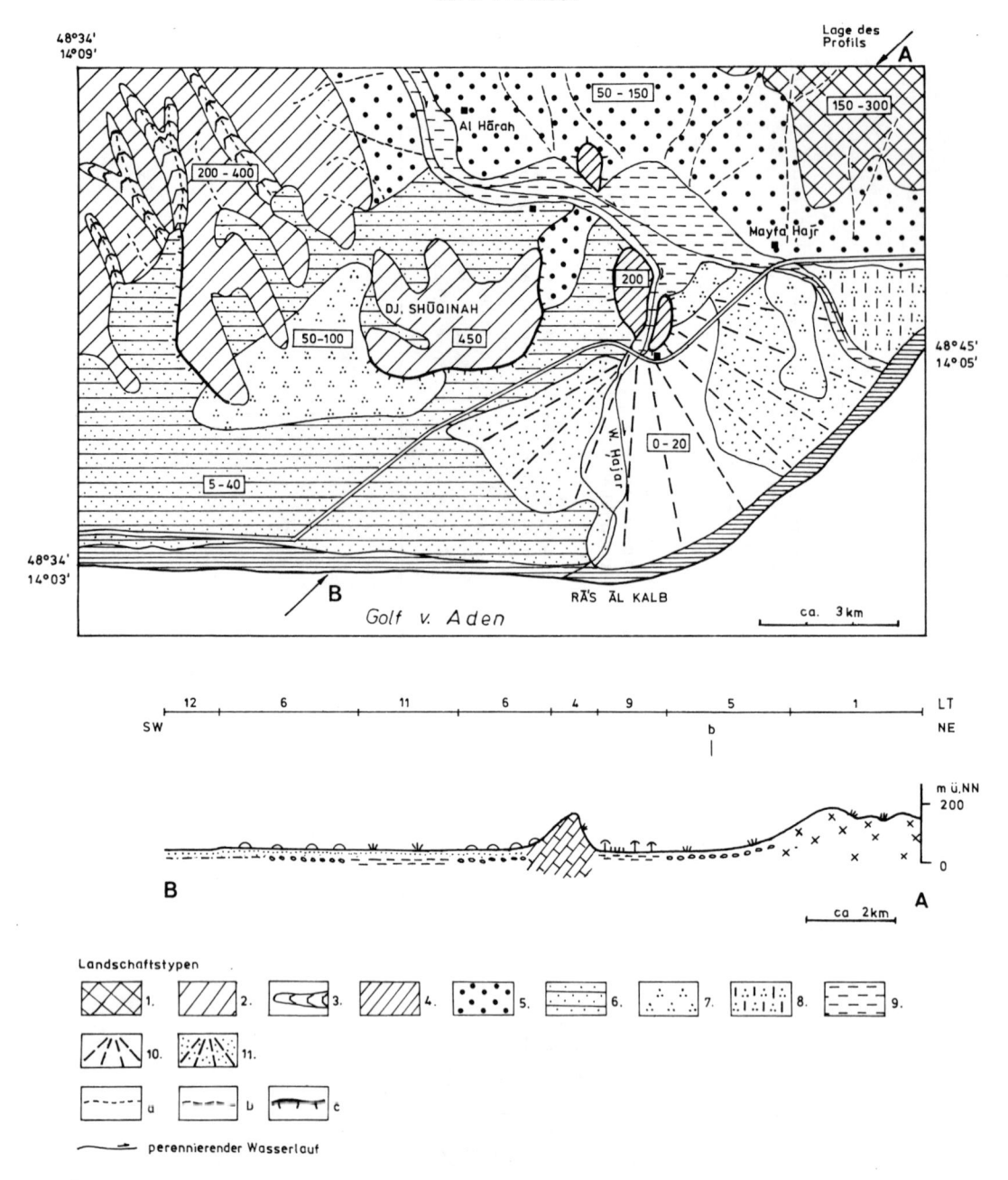

Abbildung 47: Landschaftsgliederung der unteren chorischen Dimension
Teilgebiet Delta des Wadi Hajar

Ausgewählte Teilgebiete

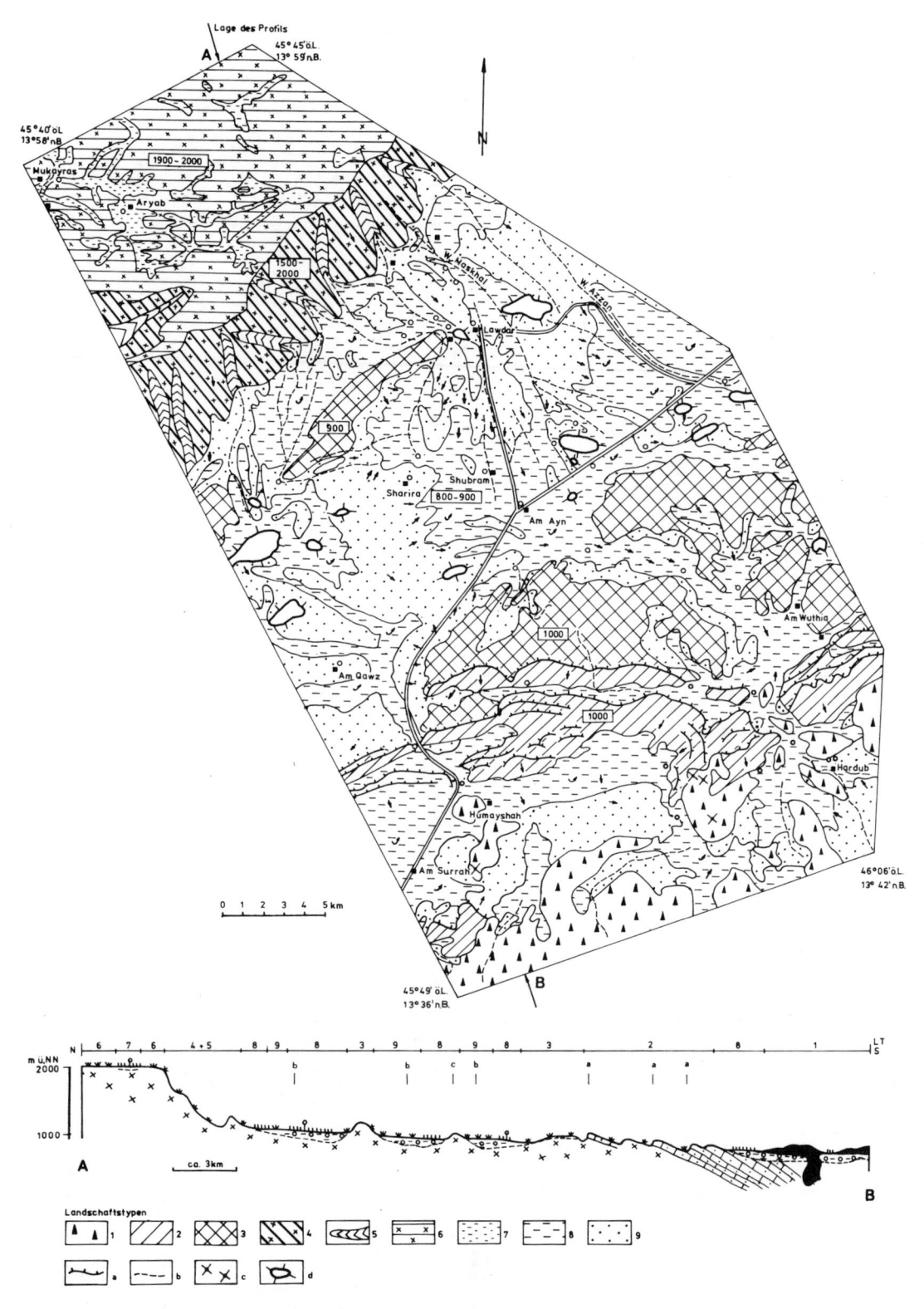

Abbildung 48: Landschaftsgliederung der unteren chorischen Dimension
Teilgebiet Lawdar - Mukayrās (Ausgangsdaten nach MOSELEY 1971)

Tabelle 50: Landschaftstypen der unteren chorischen Dimension im Teilgebiet Lawdar – Mukayrās

	Landschaftstyp	Relief	Mittlere Hangneigung (in °)	Gestein, Substrat	Bodentypen	Wasserverhältnisse	Vegetation	Nutzung
1	Grundwasserferne Basalt-Hamada	steilhängig begrenzte Basaltplateaus, Flachhänge und Einzelkegel	2 – 10	Vulkanite, Blockschutt	I	GW-fern, undurchlässig, im Liegenden z.T. Grundwasserleiter	zerstreuter Strauchwuchs	ohne
2	Stufen-Bergzüge im Kalkstein	flache bis mittelhohe Schichtkämme und Rükkenhänge, intensiv zerschnitten (RE 50-150 m)	10 – 45	Kst, Sch	I, Y_c	GW-fern, hohe Durchlässigkeit	diffuse Strauchvegetation (Acacia, Cadaba, Grewia, Cleome, Euphorbia, Adenium, Aloe, Caralluma)	e B
3	Grundwasserfernes flaches Bergland	intensiv durch Kerbtäler zerschnittenes Bergrelief	10 – 20	B	I	GW nur in Tälern, sehr lokal	diffuse Strauchvegetation (Acacia, Cadaba, Grewia, Cleome, Euphorbia, Adenium, Aloe, Caralluma)	e B
4	Hohe Riedel-Kerbtal-Abhänge	bis 900 m hohe, gestufte Bruchstufe, intensiv durch Kerbtäler zerschnitten, im unteren Teil konkave Fußflächen	bis >50	B	I	p D	diffuse Strauchformation (Commiphora, Adenium, Euphorbia)	e B
5	Große Kerbtäler der Steilabdachung	steilhängige Kerbtäler mit hohem Längsgefälle		B	I	p D	diffuse Strauchformation (Commiphora, Adenium, Euphorbia)	e B
6	Hügelgebiete der semiariden Hochlagen	flaches Hügelrelief auf exhumierten Verebnungen	2 – 10	B, f S, Z	I, Y_c	lokal GW-Vorkommen, p D, Z	Strauch- und Baumvegetation (Ficus, Commiphora, Gymnosporia, Psiadia, Adenium, Aloe)	RF, BF

Ausgewählte Teilgebiete

7	Talböden der semiariden Hochlagen	breite, flach eingetiefte Sohlentäler	1 – 3	Z, S	J_e, Y_c	saisonal GW	Kulturen mit Segetalvegetation	BF, RF
8	Schluff-/Sandlehm-Ebenen und Talböden der Becken	Schwemmebenen, flache Sohlentäler, z.T. erosiv zerschnitten	0 – 1	f Z, Sandlehme	J_e, J_c, Y_c	a: in Nähe der Steilabfälle mit GW und p Z b: in zentraler Beckenlage e Z, lokal salzhaltiges GW	Kulturen mit Segetalvegetation, zerstreut Bäume (Acacia, Ziziphus)	BF, B, Ho
9	Trockene sandig-kiesige Ebenen	Schwemmebenen, flache Terrassen, flach zertalt	0 – 1	f K, S	Q_c, Y_h	GW-fern, nur in Tälern lokal GW	diffuse Strauchvegetation (Acacia, Maerua, Euphorbia, Aloe, Sansevieria, Calotropis, Anisotes)	e B, Ho

Subordinierte Einheiten

a Stufenhänge

b Flache Sohlentäler der Schwemmebenen

c Vulkankegel

d Einzelberge der Schwemmebenen

Die innere Struktur der 900 bis 1 000 m tiefer liegenden, mit sandig-kiesigen und schluffigen Lockersedimenten ausgefüllten Schwemmflächen der Becken ergibt sich in erster Linie aus Unterschieden in der Ausprägung des Oberflächensubstrats sowie aus der Position zum periodisch auftretenden Hochflutabfluß und der damit im Zusammenhang stehenden Bildung von Grundwasservorkommen. Während die grundwasserfernen, zumeist kiesig-sandigen Areale einen locker-diffusen Strauch- und Baumwuchs (Acacia, Ziziphus, div. Sukkulenten) aufweisen (Typ 9), werden die feuchtebegünstigten, meist in flacher Talposition bzw. im Hangfußbereich liegenden Flächen (Typ 8) bei Hochflut- und teilweiser Grundwasserbewässerung weitgehend für den Ackerbau genutzt. Die Areale beider Typen sind auf Grund ihrer freien Lage erheblich durch Deflationsprozesse gefährdet. Als Singularitäten sind in den Schwemmflächen steilhängige Einzelberge und -berggruppen (Typ 10) von Bedeutung.

Im Südteil des Gebietes bestimmt der engräumige Wechsel von flachen, dicht zertalten Bergländern in metamorphen Gesteinen (Typ 3), Stufenbergzügen in Kalksteinen (Typ 2) und Schwemmflächen die Landschaftsstruktur.

11. Die Nutzung der landschaftlichen Ressourcen

11.1 Aspekte der historischen Landnutzung

Der südarabische Raum wird seit dem 2. Jahrtausend v.u.Z. durch den Menschen genutzt und stellt damit eines der ältesten Wirtschaftsgebiete der Erde dar (vgl. WOHLFAHRT 1980, RITTER 1980). Die unter anderem durch GROHMANN (1930/33, 1963), WISSMANN/HÖFNER 1952), WISSMANN (1953) sowie durch DOE (1971) und PIOTROVSKIJ (1983) zusammenfassend dargestellten Ergebnisse der archäologischen und historischen Forschungen auf dem Territorium des südlichen Jemen gestatten bei noch vielen offenen Einzelproblemen eine vorläufige Zusammenstellung der für die Nutzung und Veränderung der Landschaft relevanten historisch-geographischen Aspekte in ihren Grundzügen.

Für die Betrachtung der historischen Wirtschafts- und Landnutzungsverhältnisse ist insbesondere die *präislamische Phase* (vor 628/633 u.Z.) mit einer entwickelten Hochkultur von Interesse und durch zahlreiche Quellen belegt. Die krassen räumlichen Unterschiede der natürlichen Bedingungen im Gebiet führten schon frühzeitig zu markanten Differenzierungen in den sozialökonomischen Verhältnissen, der Besiedlung und der Landnutzung. Während die weitflächigen, wüsten- und halbwüstenartigen Bereiche der Plateaus und Binnenebenen seit den letzten Jahrhunderten des 2. Jahrtausends v.u.Z. mit einer extensiven nomadischen Viehhaltung (Schafe, Ziegen, Kamele, vgl. DOSTAL 1967) nur eine geringe Rolle als Wirtschafts- und Siedlungsraum spielten, entstanden in den Hochlagen der westlichen Gebirge und in den großen Tal- und Beckenbereichen Siedlungsgebiete, deren ökonomische Basis neben ihrer Rolle im Fernnandel (Weihrauchstraße) vor allem durch eine hochentwickelte Ackerbaukultur gebildet wurde. In der auf einer optimalen Nutzung der vorhandenen Naturressourcen beruhenden Agrarwirtschaft der antiken Hochkulturen (KOPP 1981) lassen sich entsprechend den natürlichen Bedingungen des Wasserdargebots zwei Hauptformen unterscheiden.

Im Bereich der relativ niederschlagsbegünstigten Hochlagen der westlichen Gebirge (Jemenitisches Hochland) entwickelte sich eine vorwiegend seßhafte Ackerbauernkultur mit ausgedehntem *Regenfeldbau,* der zum Teil durch Bewässerung unterstützt wurde (vgl. WISSMANN 1953, KOPP 1981). Dabei wurden durch künstliche Terrassensysteme weite Teile der steilhängigen Gebirgsgebiete (v.a. im Bereich der zu Feinmaterial verwitternden Vulkanite) in die ackerbauliche Nutzung überführt (vgl. ALKÄMPER et al. 1979, KOPP 1981, EGER 1987). Die Besiedlung vollzog sich vorrangig auf den Bergstöcken, während die Täler gering bewohnt blieben (WISSMANN 1953). Größere Siedlungszentren befanden sich auf den Hochebenen und in den intramontanen Becken (z.B. Hochebene v. Mukayras, siehe Anl. 4).

Von weitaus größerer Bedeutung im südlichen Jemen war der auf der Nutzung des periodischen Abflusses ("sayl", siehe Kap. 7.5.2) basierende *Bewässerungsfeldbau* in den Talweitungen der Gebirgsränder und Plateaus sowie in den Küstendeltas. Mit der durch die Einführung des Zements möglichen Anlage von Stau- und Regulierungsbauten war die Bildung größerer, fruchtbarer Oasenkomplexe verbunden, welche die ökonomische Grundlage für die Entstehung und Blüte von antiken Siedlungszentren und Stadtstaaten darstellten (vgl. u.a. WISSMANN/HÖFNER 1952, GROHMANN 1963, DOE 1971, SCHOCH 1978 b). Die Verbreitung dieser präislamischen Siedlungsräume konzentrierte sich vor allem auf den östlichen, südlichen und westlichen Rand der wüstenhaften Ramlat Sab'atayn und Jaww Khudayf-Regionen (siehe Anl. 4, vgl. WISSMANN 1953, GROHMANN 1963). Hier lagen neben der vermutlich größten antiken Stauanlage von Marib (auf dem heutigen Territorium der JAR, vgl. u.a. SCHOCH 1978 b) in den Talweitungen der Wadis Harīb, Bayhān, Markhah, Hijir-Hatib im Süden und den Wadis Jirdān (siehe Kap. 10.4.1) und Irmah (Shabwah als ein Zentrum Hadramawts) bedeutende Zentren der antiken Staaten Südarabiens. Weitere wichtige Siedlungsgebiete befanden sich im oberen Teil des Wadi Hadramawt und in seinen südlichen Nebentälern, im Gebiet der Wadis Mayfaah und Hajar sowie in den Küstendeltas der Wadis Tuban und Banā (siehe Anl. 4). Die Hauptanbauflächen in diesen Gebieten bildeten die feinsandigen bis schluffigen Talsedimente mit relativ hoher edaphischer Fruchtbarkeit (siehe Kap. 7.6.3, 10.4.1). Neben dem Ackerbau (vor allem Getreide, Dattelkulturen) spielte der Fernhandel, vor allem mit Weihrauch und indischen Seehandelsprodukten, eine wesentliche Rolle für die historischen Siedlungsgebiete, die zugleich Knotenpunkte wichtiger Karawanenwege waren (siehe Anl. 4, vgl. GROHMANN 1963, JANZEN/SCHOLZ 1979). Die Gewinnung von Weihrauch hatte für das hier betrachtete Gebiet nur eine untergeordnete Bedeutung[36]. Schon frühzeitig erfolgte an den Diapirstrukturen der Jaww Khudayf-Region (siehe Kap. 7.3.2, 7.4.2, Abb. 23, Anl. 2) der Salzabbau (Ayadim, Ayadh[37], Shabwah, siehe WISSMANN/HÖFNER 1952, LEIDLMAIR 1961, DOE 1971).

Die antiken Landnutzungsformen, insbesondere der Ackerbau, stellten entsprechend des aus historischen Untersuchungen erschließbaren Umfanges bereits bedeutende, lokal konzentrierte *Veränderungen der natürlichen Verhältnisse* dar (vgl. auch EVENARI et al. 1971, RITTER 1980). Durch die umfangreichen und intensiven wasserbaulichen Maßnahmen (Stau-, Sperrdämme, Kanäle usw.) wurden die Abfluß- und Grundwasserverhältnisse innerhalb der Talböden entscheidend umgestaltet. Damit im Zusammenhang steht vermutlich eine verstärkte Akkumulation von feinsandig-schluffigen Sedimenten im Talbereich oberhalb von Stauanlagen (vgl. SCHOCH 1978 b, siehe auch Kap. 7.6.3)[38], die zur Erhaltung bzw. Vergrößerung des Anteils kulturfähiger Böden führte. Die Verbauung und Regulierung des periodisch intensiven Talabflusses verhinderte daneben weitgehend den erosi-

---

[36] Das eigentliche "Weihrauchland" lag im Küstengebiet Dhofars (heute Westteil von Oman) und hatte vermutlich seine Westgrenze bei 52°30' ö.L. (vgl. JANZEN/SCHOLZ 1979).

[37] Hier wird nach Beobachtungen des Verfassers noch heute der Abbau auf manuelle Art betrieben.

[38] SCHOCH (1978 b) gibt für das Gebiet von Marib (JAR) eine Akkumulationsrate von 10 m/1000 Jahre an.

Nutzung der Ressourcen

ven Bodenabtrag und bewirkte eine Veränderung des morphodynamischen Prozeßgefüges. Durch die aktiven Eingriffe in den Landschaftshaushalt der ariden Talbereiche wurden damit zum Teil ausgedehnte, anthropogen geprägte Oasen-Ökosysteme geschaffen, deren ökologische Stabilität und Produktivität im engen Zusammenhang mit einem hohen Grad der gesellschaftlichen Organisation der Wasserverteilung und der Landnutzung standen (vgl. GROHMANN 1930/33, 1963, VARISCO 1983, EGER 1987).

In ähnlicher Weise bewirkte auch der Terrassenfeldbau in den oberen Gebirgslagen einschneidende Veränderungen im Landschaftsgefüge. Die mit hohem Arbeitsaufwand verbundene künstliche Umgestaltung des Reliefs durch Terrassenbauten in den Steilhangbereichen (nach KOPP 1981 bei Hängen bis 50° Neigung) verhindert den direkten Oberflächenabfluß und führt zu einer Überstaubewässerung der angelegten Nutzflächen. In Verbindung damit stand eine periodische Akkumulation von zumeist lehmig-schluffigen Substraten innerhalb der terrassierten Bereiche, auf denen sich schwach bis mäßig humose anthropogene Böden bildeten (vgl. ASMAEV 1965, ALKÄMPER et al. 1979, KOPP 1981, VOGEL 1988, siehe Kap. 7.6.3, Anl. 10).

Neben den intensiven, aber räumlich konzentrierten Landschaftsveränderungen durch die Anlage von Feldbau- und Oasenkulturen muß bereits für den frühen historischen Zeitraum im Untersuchungsgebiet eine flächenhafte *Degradierung der natürlichen Vegetation* angenommen werden (vgl. WISSMANN 1972, AL-HUBAISHI/MÜLLER-HOHENSTEIN 1984). So waren vermutlich die Trockenwälder und -gehölze als ursprüngliche Formationen der niederschlagsreicheren Hochlagen schon während der antiken Nutzungsphase durch die Anlage der Terrassensysteme sowie durch die Gewinnung von Brenn- und Bauholz in ihrer Verbreitung und Ausprägung in großem Umfang reduziert (vgl. WISSMANN 1953, 1972, ALKÄMPER et al. 1979). Für die vor allem durch eine nomadische Viehhaltung genutzten, biomassearmen Landschaften der Plateaus und Binnenländer nehmen GROHMANN (1930/33), ZOHARY (1973), RITTER (1980) und AL-HUBAISHI/MÜLLER-HOHENSTEIN (1984) eine frühzeitige Verringerung des Deckungsgrades sowie eine Veränderung der Artenzusammensetzung an, die sich vor allem in der Umgebung von Siedlungen im Rückgang des Anteils von Holz- und Grasgewächsen und einer Zunahme nicht beweidbarer Pflanzen äußert (vgl. auch MÜLLER-HOHENSTEIN et al. 1987). Die damit in Verbindung stehende Verstärkung der erosiven Abtragung führte vermutlich auch zu irreversiblen Veränderungen der abiotischen Landschaftsmerkmale (vgl. ZOHARY 1973, RITTER 1975)[39].

Im Zusammenhang mit tiefgreifenden, im einzelnen noch wenig geklärten politischen und sozialökonomischen Wandlungen, die unter anderem durch den zunehmenden Einfluß nomadischer Bevölkerungsgruppen (insbesondere nach der Islamisierung, vgl. GROHMANN 1963), einer verstärkten feudalen Zersplitterung und der Verlagerung des Fernhandels auf die direkten Seewege ausgelöst wurden, kam es seit dem 4. bis 7. Jahrhundert u.Z. zu einem *Verfall der antiken Bewässerungskulturen* in Südarabien (vgl. u.a. GROHMANN 1930/33, WISSMANN/HÖFNER 1952, SCHOCH 1978 b). Mit der Aufgabe der hochorganisierten Wasserbewirtschaftung und Landnutzung, zum Teil auch durch die Zerstörung der wassertechni-

---

[39] RITTER (1975) sieht hier einen Zusammenhang mit der verstärkten Feinmaterialakkumulation in den Talbereichen.

schen Bauten (nachgewiesen für Haribu, Shabwah, vgl. WISSMANN 1953) wurden die landscnaftsökologischen Verhältnisse der gegenüber Veränderungen ihrer Prägungsfaktoren sehr labil reagierenden Oasenlandschaften (vgl. auch MECKELEIN 1980) entscheidend gestört. Der periodisch-intensive, jetzt weitgehend unregulierte Abfluß bewirkte eine verstärkte fluvial-erosive Abtragung und Zerschneidung der ehemaligen Kulturflächen[40]; daneben führte die ausbleibende Wasserhaltung und Bewässerung zur Austrocknung und Versalzung der Böden. In Folge der Aufgabe der Landnutzung setzten zudem deflative Versandungsprozesse ein (vgl. SCHOCH 1978 b, RITTER 1980, KOPP 1981). Inwieweit klimatische Veränderungen (Abnahme der Niederschläge und damit geringere Eintrittshäufigkeit des Abflusses), wie es unter anderen GROHMANN (1930/33) und RITTER (1980) vermuten, Einfluß auf diesen historischen Desertifikationsprozeß (i.S. der Oasen-Desertifikation bei MECKELEIN 1980, siehe Kap. 11.3) hatten, kann derzeit nicht nachgewiesen werden. Nach dem jetzigen Kenntnisstand sind aber gesellschaftliche Ursachen als die entscheidenden Impulse dieser einschneidenden Veränderungen anzusehen.

Für die folgenden historischen Perioden sind bedingt durch fehlende bzw. geringe Überlieferungen und Untersuchungen Aussagen zur Landnutzung und Landschaftsveränderung nur äußerst begrenzt möglich. Vermutlich dominierte im südarabischen Raum bei Beibehaltung des Feldbaus in den höheren Gebirgslagen die auf Stammesebene organisierte nomadische Viehhaltung (vgl. DOSTAL 1967). In geringem Umfang wurde unter Nutzung des Oberflächenabflusses und lokaler Grund- und Quellwasservorkommen Ackerbau in Subsistenzwirtschaft betrieben (vgl. dazu die Reiseberichte von WELLSTED 1842, WREDE 1873, MALTZAN 1873). Die bis in die jüngste Geschichte hineinreichende politische Isolation des Gebietes verursachte eine weitgehende Abriegelung gegenüber technischen und ökonomischen Neuerungen in der Landnutzung (vgl. LEIDLMAIR 1961). Die ökonomische Rückständigkeit führte vor allem im Hadramawt zu einer erheblichen Abwanderung der Bevölkerung insbesondere nach Südostasien (nach LEIDLMAIR 1961 vor dem 2. Weltkrieg ca. ein Drittel der Einwohner) und einer damit verbundenen Aufgabe von landwirtschaftlichen Nutzflächen (vgl. INGRAMS 1938). Moderne Bewässerungsmethoden mit verstärkten Umgestaltungen der hydrologischen und edaphischen Verhältnisse wurden erst seit Mitte des 20. Jahrhunderts in den Bereichen der Küstendeltas der Wadi Tuban und Banā eingeführt (vgl. LEIDLMAIR 1961, ABDULBAKI 1984).

11.2 Gegenwärtige Nutzung der Landschaftsräume

Die Darstellung der heutigen Raumstruktur der Landnutzung für die VDRJ wird durch ihre noch unzureichende statistische und kartographische Erfassung erheblich erschwert (vgl. STAT.D.AUSL., 1983). Die Tabelle 51 gibt einen Überblick über die dem Verfasser zugänglichen Angaben zur gegenwärtigen Landnutzung. Dementsprechend spielt für die derzeitige Nutzung des Territoriums ausschließlich die *Landwirtschaft* eine Rolle. Die landwirtschaftliche Nutzung erfolgt einerseits durch eine extensive, zum Teil halbnomadische Viehhaltung (v.a. Ziegen und Schafe) in fast allen Landesteilen sowie andererseits durch den auf die Gebiete mit ausreichenden Wasser- und Bodenbedingungen konzentrierten Ackerbau bzw. Anbau von Dauerkulturen.

---

[40] Reste antiker Kulturflächen, die vollständig in ein intensiv zerschnittenes Badlandrelief umgewandelt sind, konnten vom Verfasser u.a. im unteren Wadi Jirdan (siehe Kap. 10.4.1) und südlich von Shabwah beobachtet werden (vgl. auch WISSMANN/ HÖFNER 1952, DOE 1971).

Nutzung der Ressourcen

Tabelle 51: Landnutzung in der VDRJ (Stand 1980)

Art der Nutzung[41]	Fläche (km²)	Anteil an der Landesfläche (%)
Ackerland	1 870	0,6
Dauerkulturen	200	0,06
Bewässerungsflächen[42]	700	0,2
Dauerweiden	90 650	27
Gehölze	24 500	7,3
sonstige Flächen	215 750	65

Quelle: Stat. d. Ausl. (1985)

In enger Anpassung an die landschaftlichen, insbesondere aber an die klimatischen und hydrologischen Bedingungen haben sich charakteristische *Formen des Anbaus* herausgebildet, die ihre Wurzeln größtenteils bereits in frühen historischen Perioden besitzen (siehe Kap. 11.1). Im folgenden sollen die wesentlichen Produktionsformen zusammenfassend unter dem Aspekt ihrer regionalen, landschaftsgebundenen Differenzierung sowie hinsichtlich ihrer Wirkung auf die Veränderung der natürlichen Verhältnisse betrachtet werden. Dabei kann auf die regionalen Aussagen von GROHMANN (1930/33), LEIDLMAIR (1961), HAIN (1969), SCHOCH (1978 b), STEFFEN et al. (1978), VARADINOV et al. (1980), KOPP (1981) und ABDULBAKI (1984) zurückgegriffen werden.

Für das Territorium der VDRJ sind folgende Produktionsformen des Ackerbaus von Bedeutung:

1. Regenfeldbau

Bedingungen für einen vorwiegend auf Niederschlägen basierenden Feldbau sind in Südwest-Arabien nach KOPP (1981) nur im südwestlichen Bereich des jemenitischen Gebirgs- und Hochlandes gegeben. Die VDRJ hat nur in ihrem nordwestlichen Bereich (Dhala-Ob. W. Banā-Region) einen geringen Anteil an diesen relativ feuchtegünstigen Gebieten (siehe Kap. 7.2.5, Abb. 21). Der Ackerbau konzentriert sich hier sowohl auf ausgedehnte Terrassenfelder im Steilrelief (siehe Kap. 11.1, z.B. Massiv d. J. Jihāf) sowie in den intramontanen Beckenlagen, wobei weitgehend eine zusätzliche Wasserversorgung durch die Zuleitung des Oberflächenabflusses (gravitative Bewässerung, arab.:"sawāgī") in den Hanglagen bzw. durch Grundwasser in den Becken erzielt wird. Hauptanbauprodukte sind Getreide (Sorghum, Mais), Futterpflanzen (Luzerne) und als wichtiges Marktprodukt der als berauschendes Genußmittel verwendete Qat-Strauch.

Die Nutzung des niederschlagsbegünstigten Gebirgsreliefs mittels Terrassenfeldbau stellt eine auch in anderen tropischen Gebirgen verbreitete, ökologisch adäquate Form der Landnutzung arider Gebiete dar (vgl. RATHJENS/WISSMANN 1934, KOPP 1981), die neben einer ausreichenden Wasserversorgung der Nutzflächen durch die Zuführung von Verwitterungsmaterial eine regelmäßige Ergänzung des Mineralhaushaltes der Böden bewirkt (vgl. VOGEL 1988). Zugleich besitzt diese Nutzungsform aber eine hohe Anfäl-

---

[41] Als Gehölzflächen sind vermutlich die Busch- und Strauchformationen der feuchteren Gebiete bzw. der Täler anzusehen (vgl. Kap. 7.7.3.2). Die Kriterien für die Unterscheidung von Dauerweiden und sonstigen Flächen bleibt unklar.

[42] als Anteil an Ackerland und Dauerkulturen, nach GISCHLER (1979) 1300 km² (vgl. auch Tab. 42 in Kap. 9.3.2).

ligkeit gegenüber intensiver Bodenerosion bei unzureichender bzw. aufgegebener Bearbeitung (vgl. STEFFEN et al. 1978, ALKÄMPER et al. 1979, VOGEL 1988).

2. Bewässerungsfeldbau

Die im Kapitel 7.2 dargestellten Klimaverhältnisse, insbesondere die Niederschlagsmengen und die Wasserbilanz (siehe Abb. 18) verdeutlichen, daß eine ackerbauliche Nutzung im größten Teil der VDRJ nur bei Bewässerung möglich ist (vgl. auch ABDULBAKI 1984). Entsprechend dem hydrologischen Wasserdargebot (siehe Kap. 7.5) stehen als Ressourcen für den Bewässerungsfeldbau in erster Linie der periodisch bis episodisch auftretende Oberflächenabfluß und in geringerem Umfang Grundwasservorkommen zur Verfügung [43] (vgl. auch Kap. 9.3).
Folgende Formen des auf Bewässerung beruhenden Feldbaus finden in der VDRJ Anwendung:

2.1 Flutbewässerung (Hochwasser-Bewässerung)

Der auf der direkten Gewinnung des Wassers aus dem saisonal-periodisch bzw. episodisch auftretenden Flutabfluß (arab.: "sayl", siehe Kap. 7.5.2) beruhende Feldbau in den Talbodenbereichen stellt die bedeutendste Bewässerungsform in der VDRJ dar. Nach ABDULBAKI (1984) werden rund 80% der Nutzfläche mittels dieser Methode mit Wasser versorgt. Durch zumeist aus Lockermaterial errichtete Ablenkdämme und Kanäle wird der exzessive Abfluß auf die Kulturflächen geleitet und dort mittels transversaler Feldwälle kurzzeitig aufgestaut. Auf Grund des unsicheren, schwer vorhersagbaren Eintritts des Flutabflusses und der zumeist unzureichenden technischen Anlagen ist eine effektive Ausnutzung der auftretenden Wassermengen nicht möglich (vgl. SOGREAH 1980). Die entsprechend dem Niederschlagseintritt stark variierende Intensität und Häufigkeit des Abflusses (siehe Kap. 7.5.2) führen zu beträchtlichen Schwankungen der Größe der nutzbaren Fläche sowie zu einer hohen Ertragsunsicherheit.

Die Verbreitungsgebiete des zumeist kleinflächigen Feldbaus mit Flutbewässerung konzentrieren sich besonders auf die relativ abflußsicheren Bereiche der westlichen Gebirge und Bergländer sowie auf die südlichen und zentralen Regionen von Hadramawt (siehe Anl. 4), wobei teilweise eine Kombination mit der Brunnenbewässerung erfolgt. Großflächige Ackerbaunutzung bei dominanter Flut- und unterstützender Grundwasserbewässerung tritt nur in den Küstendeltas der Wadis Tuban (Lahej) und Banā (Abiyan) auf (vgl. LEIDLMAIR 1961, ABDULBAKI 1984, BRAASCH 1987).

2.2 Grundwasser-Bewässerung

Das sehr begrenzte und räumlich sehr ungleichmäßig verteilte Grundwasserdargebot (siehe Kap. 7.5.3) gestattet nur in einem geringen Teil der landwirtschaftlichen Nutzfläche eine ausreichende Bewässerung. Von Bedeutung ist die Nutzung von Grundwasser vor allem als zusätzliche Versorgung in Verbindung mit der Flutbewässerung. Neben der traditionellen Gewinnung aus Brunnen erfolgte durch die Einführung der Pumptechnik eine verstärkte Nutzung der quartären Grundwasservorkommen in den großen Talbereichen. Moderne Großprojekte zur Wassergewinnung für Bewässerungszwecke existieren bisher nur vereinzelt (Deltas d. W. Tuban und Banā, geplant i.W. Hadramawt, vgl. ABDULBAKI 1984, FAO/WORLD BANK 1988). Bei ganzjährig verfügbaren Vorräten wird auch die Anlage von Dauerkulturen (v.a. Dattelpalmen) möglich.

2.3 Bewässerung durch perennierende Gewässer

Diese Bewässerungsform spielt bei dem äußerst geringen Anteil perennierender Gewässer (siehe Kap. 7.5.2, Abb. 25) nur eine sehr untergeordnete Rolle. Neben der Nutzung ständiger Fließgewässer (v.a. im W. Hajar, und Teilen d.W. Hadramawt) zur Anlage ausgedehnter und intensiv genutzter Taloasen (vorwiegend Anbau von Dattelpalmen, Bananen, Gemüse) ermöglichen die vor allem im zentralen Küstengebirge (Mukallā) auftretenden Quellwasservorkommen in Verbindung mit Speicheranlagen (Zisternen) einen kleinflächigen, ganzjährigen Anbau (vgl. LEIDLMAIR 1961, siehe auch Kap. 10.4.2).

3. Sporadischer Anbau auf Bodenfeuchte

In den vollariden Plateaubereichen von Hadramawt und Mahrā finden sich besonders in flachen Talmulden ackerbaulich genutzte Flächen äußerst geringer Flächengröße (unter 2 ha, siehe Kap. 10.4.1). Auf ihnen wird nach Niederschlagsereignissen, unterstützt durch die Zuleitung des Oberflächenabflusses aus dem Einzugsgebiet, ein sporadischer

---

[43] GISCHLER (1979) schätzt den totalen jährlichen Oberflächenabfluß der VDRJ auf 1,5 km^3 und die jährliche Grundwasserproduktion auf 0,35 km^3.

Nutzung der Ressourcen

Anbau (v.a. Hirse) möglich. Die hohe Zufälligkeit der Ernten und der geringe Flächenanteil kulturfähiger Böden (siehe Kap. 9.3.2) schließen eine über die nebenerwerbliche Subsistenzbewirtschaftung hinausgehende Nutzung aus.

Die in der Anlage 4 vorgenommene Darstellung der *räumlichen Verteilung* der ackerbaulich genutzten Gebiete kann entsprechend des Standes der Unterlagen für das Gesamtgebiet nur einen annähernden Überblick vermitteln. Als Hauptquelle wurde die Satellitenbildkarte (Hunting-Map) verwendet. Die Aufschlüsselung des Anteils der Ackerflächen auf die Landschaftsregionen der VDRJ (siehe Tab. 52) verdeutlicht eine Konzentration der Nutzflächen auf die Deltabereiche der südwestlichen Tihama (W. Tuban, Banā[44]), die Region des Wadi Hadramawt und die oberen Lagen der westlichen Gebirge (Dhala-Region, Yafā-Hochland).

Tabelle 52: Anteil ackerbaulich genutzter Flächen an den Landschaftsregionen
(nur durch staatliche und genossenschaftliche Betriebe genutzte Fläche, nach FALHOM 1984)

	Landschaftsregion	Ackerfläche (km^2)	Anteil an der Fläche der Region (%)	Dominante Form des Ackerbaus
42	Wadi Hadramawt - Region	469	7,7	$B_S + B_{GW}$
18	Südwestliche Tihama	468	6,0	$B_S + B_{GW}$
9	Datīnā - Becken	24	1,9	B_S
2	Mittlere westliche Gebirge	25	1,1	B_S
1	Dhala - Region	11	1,1	R, B_{GW}
3	Hochlagen des Yafa - Gebirges	14	0,7	R, B_{GW}
6	Nordwestliche Gebirge	28	0,5	$B_S + B_{GW}$
7	Untere Lagen der westlichen Gebirge	10	0,2	B_S
11	Küstengebirge von Habān - Azzan	5	0,2	B_S
20	Südliche Küstenregion	6	0,2	B_S, B_G
13	Zentrales Küstengebirge	7	0,1	B_S, B_G
19	Zentrale Tihama	4	0,07	$B_S + B_{GW}$
10	Südwestliche Gebirge	4	0,07	B_S

Erläuterung:
R — Regenfeldbau
B_S — Bewässerungsfeldbau mit Flutwasser
B_G — Bewässerungsfeldbau mit perennierenden Gewässern
B_{GW} — Bewässerungsfeldbau mit Grundwasser

---

[44] Anteil von Ackerland an der Gesamtfläche im Tuban-Delta 10%, Banā-Delta 75%, Wadi Hadramawt 22%.

Die *Viehhaltung* spielt im ariden Landschaftsraum der VDRJ schon traditionell eine bedeutende Rolle (siehe Kap. 11.1). Neben wenigen Produktionsbetrieben wird sie derzeitig fast ausschließlich als extensive Beweidung der natürlichen Vegetation mit lokalem Futteranbau auf privater Grundlage betrieben (vgl. FALHOM 1984). Auf Grund der biomassearmen Vegetationsdecke (siehe Kap. 7.7.3, 9.2) und den reliefbedingt ungünstigen Weideverhältnissen kommt vor allem der relativ anspruchslosen Ziegen- und Schafhaltung Bedeutung zu (siehe Tab. 53). Die Viehbestände bilden dabei traditionell eine wesentliche ökonomische Grundlage für die Landbevölkerung, die gegenwärtig durch staatliche Maßnahmen weiter gefördert wird (vgl. FALHOM 1984). Infolge des geringen Anteils von Gräsern in der Pflanzendecke (vgl. Kap. 7.7.3.2) erfolgt weitgehend die Beweidung von Strauch- und Baumgewächsen, die durch eine künstliche Futtergewinnung (Schneiteln von Bäumen) noch verstärkt wird (vgl. STEFFEN et al. 1978, KOPP 1981).

Angaben zum **flächenbezogenen Viehbesatz** als Kriterium für die landschaftsökologisch relevante Belastung der beweideten Gebiete (vgl. u.a. LE HOUREOU 1972) können beim derzeitigen Stand der Wirtschaftsstatistik nur sehr grobe Abschätzungen darstellen (siehe Tab. 53). So wurde als Bezugsfläche in Ermangelung genauerer Angaben zum einen der sicherlich unsichere Flächenanteil von Dauerweiden, Gehölzflächen und Ackerland (ca. 35% der Landesfläche, siehe Tab. 51) und zum anderen die Gesamtfläche unter Abzug der fast nicht beweidbaren Flachländer des Binnengebietes Rub Al Khāli, Ramlat Sab'atayn - Jaww Khudayf) verwendet.

Tabelle 53: Abschätzung des Viehbesatzes und Vergleich mit Ländern der Sahelzone

Schätzgröße	Besatzwerte[1]								
	1966		1978		1982		Nord-Darfur Sudan[2]	Obervolta[3]	Niger[3]
	a	b	a	b	a	b			
LSU[4] / ha	0,04	0,01	0,05	0,02	0,06	0,02	0,14	0,12	0,15
ha / LSU	25,8	68,2	20,2	49,5	18,2	44,4	7,0	8,3	6,6
Ziegen + Schafe/ha	0,18	0,08	0,17	0,08	0,20	0,09	0,15		
LSU Ziegen + Schafe / ha	0,02	0,01	0,02	0,01	0,02	0,01	0,04		
ha/Ziegen + Schafe	5,6	12,3	5,7	12,5	5,0	10,8	6,5		
ha/LSU Ziegen + Schafe	46,9	102,3	47,7	104,0	41,4	90,4	27,2		

[1] Besatzwert bezogen auf:
  a - Fläche der Dauerweiden, Gehölze und Ackerland (siehe Tab. 51)
  b - Gesamtfläche des Landes abzüglich nicht beweidbarer Areale

[2] nach IBRAHIM (1984)   [3] nach KLAUS (1981)

[4] Livestock Standard Unit: Kamel = 1, Rind = 0,75, Schaf/Ziege = 0,12, Esel = 0,5

Ein Vergleich mit Besatzwerten der Sahelzone (Sudan, Obervolta, Mauretanien, siehe Tab. 53) zeigt einen für die VDRJ weitaus geringeren flächenbezogenen Viehbestand. Entsprechend dem von RATTRAY (1960, zit. b. KLAUS 1981) angenommenen Bedarfswert von mindestens 14 ha Weidefläche pro Vieheinheit (LSU) bei 100 - 500 mm Jahresniederschlag zeigt sich für die hier gewählten Bezugsflächen keine Überweidungstendenz. Damit wird deutlich, daß die mit einer hohen Überweidung im Zusammenhang stehenden Prozesse der Landschaftsveränderung, wie sie für den Sahelbereich charakteristisch sind (vgl. u.a. LE HOUEROU 1972, UN-CONF. 1977, KLAUS 1981), für das Gebiet der VDRJ nicht in diesem Umfang wirksam werden. Als Hauptursachen hierfür sind die abweichenden natürlichen Verhältnisse (geringere Niederschläge, ungünstige Relief- und Bodenbedingungen) und die andersartige Wirtschaftsweise (geringer Anteil der Großviehhaltung, extensive Beweidung) anzusehen (siehe Kap. 11.3). Das schließt lokale Überweidungserscheinungen vor allem in den relativ biomassereichen Talbereichen (siehe Kap. 7.7.3.2, 10.4.1) nicht aus. Die hier im einzelnen noch nicht untersuchten ökologischen Folgen der Haltung von Ziegen und Schafen mit ihrer universellen Futterverwertung, Laubbeweidung und Pflanzenschädigung (vgl. KOPP 1984) zeigen sich vor allem in einer erheblichen Degradierung der Vegetation (Kümmerwuchs, Verhinderung von Jungwuchs) und in der Veränderung ihrer Artenzusammensetzung mit zunehmender Dominanz ungenießbarer und giftiger Arten (v.a. Acacia, Jatropha, Anisotes, Peganum, div. Sukkulenten, vgl. AL-HUBAISHI/MÜLLER-HOHENSTEIN 1984, DEIL/MÜLLER-HOHENSTEIN 1985 f.d. JAR).

Neben dem Ackerbau und der Viehhaltung stellt auch die *Holzgewinnung* eine landschaftsverändernd wirkende Nutzungsform im Untersuchungsgebiet dar. Holz besitzt bei der Armut des Landes an fossilen Brennstoffen besonders in den ländlichen Gebieten eine wesentliche Bedeutung als Energieträger sowie untergeordnet auch als Baumaterial (vgl. KOPP 1981). Die Holzgewinnung erfolgt fast ausschließlich durch ungeordnete, private Entnahme und hat lokal bei der klimabedingt nur sehr langsamen Regeneration der Pflanzendecke zu einer zunehmenden Reduzierung des Baum- und Strauchbestandes geführt (vgl. STEFFEN et al. 1978, DEIL/MÜLLER-HOHENSTEIN 1985), wodurch vor allem in den Gebirgslagen eine Zunahme der bodenerosiven Abspülung hervorgerufen wurde (vgl. ALKÄMPER et.al. 1979).

11.3 Haupttendenzen der gegenwärtigen nutzungsbedingten Landschaftsveränderungen

Bei dem gegenwärtigen Stand der geowissenschaftlichen, insbesondere der geoökologisch orientierten Erforschung des Territoriums der VDRJ (siehe Kap. 5.3) ist eine Beurteilung von Tendenzen der aktuellen, durch die Landnutzung hervorgerufenen Landschaftsveränderungen nur in sehr allgemeinen Zügen möglich. Diese Problematik ergibt sich im wesentlichen aus folgenden Gründen:

(1) Die ökonomischen Grundlagen der Wirtschaft werden in der VDRJ vor allem durch den finanziellen Transfer der in das Ausland abgewanderten Arbeitskräfte gebildet (vgl. STAT. D. AUSL. 1983, FRIEDERSDORFF/PILZ 1984, siehe Kap. 5.1). Demgegenüber bestand bisher trotz gegenteiliger politischer Orientierungen (vgl. FALHOM 1984) eine relativ geringe ökonomische Relevanz der agrarischen Landnutzung und des Zwanges zur umfangreichen Ausnutzung der landeseigenen Ressourcen.

(2) Auf die ökologischen Veränderungen durch die Nutzung orientierte Forschungs- und Erkundungsarbeiten fehlen dementsprechend für das Untersuchungsgebiet bisher weitgehend. Das gilt vor allem für Untersuchungen zu Vegetationsveränderungen und zu Fragen der aktuellen Dynamik des Landschaftshaushaltes. Erste Ansätze sind durch lokale Arbeiten zu den hydrologischen Verhältnissen im Zusammenhang mit der Erschließung und Nutzung von Wasserressourcen gegeben (vgl. ABDULBAKI 1984).

(3) Die Erfassung früherer Landschaftszustände und damit die Möglichkeit der vergleichenden Analyse von Veränderungen sind für das Untersuchungsgebiet sehr problematisch, da kaum aussagefähige Erkundungen aus früheren Zeiträumen vorliegen. Die ausgewerteten Reise- und Expeditionsberichte geben in dieser Hinsicht nur wenige Ansatzpunkte.

Probleme der anthropogen verursachten Landschaftsveränderungen in ariden und semiariden Gebieten der Erde stehen besonders seit den sechziger Jahren im Mittelpunkt naturwissenschaftlicher, sozialer und ökonomischer Forschungen, was sich in einer kaum noch überschaubaren Anzahl von Publikationen äußert (vgl. Zusammenfassungen u.a.v. VOS 1975, KLAUS 1981). In diesem Zusammenhang spielt die *Desertifikation* als komplexer, anthropogen verursachter Prozeß der Ausbreitung wüstenhafter Bedingungen (LESER 1980a) eine zentrale Rolle (vgl. UN-CONF. 1977). Die im Rahmen der vorliegenden Arbeit zu klärende Frage, inwieweit für die Landschaften der VDRJ Desertifikationsprozesse von Bedeutung sind, muß zunächst von einer klaren geographischen und geoökologischen Definition der Desertifikation ausgehen. Nach MENSCHING/IBRAHIM (1976), MENSCHING (1980) und ihnen folgend LESER (1980 a) sollte der Begriff der Desertifikation auf die durch die Intensität und Andauer der Landnutzung bewirkten, zu wüstenhaften Ökosystemzuständen tendierenden Veränderungen der Landschaft in semiarid-tropischen und -subtropischen Marginalbereichen der Wüstengebiete beschränkt bleiben.

Bei der Anwendung dieses Begriffsinhaltes und dem Vergleich zu den ausgeprägten Wirkungsgebieten der Desertifikation in der Sahelzone Afrikas (vgl. u.a. die Arbeiten von BARTH 1977, MENSCHING 1980, IBRAHIM 1984, KLAUS 1981), im nördlichen Afrika (u.a. LE HOUEROU 1972, MENSCHING/IBRAHIM 1976) und im südwestlichen Afrika (u.a. LESER 1971, 1980 c) ergeben sich für die Klärung der oben gestellten Frage über die Zugehörigkeit des Territoriums der VDRJ zur Zone der graduell stärksten Gefährdung durch Desertifikation [45] (i.S.v. MENSCHING 1980) folgende naturwissenschaftliche und ökonomische Aspekte:

(1) Für das Gebiet der VDRJ sind mit Ausnahme kleinerer Räume im westlichen Landesteil sehr geringe, hochvariabel eintretende Niederschlagsmengen (unter 200 mm) bei hoher potentieller Verdunstung bestimmend (siehe Kap. 7.2). Die Zugehörigkeit zu einem semiariden Übergangsraum ist damit bezogen auf die Landesfläche nicht gegeben (siehe auch Kap. 4.3, Abb. 2).

(2) Die insbesondere gegenüber weiten Teilen der Sahelzone durch die geologisch-tektonische Situation andersartigen Relief- und Substratverhältnisse mit einem hohen Anteil von tief zertalten Gebirgs- und Plateaureliefs (siehe Kap. 7.4.2, Anl. 2) und dem Überwiegen von Oberflächenbildungen aus Festgesteinen (70% der Landesfläche, siehe Kap. 7.3.3) bedingen einen relativ geringen Anteil nutzbarer Bodenressourcen (siehe Kap. 7.6, 9.3.2).

(3) Durch die klimatischen und zum Teil auch durch die Substratbedingungen ist die Vegetationsdecke im größten Teil des Landes bei Dominanz kontrahierter Strauchformationen sehr gering ausgebildet (siehe Abb. 27). Die für semiaride Bereiche charakteri-

---

[45] Die "Deserfication Map of the World" der UN-CONF. (1977) weist das Gesamtgebiet der VDRJ analog zur Sahelzone als extrem durch Desertifikation gefährdet aus.

stischen Savannenformationen (vgl. z.B. KNAPP 1973) treten im Gebiet kaum auf (siehe Kap. 7.7.3.2).

(4) Durch die sich aus (1) bis (3) ergebende geringe Verfügbarkeit natürlicher Ressourcen ist eine flächenhafte landwirtschaftliche Nutzung des Territoriums, insbes. durch den in der Sahelzone weitverbreiteten Regenfeldbau und die Großviehhaltung (vgl. u.a. MENSCHING 1980) nicht möglich (siehe auch Kap. 9.3). Die Landnutzung vollzieht sich weitgehend in traditionellen, den Umweltfaktoren und ihrer Variation in hohem Maße angepaßten Formen als kleinflächiger Bewässerungsfeldbau und extensive Viehhaltung mit gegenüber dem Sahel geringen Tierbesatz (siehe Kap. 11.2, Tab. 53) auf einem relativ niedrigen Produktionsniveau und -umfang.

(5) Die sehr geringe Bevölkerungsdichte (Landesdurchschnitt 6 EW/km^2, zentraler und östlicher Teil 1-3, 5, westlicher Teil 17-25) und die ausgeprägte ökonomische Bindung an den Lohnerwerb im Ausland führen gegenwärtig nicht zu einer umfangreichen Nutzung und Ausbeutung der landschaftlichen Ressourcen.

Die aufgeführten Aspekte verdeutlichen in bezug auf das Untersuchungsgebiet erhebliche Unterschiede zu den von gravierenden Desertifikationserscheinungen betroffenen Gebieten hinsichtlich sowohl der natürlichen Gegebenheiten wie auch der ökonomischen und sozialen Verhältnisse. Es kann nach Meinung des Verfassers gefolgert werden, daß flächenhafte und großräumige Desertifikationsprozesse wie die Veränderung des morphodynamischen Prozeßgefüges, die weitflächige Verschlechterung der Bodenqualität und des Bodenwasserhaushaltes sowie die weitflächige Vegetationsdegradierung und -vernichtung (vgl. MENSCHING 1980) für das Territorium der VDRJ aus den oben genannten natürlichen und ökonomischen Ursachen nicht wirksam werden (vgl. auch BIRKS 1977, RITTER 1980 für andere Gebiete der Arabischen Halbinsel).

Durch die Landnutzung bedingte, degradierende *Veränderungen der landschaftsökologischen Verhältnisse* treten dagegen im Untersuchungsgebiet vorrangig in räumlich lokal begrenzter Form auf. Ihre Hauptwirkungsfelder liegen in erster Linie in den ackerbaulich genutzten Landschaftsbereichen. Hier treten bereits in der historischen Entwicklung (siehe Kap. 11.1) wie auch gegenwärtig gravierende Dagradationserscheinungen auf, die in enger Verzahnung mit den landschaftsökologisch labilen Verhältnissen vorrangig durch sozialökonomische Ursachen bedingt sind. Diese Prozesse entsprechen der von MECKELEIN (1980) als *Oasen-Desertifikation* bezeichneten kleinflächig konzentrierten, anthropogen verursachten Schädigung von Nutzflächen innerhalb extrem arider Gebiete, die bisher vor allem in Nordafrika und Vorderasien näher untersucht wurden (vgl. z.B. EVENARI et al. 1971, BIRKS 1977, RITTER 1980, GHONAIM/GABRIEL 1980, ASCHE 1981). Bei den für das betrachtete Gebiet im einzelnen noch geringen Kenntnissen über die Wirkungsfaktoren und Indikatoren der anthropogen verursachten Landschaftsveränderungen lassen sich gegenwärtig folgende Ursachenkomplexe und Auswirkungen der Degradation in den ackerbaulich genutzten Gebieten der VDRJ erkennen.

Als generelle Tendenz für die ländlichen Bereiche der VDRJ, insbesondere für die ackerbaulich genutzten Gebiete mit lokaler Bevölkerungskonzentration[46], kann eine trotz sozialökonomischer Föderungsmaßnahmen (vgl. FALHOM 1984) bedeutende *Abwanderung* der Bewohner im arbeitsfähigen Alter sowohl ins Ausland wie auch in die größeren

---

[46] Nach FALHOM (1984) leben ca. 48% der Bevölkerung in den Talbereichen des Landesinneren.

Städte (v.a. nach Aden) bei dort vorhandenem höherem Lohn- und Lebensniveau festgestellt werden (vgl. FRIEDERSDORFF/PILZ 1984, siehe auch KOPP 1977 für JAR, ASCHE 1981 für Oman). Die Folgen dieses Migrationsprozesses bestehen in einem Rückgang der landwirtschaftlichen Produktion und in der Verringerung des Anteils der tatsächlich genutzten Fläche bzw. in ihrer unzureichenden Bearbeitung. So werden nach Angaben von VARADINOV et al. (1980) nur 40% der für den Ackerbau geeigneten Flächen tatsächlich genutzt. ABDULBAKI (1984) gibt neben der Schwankung der verfügbaren Wasserressourcen vor allem gesellschaftliche Ursachen (zu geringes Arbeitskräftepotential, unzureichende technische Ausstattung) für die unvollständige Nutzung der Ressourcen an [47]. Mit dieser in entscheidendem Maße durch sozialökonomische Prozesse verursachten *Aufgabe von landwirtschaftlichen Nutzflächen* vollzieht sich ein rascher Verfall der sehr labil reagierenden Agroökosysteme (siehe Kap. 11.2, vgl. auch Kap. 10.4.1) unter Verringerung bzw. Zerstörung ihrer Nutzungseignung, wobei zunächst vermutlich vorrangig die ökonomisch wenig rentablen kleinflächigen Anbaugebiete (z.B. in den kleineren Talbereichen, in lokalen Oasen)[48] betroffen sind. Dabei spielen in erster Linie Prozesse der exzessiven Sedimentverlagerung bei Aufgabe der Flutwasserregulierung (siehe Kap. 11.2), der Bodenversalzung und der deflativen Abtragung eine Rolle.

Als weitere Ursache einer negativen Veränderung potentiell nutzbarer Landschaftsräume muß das noch geringe technische und technologische *Niveau der Bewirtschaftung* angesehen werden. Insbesondere unzureichende Wassernutzungsmethoden (Überstau, fehlende Entwässerung, geringer Verdunstungsschutz) führen in einigen Gebieten (z.B. im Wadi Hadramawt) zu einer beträchtlichen anthropogen verursachten Erhöhung des bereits im natürlichen Zustand relativ hohen Bodensalzgehaltes (vgl. die bei ABDULBAKI 1984 und FALHOM 1984 aufgeführten Beispiele). Daneben bedingen die unzureichenden Maßnahmen gegen die fluviale und äolische Bodenerosion (z.B. Bepflanzungen, Verbesserung des Krumenzustandes) eine zum Teil erhebliche Verringerung der nutzbaren Bodenressourcen. Dabei kommt besonders der deflativen Versandung von Kulturflächen eine wesentliche Bedeutung zu (siehe auch Kap. 10.4.1)[49].

Durch die Überbeanspruchung natürlicher Ressourcen ausgelöste Veränderungen im Landschaftshaushalt wurden für das Gebiet der VDRJ bisher vor allem hinsichtlich des Grundwasserdargebots nachgewiesen. ABDULBAKI (1984) führt eine Reihe von Beispielen aus den Talbereichen der Wadis Bayhān, Tuban und Hadramawt an, wo durch die nutzungsbedingte Absenkung des Grundwasserspiegels und dem nachfolgenden Zufluß salzhaltiger Grundwässer eine Verschlechterung der Wasserqualität hervorgerufen wird (vgl. auch

---

[47] So wurden in den Hauptlandwirtschaftsgebieten 1981 nur 86% (Tuban-Delta), 73% (Banā-Delta) bzw. 40% (Wadi Hadramawt) der nutzbaren Fläche bearbeitet (ABDULBAKI 1984).

[48] Diese Aussagen werden auch durch Beobachtungen des Verfassers in der Region des zentralen Küstengebirges und im südwestlichen Hadramawt gestützt.

[49] Eigene Beobachtungen zu intensiver äolischer Dynamik auf Ackerflächen liegen u.a. aus dem Datina-Becken und den Plateaubereichen SW-Hadramawts vor (siehe Kap. 10.4).

ASCHE 1981, SCHOLZ 1982, HAMZA 1982, VARISCO 1983 für andere Teile der Arabischen Halbinsel, siehe auch Kap. 7.5.3).

Für die *perspektivische agrarische Landnutzung* können unter Einbeziehung der Aussagen von ADAR-REPORT (1976), STEFFEN et al. (1978), VARADINOV et al. (1980), SOGREAH (1980) und ABDULBAKI (1984) neben notwendigen sozialökonomischen und agronomischen Veränderungen (vgl. VARADINOV et al. 1980) folgende, auf die Verbesserung und Erhaltung der landschaftlichen Ressourcen zielende Maßnahmen als wesentlich angesehen werden:

(1) Sowohl aus ökonomischer wie auch aus landschaftsökologischer Sicht ist die Nutzung aller potentiell geeigneten Flächen sowie die Rekultivierung devastierter Bereiche anzustreben.

(2) Für die Erhöhung der Nutzungseffektivität der sehr begrenzten Wasserressourcen ist vor allem eine Verbesserung der Bewässerungstechnologie und Wasserbevorratung notwendig. Einer großräumigen Speicherung durch Staudammprojekte stehen allerdings wesentliche hydrologische und ökologische Aspekte entgegen (vgl. HAIN 1969, KOPP 1981). Die Einführung eines hydrologischen Beobachtungssystems würde vor allem die Hochwasser-Frühwarnung und -Nutzung verbessern. In bisher wenig erschlossenen Gebieten sollte eine umfassendere Nutzung der Grundwasservorkommen angestrebt werden.

(3) Hinsichtlich der Verbesserung bzw. Erhaltung der Bodenressourcen ist vorrangig eine Verstärkung des Erosionsschutzes durch Bepflanzungen, die Verbesserung der Bearbeitungstechnologie und der Abflußregulierung notwendig. Daneben spielen die Erhaltung der Bodenfeuchte durch effektive Bearbeitungsmethoden, die Verringerung der Bodenversalzung durch die Anwendung von Bewässerungsverfahren mit hohem Durchspülungseffekt sowie die Verbesserung bodenphysikalischer und -chemischer Parameter, insbesondere der Humusbildung, eine wesentliche Rolle.

12. Weitere Aufgaben und Ansätze der Landschaftsforschung im Rahmen der Ressourcenerkundung

12.1 Inhaltliche und methodische Ansätze

Aus dem gegenwärtig hohen Defizit an raumbezogenen Informationen sowohl hinsichtlich großräumiger Darstellungen wie in noch stärkerem Maße im mittel- und großmaßstäbigen Untersuchungsbereich (vgl. ADAR-REPORT 1976, siehe Kap. 5.3, 10.1) ergeben sich für eine auf den Landschaftskomplex bezogene Erkundung des südlichen Jemen umfangreiche und vielfältige Aufgaben. Relativ besser ist der Erkundungsstand im Nordjemen (ehem. JAR); auf die hier gewonnenen Erfahrungen sollte zurückgegriffen werden. Im folgenden werden einige grundsätzliche Empfehlungen und Vorschläge für Ansätze der geographischen Landschaftsforschung innerhalb der nur interdisziplinär zu bewältigenden Erkundung und Bewertung der Ressourcenstruktur des Landes gegeben. Sie stützen sich neben auf die während des Aufenthaltes in der VDRJ gewonnenen Erkenntnisse besonders auf die durch die Literatur dokumentierten umfangreichen methodischen Erfahrungen bei der Untersuchung der Ressourcen- und Umweltsituation in Entwicklungsländern (siehe auch Kap. 3.).

Für die auf die Landschaftsstruktur orientierte geowissenschaftliche Bearbeitung ist generell von einem gestuften Ansatz in verschiedenen Dimensionsbereichen der Landschaftserkundung auszugehen (vgl. UN-CONF. 1977 c, siehe auch Kap. 3.). Aus der Sicht des Verfassers können gegenwärtig dabei folgende *Aufgabenbereiche* als wesentlich angesehen werden, deren Realisierung sicherlich nur sehr langfristig bei Weiterentwicklung der landeseigenen wissenschaftlichen Kapazitäten und mit Unterstützung ausländischer bzw. internationaler Einrichtungen möglich ist.

1. Inventarisierung der natürlichen Ressourcen im großräumigen Maßstab für das Gesamtterritorium
2. Erkundungsarbeiten und landschaftsökologische Grundlagenforschung in wirtschaftlich relevanten Teilgebieten
3. Untersuchungen zu nutzungsbedingten Veränderungen der Landschaft und prognostische Aussagen zur Umweltentwicklung
4. Raumbezogene Bewertung der natürlichen Ressourcen
5. Interdisziplinäre Untersuchungen zu den Wechselbeziehungen zwischen natürlichen Bedingungen und sozialökonomischen Verhältnissen.

Im einzelnen ergeben sich für die Aufgabenkomplexe folgende wesentlichen inhaltlichen und methodischen Schwerpunkte.

Weitere Aufgaben

Durch eine *großräumige Inventarisierung* wesentlicher Merkmale der landschaftlichen Partialkomplexe und die Abschätzung regionaler Bilanzen (z.B. Wasserhaushalt, Biomasseproduktion) kann eine generelle Verbesserung der Landeskenntnis und eine erste Einschätzung der vorhandenen Ressourcen erreicht sowie eine Auswahl von näher zu untersuchenden Teilräumen vorgenommen werden. Von Bedeutung sind weiterhin auf den partialkomplexbezogenen Untersuchungen aufbauende synthetische Darstellungen in Form von landschaftstypologischen Gliederungen und Regionalisierungen des Gesamtgebietes unter dem Aspekt seiner natürlichen Ausstattung wie auch hinsichtlich der Nutzungseignung (Eignungstypen). Wesentliche Voraussetzung für die Lösung dieser Aufgabe, zu der die vorliegende Arbeit einen ersten Beitrag erbringen will, ist der Einsatz von kosmischen Fernerkundungsmethoden und die landesweite Erfassung der klimaökologisch-hydrologischen Verhältnisse durch den Aufbau eines hydrometeorologischen Meßnetzes.

Die auf ökonomisch relevante Teilgebiete zu konzentrierende *Analyse der detaillierten landschaftlichen Ausstattung und Dynamik* ist bisher für das Untersuchungsgebiet nur in sehr geringem Umfang durchgeführt worden. Hier ergibt sich das Hauptbetätigungsfeld künftiger geowissenschaftlicher Arbeiten. Dabei ist besonders auf eine Anwendung rationeller und unter den Landesbedingungen durchführbarer landschaftsökologischer Erkundungsmethoden zu orientieren (vgl. LESER 1980 a, b, JÄKEL 1985), die sich vorrangig auf folgende inhaltliche Aspekte konzentrieren sollten:

1. Untersuchung der hydrologischen und morphologischen Prozeßabläufe und ihrer ökologischen Wirkungen
2. Analyse der Struktur und Dynamik der potentiell nutzbaren Böden, insbesondere ihres Wasser- und Salzhaushaltes
3. Erfassung wesentlicher bioökologischer Landschaftsmerkmale, vor allem der Struktur und Dynamik der Vegetationsdecke und ihrer Primärproduktivität.

Im Resultat dieser Untersuchungen sollten bezogen auf die ausgewählten Testgebiete in erster Linie weitestgehend quantitativ untersetzte Beschreibungen und Bilanzierungen von Ökosystemen und die Kennzeichnung ihrer Zustände sowie ihrer zeitlichen Dynamik stehen. Ein weiterer Schwerpunkt ergibt sich aus einer detaillierten bis mittelstäbigen Darstellung der landschaftlichen Raumstruktur mittels typisierender Gliederungsverfahren in der unteren chorischen und topischen Dimension.

Die Untersuchung der vor allem mit der agrarischen Landnutzung in Verbindung stehenden *Veränderungen der landschaftlichen Verhältnisse* steht in engem Zusammenhang mit dem zuvor genannten Aufgabenkomplex. Dabei sind neben der Analyse des Landschaftszustandes auch Verfahren der periodischen Beobachtung von Veränderungstendenzen ("landscape monitoring") einzusetzen. Als wesentliche Indikatoren der nutzungsbedingten Veränderung des Landschaftshaushaltes müssen in erster Linie die Vegetationsentwicklung und -degradierung (Veränderung des Biomasseanteils im Landschaftskomplex), Wandlungen im landschaftlichen Prozeßgefüge (Bodenerosion, äolische Dynamik) sowie die Veränderung von Bodenmerkmalen (Versalzung, Veränderung des Wasserhaushaltes) betrachtet werden. Die Analyse der gegenwärtigen Belastung der Landschaft erfordert gebietsbezogene Datenermittlungen (Viehbesatz, Nutzungsintensität, Wassernutzung). In weiterer Folge eines solchen Aufgabenkomplexes steht auch die Entwicklung landschaftsschützender bzw. -regenerierender Maßnahmen und die Beobachtung ihrer Wirksamkeit.

Aufbauend auf die Ergebnisse der in verschiedenen Dimensionsbereichen angelegten Landschaftsuntersuchungen ist ihre *Transformation in ökonomisch relevante Aussagen* anzustreben. Dabei wird entsprechend der ökonomischen Grundstruktur des Landes eine Beurteilung der agrarwirtschaftlichen Eignung im Mittelpunkt stehen. Der in Kapitel 9. vorgenommene, einen ersten Versuch darstellende Bewertungsansatz über semiquantitative Bonitierung kann durch die Verbesserung der Datenlage und der dann möglichen Einbeziehung weiterer Kriterien ausgebaut bzw. in Anlehnung an in vergleichbaren Gebieten entwickelten Verfahren (vgl. z.B. BARTH 1977) erarbeitet werden. Bewertungen der Nutzungseignung im Zusammenhang mit der Landschaftserkundung sind sowohl für die auf das Gesamtterritorium bezogene Einschätzung der Ressourcen wie auch für die Projektierung von Landnutzungsformen in Teilgebieten von Bedeutung. Sie sollten mit prognostischen Aussagen zur Umweltentwicklung bei bestimmten Nutzungen verbunden werden.

Die Untersuchung der Wechselbeziehungen zwischen den natürlichen Gegebenheiten und der sozialökonomischen Entwicklung ist die Aufgabe eines integrativen Ansatzes ökonomischer, demographischer und physisch-geographischer Forschungen (vgl. z.B. BIRKS 1977, OLSSON 1985). Notwendige Voraussetzungen dafür sind zunächst durch den Aufbau einer ausreichenden, raumbezogen differenzierenden Bevölkerungs- und Landnutzungsstatistik zu schaffen (vgl. z.B. die Arbeiten in der JAR, siehe STEFFEN et al. 1978, SCHOCH/GERIG 1980).

Eine wesentliche Bedeutung bei der Realisierung der genannten Aufgabenkomplexe kommt dem *Einsatz rationeller Erkundungsmethoden* zu. Eine ausschließlich auf terrestrische Kartierungen und Erkundungen beruhende Bearbeitung des Territoriums bzw. von Teilgebieten ist bei der Landesgröße und -erschließung ökonomisch und technisch nicht durchführbar (vgl. auch ADAR-REPORT 1976). Deshalb spielt der Einsatz von Fernerkundungsverfahren im Methodenspektrum der Landschaftsuntersuchung eine wesentliche Rolle. Für ihre Anwendung bei in diesem Zusammenhang relevanten Fragestellungen liegen international umfangreiche methodische Erfahrungen und Beispiele vor, auf die hier nicht im einzelnen einzugehen ist.

12.2 Vorschlag für ein System der Landschaftskartierung

In Anlehnung an die Erfahrungen in anderen Entwicklungsländern (siehe Kap. 3.) und entsprechend den in Kap. 12.1 formulierten inhaltlichen und methodischen Aspekten einer umfassenden Landschaftserkundung in der VDRJ wird abschließend ein Vorschlag für ein System der Landschaftskartierung des Landes formuliert. Die vorliegende Arbeit hat versucht, hierfür eine Zusammenfassung und Erweiterung des geowissenschaftlichen Kenntnisstandes zu erarbeiten sowie methodische Wege der Erkundung zu entwickeln (siehe Kap. 7. bis 10.), die in den Vorschlag einfließen.

Weitere Aufgaben

Das entwickelte Kartierungssystem beruht auf einer gestuften Untersuchung der Landschaftsstruktur und ihrer wesentlichen Partialkomplexe in verschiedenen Betrachtungsebenen der chorischen Dimension. Dabei wird für das Territorium der VDRJ ein dreistufiges Kartierungsverfahren vorgeschlagen (siehe Anl. 15).

Die **erste Stufe** umfaßt die großräumige, auf das Gesamtgebiet bezogene Inventarisierung der natürlichen Verhältnisse in Form einer analytischen Erfassung von Hauptmerkmalen der landschaftlichen Partialkomplexe (Übersichtskarten zu Klima, Lithologie, Georelief, Wasser-, Boden- und Vegetationsverhältnisse) und einer darauf aufbauenden synthetischen Landschaftsgliederung im oberen chorischen Dimensionsbereich. Diese unter Verwendung von ausgewählten, strukturprägenden Hauptmerkmalen des Landschaftskomplexes vorgenommene Gliederung führt zu einer typologisch-systematischen Kennzeichnung der großräumigen Landschaftsstruktur (siehe Kap. 5.3.1, Anl. 5). In Abhängigkeit von der Größe des Bearbeitungsgebietes und dem gegenwärtigen Genauigkeitsgrad der verfügbaren Ausgangsdaten wird für diese Stufe der Maßstabsbereich 1:1 Mill. bis 1:4 Mill. als günstig angesehen. Als wesentliche Datenquellen stehen kosmische Fernerkundungsaufzeichnungen, thematische Übersichtskarten sowie punktuelle Messungen klimatischer und hydrologischer Merkmale zur Verfügung, während die topographischen Grundlagen durch kleinmaßstäbige Karten bzw. Satellitenbildkarten (siehe Kap. 4.2) gegeben sind. Eine Verbesserung der Datensituation ist vor allem durch eine Verdichtung des hydrometeorologischen Meßnetzes sowie durch die Erkundung der Boden- und Vegetationsverhältnisse notwendig (siehe Kap. 7.2, 7.6, 7.7).

Die **zweite Stufe** der vorgeschlagenen Landschaftserkundung zielt auf die mittelmaßstäbige Kartierung von ausgewählten Teilgebieten im Niveau des unteren chorischen Dimensionsbereiches. Dabei sollte auf der Grundlage einer Erfassung wesentlicher Partialkomplexmerkmale (v.a. des Reliefs, der Lithologie, der Vegetations- und Wasserverhältnisse) durch die Auswertung von Luftbildern bzw. hochauflösenden kosmischen Aufnahmen und durch partielle Geländeerkundungen eine synthetische Darstellung von typologischen Landschaftseinheiten angestrebt werden (siehe Kap. 10.). Für die kartographische Wiedergabe erweist sich der Maßstabsbereich 1:100 000 bis 1:200 000 als geeignet, für den im Gegensatz zu anderen Gebieten in der VDRJ auch die notwendigen topographischen Grundlagenkarten vorliegen (siehe Kap. 4.2).

Tabelle 54: Teilgebiete für eine mittelmaßstäbige Landschaftskartierung der VDRJ (Lage der Teilgebiete siehe Anlage 1)

1	Wadi Ma'adin	16	Wadi Jardān
2	Unterlauf und Delta des Wadi Tuban	17	Wadi Hajar - Gebiet
3	Delta des Wadi Banā	18	Delta des Wadi Hajar
4	Dhala - Region	19	Küstengebirge von Mukallā
5	Becken von Habil al Jabr	20	Ash Shihr
6	Al Kharibah - Hochland	21	Safūlah
7	Hochebene von Mukayrās	22	Raydah - Plateau
8	Becken von Lawdar - Mudiyah	23	Wadi Rakhyah
9	Bergland von Nisāb und Wadi Markhah	24	Wadi Hadramawt und Nebentäler
10	Unteres Bayhān - Gebirge	25	Wadi Aywat as Say'ar
11	Becken von Mahfidh	26	Thamūd
12	Delta von Ahwar	27	Wadi Dabawn - Oberes Wadi Jizi
13	Westlicher Plateaurand von Attāq	28	Wadi Mahrāt
14	Haban	29	Küstengebiet von Al Ghaydah
15	Wadi Mayfaah		

Ein interessanter methodischer Ansatz ergibt sich aus der Möglichkeit, die für größere Teilgebiete des Landes erarbeiteten mittelmaßstäbigen geologischen Karten (vgl. u.a. ANDREAS et al. 1979, SCHRAMM et al. 1986) durch eine auf die landschaftliche Ausstattung bezogene Interpretation für die Entwicklung einer mittelmaßstäbigen Landschaftskartierung zu nutzen, wobei eine ergänzende Erkundung mittels Luftbildauswertung und stichprobenartigen Geländeuntersuchungen notwendig ist.

In der Auswertung der in der vorliegenden Arbeit durchgeführten Untersuchungen und der während des Arbeitsaufenthaltes gewonnenen Erfahrungen werden in einem vorläufigen Vorschlag die in der Anlage 1 und Tabelle 54 ausgewiesenen Teilgebiete für eine Bearbeitung in der mittelmaßstäbigen Erkundungs- und Kartierungsstufe empfohlen. Mit diesen Gebieten können gleichzeitig repräsentative Ausschnitte der charakteristischen Großlandschaften der VDRJ erfaßt werden.

Für die Erkundung im Zusammenhang mit konkreten Landnutzungsprojekten (z.B. für die Bewässerung) wird in einer **dritten Stufe** eine großmaßstäbige Detailkartierung im Maßstabsbereich 1:10 000 bis 1:100 000 vorgeschlagen. Sie zielt auf die Erfassung der kleinräumigen Landschaftsstruktur in der unteren chorischen bzw. in der topischen Dimension. Dafür ist neben einer Auswertung von Luftbildern eine umfassende Geländekartierung notwendig. Ihre volle Aussagefähigkeit erhält diese Erkundungsstufe erst durch zumindest selektiv vorzunehmende Analysen des landschaftsökologischen Haushalts (vgl. LESER 1980 a, b, siehe Kap. 3.) einschließlich einer repräsentativen Beprobung von Boden- und Wassermerkmalen sowie einer Aufnahme der Vegetation. Der Einsatz dieser Stufe sollte wegen ihres hohen Arbeits- und Organisationsaufwandes nur auf kleine, hinsichtlich ihrer Funktion bedeutende Gebiete beschränkt werden. Wegen der noch fehlenden Grundlagenuntersuchungen und der begrenzten Möglichkeit einer detaillierten Geländeerkundung konnten im Rahmen der vorliegenden Arbeit nur erste Ansätze für diese Kartierungsstufe aufgezeigt werden (siehe Kap. 10.4.1, Abb. 42).

13. Zusammenfassung der Ergebnisse

Die vorliegende Arbeit erbringt in Form einer *physisch-geographischen Regionaluntersuchung* einen Beitrag zur Entwicklung des Kenntnisstandes über die natürlichen Verhältnisse des südlichen Jemen (ehemals VDRJ). Dabei liegt der Schwerpunkt auf einer Untersuchung der großräumigen Differenzierung der Naturbedingungen im Gesamtterritorium, die den Rahmen und Ausgang für weitergehende datailierte geowissenschaftliche Arbeiten in ökonomisch relevanten Teilgebieten bildet. Es wird erstmals zusammenfassend die räumliche Ausprägung wesentlicher Faktoren der natürlichen Gegebenheiten dargestellt, wobei entsprechend den verfügbaren Ausgangsdaten Aussagen in unterschiedlicher Detailliertheit möglich sind.

Die Untersuchung verschiedenartiger physisch-geographischer Teilprobleme in verschiedenen Dimensionsbereichen macht den Einsatz einer Vielzahl von *Analyse- und Synthesemethoden* notwendig, die auf der Anwendung des Landschaftskonzepts sowie einer Reihe spezieller Untersuchungskonzepte geographischer Teildisziplinen beruhen. Die Gewinnung und Aufbereitung der notwendigen geowissenschaftlichen Informationen erfolgt durch die Auswertung gebietsbezogener Untersuchungen und Quellen (Literatur, Karten, Meßdaten), durch die Interpretation von Fernerkundungsdaten sowie durch eigene Geländebeobachtungen und -kartierungen. Dabei ermöglicht vor allem die Verwendung von kosmischen und Luftaufnahmen für das durch terrestrische Erkundungen noch unzureichend erschlossene Gebiet der VDRJ eine erstmalige flächendeckende Erfassung wesentlicher inhaltlicher und raumstruktureller Merkmale des Landschaftskomplexes.

Wegen des begrenzten gebietsbezogenen Erkundungsstandes besteht die zwingende Notwendigkeit, Erkenntnisse und Forschungsergebnisse aus derzeit besser bearbeiteten vergleichbaren Gebieten in die Untersuchung einzubeziehen. Ausgehend von einem regionalen Vergleich der klimaökologischen und geologisch-morphostrukturellen Verhältnisse ist eine deduktive Ableitung von Aussagen für das Arbeitsgebiet aus in ihrer landschaftlichen Ausstattung ähnlichen Räumen möglich, wofür in erster Linie Untersuchungen in der zentralen und östlichen Sahara, der nördlichen Sahelzone, der Gebirge und Küstengebiete Äthiopiens und Somalias, in Namibia und dem zentralen Teil Australiens herangezogen werden.

Die wesentlichen theoretischen Grundlagen für eine umfassende raumbezogene Kennzeichnung der natürlichen Bedingungen ergeben sich aus dem *Konzept der Landschaftsforschung* (Landschaftskonzept, landschaftliche Methode), das auf eine komplexe Erfassung des Wirkungsgefüges und der räumlichen Differenzierung der Komponenten der natürlichen Ausstattung zielt. Die Landschaftsforschung stellt vielfältige methodische Erfahrungen und Beispiele zur Verfügung, auf die bei der Entwicklung des Untersuchungskonzepts für das Arbeitsgebiet zurückgegriffen werden kann. Als methodische Grundprinzipien erweisen sich auch bei der Bearbeitung eines bisher wenig erkundeten Gebietes die mit dem

Ansatz der naturräumlichen Gliederung und dem landschaftsökologischen Ansatz der Landschaftsforschung verbundenen Wege der deduktiven und induktiven Verfahren zur Erfassung der Landschaftsstruktur, die als Ausdruck der Gesamtheit der wesentlichen Eigenschaften der Naturbedingungen aufzufassen ist. Das methodische Grundgefüge bei der Bearbeitung des Territoriums der VDRJ bildet ein zweiseitiger Untersuchungsansatz, der von einer großräumigen Erkundung des Gesamtgebietes im oberen chorischen Dimensionsbereich und einer untersetzenden Analyse der Landschaftsstruktur ausgewählter Teilgebiete in der unteren chorischen Dimension ausgeht.

Grundlegende Voraussetzung für eine auf den Landschaftskomplex zielende Raumgliederung ist die *Analyse der landschaftlichen Partialkomplexe* in ihren wesentlichen inhaltlichen und raumstrukturellen Merkmalen. Speziell auch hier begrenzt die derzeitige Datenlage die mögliche Genauigkeit und Vollständigkeit der Aussage bzw. erlaubt in vielen Fällen nur eine erste Annäherung an die weitergehend anzustrebende Aussagedetaillierung.

Die verfügbaren meteorologischen Daten sowie der regionale Vergleich mit anderen Gebieten gestatten eine wesentliche Erweiterung der Kenntnis über die Raumstruktur der *klimatischen Verhältnisse* in der VDRJ. Grundlegende Faktoren der räumlichen und zeitlichen Differenzierung der Hauptklimaelemente sind die lokalen Zirkulationsbedingungen, die Höhenstufung, die Lage zum Meer sowie Luv-Lee-Effekte. Mittels Modellberechnungen sind erste Abschätzungen der potentiellen Verdunstung und der klimatischen Wasserbilanz möglich. Für das Gebiet können sechs Typen des Regionalklimas ausgewiesen und in ihrer räumlichen Verbreitung als Klimaregionen dargestellt werden.

In der Gliederung der VDRJ in geologisch-tektonische Teilgebiete, lithologische Einheiten und landschaftsgenetische Haupteinheiten kommen Einflüsse der paläofaziellen Entwicklung und der intensiven tertiär-quartären Tektonik auf die Prägung der rezenten Landschaftsstruktur zum Ausdruck. Die lithologischen Verhältnisse werden durch die Dominanz von Festgesteinen (v.a. karbonatische Sedimentite) an den Oberflächenbildungen bestimmt.

Entsprechend seiner Bedeutung für die landschaftliche Raumgliederung und als geoökologischer Regelfaktor bildet die *Analyse des Georeliefs* einen Schwerpunkt bei der Untersuchung der Partialkomplexe. Sie basiert vorrangig auf der visuellen Auswertung von kosmischen Aufnahmen und Luftbildern. Die damit erstmals für das Gesamtgebiet mögliche Darstellung der großräumigen Reliefstruktur im Niveau von Makroformentypen erbringt grundlegende Erkenntnisse für die räumliche Differenzierung der Landschaften. Entscheidende Impulse für die Reliefformung gingen von der intensiven tektonischen und vulkanischen Aktivität sowie von der durch semihumide bis aride Klimabedingungen geprägten, betont struktur-orientierten und -gebundenen exogenen Dynamik des rezenten und präzenten proluvial-fluvialen und äolischen Prozeßgeschehens aus. Dementsprechend bilden Bruchschollengebirge und -bergländer, in unterschiedlichem Maße zertalte Plateaus und weitflächige Schwemmebenen sowie äolische Sand- und Dünenfelder die dominanten Makroformentypen im Gebiet.

Zusammenfassung

Entsprechend den Klimabedingungen sind die *hydrogeographischen Verhältnisse* der VDRJ durch eine extreme Periodizität bzw. Episodizität des Oberflächenabflusses mit einer Konzentration auf kurzzeitige und intensive Hochflutabflüsse bei erheblichen interannuären Schwankungen sowie durch auf wenige Teilgebiete beschränkte oberflächennahe Grundwasservorkommen gekennzeichnet. Durch die Synthese der Struktur der Entwässerungssysteme, der Differenzierung des Oberflächenabflusses und der hydrogeologischen Bedingungen wird eine Gliederung der VDRJ in hydrogeographische Regionen vorgenommen.

Die Entwicklung und Verbreitung der *Böden* wird vorrangig durch die lithologischen Bedingungen bestimmt, da klimabedingte Differenzierungen bei den generell geringen Niederschlagsmengen nur eine untergeordnete Rolle spielen. In den durch Bodentypen-Gesellschaften gekennzeichneten Pedoregionen der VDRJ dominieren flachgründige Böden auf Festgesteinen (Lithosols) und gering entwickelte Böden auf neogen-quartären Lockersedimenten (Yermosols, Arenosols, Regosols).

Unter Anwendung des Konzepts der durch physiognomisch-strukturelle Merkmale bestimmten Vegetationsformationen ist eine großräumige Darstellung der *Vegetationsverbreitung* nach den wesentlichen klimabedingten, extrazonalen und azonalen Ausbildungen möglich. Bei dem derzeitigen Kenntnisstand können zehn Hauptformationen ausgegliedert werden, wobei der Großteil der Landesfläche durch kontrahierte Strauch- und Zwergstrauchformationen eingenommen wird.

Die Synthese der partialkomplexbezogenen Untersuchungen zu einer Darstellung der *großräumigen Landschaftsstruktur* des Gesamtgebietes basiert auf der Kombination ausgewählter Leitmerkmale des Klimas, des Georeliefs und der Lithologie (Typ des Regionalklimas, Makroformentyp des Reliefs, lithologische Gruppe), deren räumlicher Differenzierung die interferente Wirkung spezifischer *Prägungsfaktoren* zugrunde liegt. Für das Territorium der VDRJ sind Faktoren der klimatischen Differenzierung (zirkulationsbedingter Faktor, zentral-periphere Lage, Höhenlage, Luv-Lee-Lage) sowie bei der Strukturierung der morphologisch-lithologischen Teilkomplexe genetische (paläogeographische) Prägungsfaktoren (geotektonischer Faktor, paläofazieller Faktor) von Bedeutung. Entsprechend ihrer regional unterschiedlichen Wirksamkeit läßt sich eine Dominanzreihung in der Interferenz der Prägungsfaktoren und der durch sie bestimmten Leitmerkmale hinsichtlich ihrer landschaftsstrukturprägenden Rolle vornehmen, die den methodischen Ansatz für die Auswahl der jeweils bestimmenden Abgrenzungskriterien bei der Landschaftsgliederung bildet.

Die *typologisch-systematisch orientierte Erkundung* beruht auf der Ableitung von Landschaftstypen aus der Kombination charakteristischer raumstrukturprägender Leitmerkmale und der räumlichen Abgrenzung ihrer Areale als typologisch gekennzeichnete Landschaftseinheiten. Im Resultat dieses Verfahrens können für das Untersuchungsgebiet 39 Landschaftstypen der oberen chorischen Dimension aufgestellt und durch ihre Leit- und wesentlichen ökologischen Folgemerkmale gekennzeichnet werden. Sie lassen sich in vier Klassen zusammenfassen:

- Landschaftstypen der oberen und mittleren Lagen der Gebirge und Steilabdachungen (7% der Gesamtfläche)
- Landschaftstypen der unteren Lagen der Gebirge und Bergländer (13%)
- Landschaftstypen der Plateaubereiche (48%)
- Landschaftstypen der Flachländer des Binnen- und Küstengebietes (32%).

Aufbauend auf die typologisch-systematische Darstellung wird die *Regionalgliederung* auf selektiv-generalisierendem Weg durch die lagegebundene Zusammenfassung von typologisch gekennzeichneten Landschaftseinheiten der oberen chorischen Dimension vorgenommen. Kriterien der räumlichen Aggregierung und Abgrenzung sind die aus der Interferenz der strukturbestimmenden Prägungsfaktoren sich ergebenden dominanten Leitmerkmale sowie gebietscharakteristische Assoziationen von chorischen Landschaftstypen. Für das Gebiet der VDRJ werden 42 Regionen ausgewiesen und nach ihren wesentlichen partialkomplexbezogenen Merkmalen sowie durch bilanzierende Abschätzungen des klimatischen Wasserhaushaltes und der potentiellen Biomasseproduktivität gekennzeichnet.

Für einige ausgewählte Teilgebiete des südwestlichen Teils von Hadramawt, des zentralen Küstengebietes und des westlichen Landesteiles wird auf der Grundlage von Luftbild- und Kartenauswertung sowie durch eigene Geländearbeiten eine typologisch-systematische Kennzeichnung der *Landschaftsstruktur in der unteren chorischen Dimension* vorgenommen, um exemplarisch Grundzüge der subordinierten Inhalts- und Raumstruktur der großräumigen Landschaftseinheiten aufzuzeigen. Als dominante Gliederungskriterien in dieser Erkundungsstufe erweisen sich Merkmale des Georeliefs, des Substrats, der Wasserverhältnisse sowie der Vegetationszusammensetzung und -verteilung.

Die Ergebnisse der großräumigen Landschaftsuntersuchung gestatten eine erste Einschätzung der *agrarwirtschaftlichen Ressourcen* für das Gesamtgebiet. Ausgehend von den die ackerbaulichen Ressourcen bestimmenden Merkmalen Klima-, Bodenfruchtbarkeit und hydrologisches Wasserdargebot für die Bewässerung ist mittels gebietsbezogen entwickelter semiquantitativer Bonitierungsverfahren eine Beurteilung der Landschaftstypen hinsichtlich ihrer Ressourcen für eine ackerbauliche Nutzung möglich. Dabei erweisen sich, bezogen auf Landschaftseinheiten, nur ungefähr 4 % der Landesfläche als geeignet für den Ackerbau. Davon gestattet der weitaus größte Teil (ca. 75 %) ausschließlich einen Bewässerungsfeldbau.

Die Analyse der *historischen Landnutzung* weist auf die Existenz ehemaliger bedeutender, lokal konzentrierter, anthropogener Landschaftsveränderungen in einigen Teilräumen des Untersuchungsgebietes hin. Diese stehen vor allem mit umfangreichen wasserbaulichen Maßnahmen in den Tälern und der Veränderung des Reliefs sowie des Abflußcharakters durch ausgedehnte Hangterrassierungen in den Gebirgslagen in Verbindung.

Die heutigen Formen der Landnutzung lehnen sich noch weitgehend an die traditionellen agrarischen Bewirtschaftungsweisen an und führen partiell zu erheblichen *Veränderungen in der Landschaftsausstattung*. Bei einer Einschätzung der Wirksamkeit von Desertifikationsprozessen als anthropogene Landschaftsveränderungen in semiariden Marginalbereichen muß von den gegenüber "klassischen" Wirkungsfeldern der Desertifikation (z.B. Sahelzone) abweichenden natürlichen Bedingungen und ökonomischen Verhältnissen ausge-

Zusammenfassung

gangen werden. Dementsprechend werden flächenhafte und großräumige Erscheinungen der Desertifikation im Territorium der VDRJ nicht in ausgeprägtem Maße wirksam. Dagegen treten intensive degradierende Landschaftsveränderungen lokal begrenzt in den ackerbaulich genutzten Gebieten deutlich hervor, die in erster Linie durch sozialökonomische Ursachen wie Aufgabe von Nutzflächen durch Bevölkerungsabwanderung, geringes technisches und agronomisches Niveau der Bewirtschaftung, Überbeanspruchung von Wasserressourcen bedingt werden.

Zur Realisierung weiterer Forschungs- und Erkundungsansätze wird ein *System der Landschaftskartierung* für die VDRJ vorgeschlagen, das auf einer dreistufigen Erfassung der Landschaftsstruktur beruht:

1. Kleinmaßstäbige Erfassung von Hauptmerkmalen der landschaftlichen Partialkomplexe und ihre synthetische Zusammenfassung in einer typologisch-systematischen Landschaftsgliederung (Maßstab 1:1 Mill. - 1:4 Mill.)
2. Mittelmaßstäbige Kartierungen in ausgewählten Teilgebieten (1:100 000 - 1:200 000)
3. Großmaßstäbige Erkundung für konkrete Landnutzungsprojekte (1:10 000 - 1:100 000).

Für die Bearbeitung in der 2. Stufe werden in einem vorläufigen Vorschlag 29 Teilgebiete empfohlen, die hinsichtlich einer agrarwirtschaftlichen Nutzung relevant sind.

Summary

Contributions to physical geography and landscape division of P.D.R.Yemen (Southern Yemen)

The hitherto insufficient state of knowledge about the natural conditions and resources in southern Yemen (former P.D.R. Yemen) requires fundamental studies in physical geography of this region. The main aim of the present research is to characterize the large-area differentiation of natural conditions. This study deals with the following points of emphasis:

1. Analysis of the landscape components in their large-area variations
2. Characterization of landscape structure of the whole region and of selected sub-areas
3. General evaluation of agricultural resources
4. Characterization of historical and actual land use and of landscape changes caused by utilization.

Different analytic and synthetic methods are applied for these purposes. They are based on the theoretical framework of landscape research and on special geoscientific research methodologies:

- evaluation and interpretation of scientific literature and maps
- own field surveys, and
- interpretation of air photos and satellite images, which enables above all a first recording of landscape conditions in areal details never reached until now.

The analysis of landscape components provides the basis for the complex landscape division. General maps explain the main features of climatic and relief conditions, of hydrogeography and of soil and vegetation distribution.

The landscape division is founded on a combination of selected climatic, relief and lithologic features, whose spatial variations are caused by position factors (position in relation to atmospheric circulation, to central-peripheral position, to altitude level, to exposition against main wind directions) as well as by geotectonic and palaeogeographic influences. 39 landscape types of an upper level are proved in southern Yemen by using a procedure of typologic landscape division. Their spatial distribution is shown in a map of typologic landscape units. These landscape types can be summarized into four classes:

- types of upper and medium mountain zones (7% of the total area)
- types of lower mountain zones (13%)
- types of plateau areas (48%)
- types of lowlands in the interior and coastal areas (32%).

Summary

The division into natural regions aims to delimitation and characterization of large individual landscape units (natural regions) with similar climatic and geomorphologic features. These 42 natural regions are characterized by their main geocomponent features and estimated balances of water resources and biotic productivity.

Detailed and semidetailed investigations in selected subareas of southwestern Hadramawt, the cemtral coastal region and western mountains reveal exemplarily the internal structure of some large-area landscape units. Detailed landscape maps characterize relief, soils, vegetation and water conditions by means of complex landscape types.

The large-area landscape units have been evaluated in regard to their suitability.for agrarian utilization. A semiquantitative evaluation approach is used by combination.of climatic and soil conditions and water availability to provide the first estimates.of agricultural potential and limits. Only 4% of the total area show natural conditions which are suitable to arable lands, 75% of it exclusively to irrigated agriculture.

The agriculture, practised for about 3000 years by extensive stockfarming and irrigation, has caused important. locally concentrated changes of natural landscape. The actual kinds of land use widely follow traditional forms of utilization. Striking evidences of country-wide desertification are only of minor importance, however intensive landscape degradation in limited areas under cultivation appears clear. It is above all caused by socio-economic factors, which are effected by population emigration from rural regions, by abandonment of fields and also by the insufficient technological level of agriculture.

For further investigations into natural resources a three-level approach to landscape survey and evaluation is recommended, which includes the following steps:

- improved mapping of natural conditions in generalized level (scale 1:1 mill. to 1:4 mill.),
- medium-scale surveys in relevant subareas (scale 1:100 000 to 1:200 000),
- detailed investigations in connection with land use projects (scale 1:100 000 to 1:10 000).

مساهمات في ابراز الخصائص التي تميّز التراكيب الطبيعية
لجمهورية اليمن الديموقراطية الشعبية (جنوب اليمن)

يقدّم البحث الجغرافي الطبيعي الذي بين ايدينا مساهمة في وصف التباين الواسع النطاق المتمثّل في الظروف الطبيعية لجنوب اليمن (جمهورية اليمن الديموقراطية الشعبية سابقاً) ويعالج النقاط الرئيسية التالية :

- ابراز الخصائص المميّزة للتراكيب الطبيعية في البلاد بأكملها من جهة ، وفي اجزاء من مناطق مختارة من جهة اخرى .
- تقييم واسع النطاق للموارد الاقتصادية الزراعية .
- عرض لاستخدام الاراضي في الماضي والحاضر ، إضافةً الى الاتجاهات الناتجة عن تغيّر طبيعة الارض من جرّاء ذلك الاستخدام .

لدى ابراز الخصائص المميّزة للظروف الطبيعية ابرازاً شاملاً لا بُدّ من استخدام طرق التحليل والتركيب التي تستند على نظرية البحث في طبيعة الارض وعلى عدد من اساليب التحقيق الجغرافية العلمية الخاصة . فبالاضافة الى الاستفادة من المصادر المتوفرة ومن العمل الميداني بالدرجة الاولى ، يُتيح استخدام الصور الجويّة وصور الاقمار الصناعية ريادةً في تسجيل الميزات الجوهرية لتراكيب طبيعة الارض في تباين مواقعها . ان دراسة بقاع جزئية في تراكيب طبيعة الارض يشكّل الشرط المبدئي لتقسيم تلك الطبيعة وتصنيفها جغرافيا . فالمسح الوصفي المركّز والشامل يُوضح السمات الاساسية لاحوال المناخ ولنشوء التضاريس ولظروف وجود المياه ، كما انه يُوضح كيفية توزيع الاراضي والنباتات الى انواع وفئات . وتصنيف طبيعة الارض على نطاق واسع يقوم على تآلف عدّة مميّزات مختارة ، منها المناخ والتضاريس والدلالات الصخرية . وان تباين المكان لتلك المميّزات يتحدد من خلال العوامل المؤثرة في موقعه (كوضعها ضمن الدورة الجوية ، او وضعها المركزي او الهامشي ، او مستوى ارتفاعها ، او وضعها بالنسبة لاحوال الرياح) ، وكذلك من خلال عوامل التصخّر وتكوّن القشرة الارضية . واستناداً الى طريقة التصنيف على اساس الفئات أمكن حصر المناطق التي تتناولها الدراسة في ٣٩ اقليما من فئة المناطق ذات المستوى الجغرافي الاعلى . وقد تـمّ توضيحها وتحديد مواقع انتشارها في خريطة تصنيف الاقاليم حسب مجموعاتها المتجانسة .

والاقاليم المعنيّة تنحصر في اربع فئات ، وهي :
- فئة من الجبال ذات المستوى المرتفع او المتوسط (وهي تشكّل ٧ ٪ من اجمالي مساحة البلاد)
- فئة من الجبال والسلاسل الجبلية ذات المستوى المنخفض (١٣ ٪)
- فئة تتألف من الهضاب (٤٨ ٪)
- فئة من المناطق السهلية الواقعة في الداخل وعلى الساحل (٣٢ ٪)

ان تقسيم مناطق جنوب اليمن يهدف الى تحديد المواقع الطبيعية الكبرى المتفرّدة ذات الخصائص المناخية والتكوينية المتشابهة وابراز معالمها . ولذا فالاقاليم ال ٤٢ تتميّز عن بعضها بسماتها الرئيسية وبمخزونها المقدّر من المياه وبإنتاجها الحيواني المكاني .

ومن خلال الابحاث التي أجريت على اجزاء منتقاة من بعض المناطق بهدف تحديد البنية الطبيعية تحديدا أدقّ واشمل ، يمكننا ان نتبيّن بشكل مثالي الخطوط الاساسية للتكوين الذاتي في المناطق الطبيعية الكبرى المتجانسة . فالمناطق الطبيعية المصنّفة من فئات المستوى الجغرافي الادنى تتميّز عن غيرها بتضاريسها وبالقشرة الارضية وبأوضاع المياه والنبات . واما المناطق الطبيعية ذات المستوى الجغرافي الاعلى فانها تخضع لعملية تقييم خاصة على اساس صلاحيتها للفلاحة . فالبقاع الصالحة للزراعة ، اي تلك التي تتوفّر فيها شروط المناخ والتربة والمياه ، لا تتعدّى ٤ ٪ فقط من مجمل مساحتها . ومن هذه البقاع ٧٥ ٪ ممّا لا يمكن زراعته الا بالاعتماد الكلّي على الري .

ان استهلاك المرافق الزراعية منذ أكثر من ٣٠٠٠ سنة سواء أكان من جرّاء تربية المواشي على نطاق

واسع او من جراء الري والمدرّجات قد أدّى الى تغيّرات خطيرة ومتشتّتة في البنية الطبيعية لليمن الجنوبي. وان طرق استغلال الاراضي في الوقت الحاضر لا زالت تعتمد الى حدّ كبير على اساليب الاستغلال التقليدية. ويُلاحَظ ان ظاهرة التصحّر ليست ذات شأن كبير بالنسبة لانتشارها المداهم في اراضي جنوب اليمن. وعلى العكس من ذلك ، فان تغيّرات جسيمة وسلبية قد برزت بروزا واضحا في بعض المناطق الطبيعية المحصورة النطاق ، خاصةً في تلك التي تستخدم الزراعة. وينبغي ردّ هذه الظاهرة الى العوامل الاجتماعية الاقتصادية بالدرجة الاولى ، تلك العوامل التي أدّت الى هجرة السكان من الريف وبالتالي الى اهمال الاراضي الصالحة للزراعة. يُضاف الى ذلك ان استخدام التكنولوجيا الحديثة في الزراعة لا يزال في طور بدائي وغير كاف.

وعليه ، فاذا استمرّت الابحاث في المنطقة من اجل دراسة مواردها الطبيعية ، فاننا نوصي بان توضع طريقة عمل على مستويات ثلاثة من شأنها ان تُبرز خصائص المناطق الطبيعية وتقدّرها على حقيقتها. وانطلاقاً من تسجيل الظروف الطبيعية حسب المقاييس الصغيرة (مقياس (١ : ٤ ملم الى (١) ملم) ، فان هذه الطريقة تشمل ايضا وضع خرائط حسب مقاييس متوسطة لاجزاء من المناطق المهمّة (١ : ١٠٠ ٠٠٠ الى (١ : ٢٠٠ ٠٠٠) وكذلك اجراء استطلاعات موسّعة من اجل إعداد مشاريع للانتفاع من الاراضي على افضل وجه (١ : ١٠ ٠٠٠ الى (١ : ١٠٠ ٠٠٠).

LITERATURVERZEICHNIS

Im Verzeichnis häufig verwendete Abkürzungen:

E.   Erdkunde
G.B.   Geographische Berichte
G.J.   Geographical Journal
G.R.   Geographische Rundschau
I.V.G.O.   Izvestija Vsesojusnogo Geografičeskogo Obščestva SSSR
J.E.   Journal of Ecology
P.G.M.   Petermanns Geographische Mitteilungen
TAVO   Tübinger Atlas des Vorderen Orients
Z.f.G.   Zeitschrift für Geomorphologie

Abh.   Abhandlungen   Jb.   Jahrbuch
Ber.   Berichte   Proc. Proceedings
J.   Journal   R.   Reihe
Z.   Zeitschrift

ABDEL-GAWAD, M.: Interpretation of satellite photographs of the Red Sea and Gulf of Aden.- Phil. Trans. Royal Soc. London A 267 (1970), S. 23-40.

ABDULBAKI, K.: Das Wasserdargebot in der VDR Jemen und Probleme der Nutzung.- Diss. Univ. Halle, Sekt. Geographie 1984.

ABROSIMOV, I.K. et al.: Tichama.- I.V.G.O. 102 (1970), S. 466-472.

ADAR-REPORT: Determination of requirements for resources survey programme Yemen.- ADAR-Corporation, Washington 1976.

ALBRECHT, F.: Untersuchungen des Wärmehaushaltes der südlichen Kontinente.- Ber. Dt. Wetterdienst 99 (1965).

ALEX, M.: Vorderer Orient - Mittlere Jahresniederschläge und Variabilität. 1:8 Mill. - TAVO-Kartenblatt A IV 4.- Wiesbaden 1983.

ALEX, M.: Klimadaten ausgewählter Stationen des Vorderen Orients.- Beihefte TAVO, R. A, Nr. 14. Wiesbaden 1985.

AL-HUBAISHI, A./K. MÜLLER-HOHENSTEIN: An introduction to the vegetation of Yemen.- Eschborn 1984.

ALKÄMPER, J. et al.: Erosion control and afforestation in Haraz, Y.A.R..- Gießener Beiträge z. Entwicklungsforschung, R. 2, 1979.

AL-SAYARI, S.S./J.G. ZÖTL (Ed.): Quaternary period in Saudi-Arabia. Vol. 1.- Wien-New York 1978.

ANDREAS, H. et al.: Final Report geological expedition GDR-PDRY 1977-1979.- Halle 1979.

APELT, F.: Aden.- Leipzig 1929.

ARMAND, D.L.: Nauka o landšafte (Landschaftsforschung)- Moskau 1975.

ASCHE, H.: Al Masnaah und Hazan. Aspekte des neuzeitlichen Wandels traditioneller südostarabischer Oasentypen.- G.R. 33 (1981), S. 52-57.

Literatur

ASMAEV, L.P.: Nekotorye dannye o počvach jugo-zapadnoj časti Arabiskogo poluostrova (Einige Angaben über die Böden des Südwestteils der Arabischen Halbinsel).- In: Geografija i klassifikacija počv Asii, Moskau 1965, S. 243-250.

AUBERT, G.: Arid zone soils.- In: Arid Zone Research 18.- Paris 1962, S. 115-137.

AZZAROLI, A.: On the evolution of the Gulf of Aden.- 23.Int. Geolog. Congr., Prag 1968, Proc. 1, S. 125-134.

BAABBAD, O./M. KRAUSS: Ein Abriß zur Geologie der südlichen Arabischen Halbinsel.- Univ. Halle, Wiss. Beiträge 19 (1986), S. 19-32.

BAGNOLD, R.A.: Sand formations in southern Arabia.- G.J. 117 (1951), S. 78-86.

BARTH, H.K.: Pedimentgenerationen und Reliefentwicklung im Schichtstufenland Saudi-Arabiens.- Z.f.G., Suppl.bd. 24 (1976), S. 111-119.

BARTH, H.K.: Der Geokomplex Sahel. Landschaftsökologische Arbeiten in Mali.- Tübinger Geogr. Studien, Sonderbd. 12 (1977).

BAUMGARDNER, A. et al.: Globale Verteilung der Oberflächenalbedo.- Meteorolog. Rundschau 29 (1976), S. 38-43.

BAUMHAUER, O. (Hrsg.): Arabien.- Dokumente zur Entdeckungsgeschichte, Bd. 1.- Stuttgart 1965.

BAUR, F. (Hrsg.): Linkes meteorologisches Taschenbuch, Bd. 1, 3.- Leipzig 1962 bzw. 1953.

BAZILEVIČ, N.I./L.E. RODIN: Kartoschemy produktivnosti i biologičeskogo krugovorota glavnejch tipov rastitel'nosti suschi zemli (Kartenschemata der Produktivität und des biologischen Kreislaufes der Hauptvegetationstypen der Erde).- I.V.G.O. 99 (1967), S. 190-194.

BEAUMONT, P.: Water and development in Saudi-Arabia.- G.J. 143 (1977), S. 42-60.

BERAN, M.A./J.A. RODIER: Hydrological aspects of drought. Studies and reports in hydrology 39.- Paris 1985.

BERGSMA, E.: Indices of rain erosivity.- ITC-J. 1981/4, S. 460-484.

BEYDOUN, Z.R.: The stratigraphy and structure of the Eastern Aden Protectorate.- Overseas geology and mineral resources bulletin., Bull. suppl. No. 5. London 1964.

BEYDOUN, Z.R.: Eastern Aden Protectorate and part of Dhufar.- Geolog. Survey, Prof. Paper 560 H (1966).

BEYDOUN, Z.R.: Southern Arabia and northern Somalia: a comparative geology.- Phil. Trans. Royal Soc. London A 267 (1970), S. 267-292.

BIRKS, J.S.: The reaction of rural polulations to drought: a case study from SE-Arabia (N-Oman).- E. 31 (1977), S. 299-305.

BLUME, H.: Saudi-Arabien.- Tübingen, Basel 1976.

BLUME, H.P. et al.: Soil types and associations of Southwest Egypt.- Berliner geowiss. Abh., R. A 50 (1984), S. 293-302.

BOBZIEN, E.: Vergleichende Betrachtung des Klimas und der kalten Meeresströmungen an der südwestafrikanischen und südarabischen Küste.- Diss. Hamburg 1921.

BORN, M.: Anbauformen an der agronomischen Trockengrenze Nordost-Afrikas.- Geogr. Z. 55 (1967), S. 243-278.

BOYKO, H.: Plant ecological problems in increasing the productivity of arid areas.- In: CLOUDSLEY-THOMPSON, J.L. (Ed.): Biology of deserts.- London 1954, S. 28-34.

BRAASCH, M.: Wassernutzung als wichtigster Intensivierungsfaktor der Landwirtschaft im Delta Tuban.- Beiträge zur tropischen Landwirtschaft und Veterinärmedizin 25 (1987), S. 151-163.

BRIEM, E.: Die morphologische und tektonische Entwicklung des Roten Meer-Grabens.- Z.f.G. 33 (1989), S. 485-498.

BRONGER, A.: Zur neuen "Soil taxonomy" der USA aus bodengeographischer Sicht.- P.G.M. 124 (1980), S. 253-262.

BRUNNER, H./R. THÜRMER: Zur Bewertung des Naturpotentials der Tropen und Subtropen für den Pflanzenbau.- P.G.M. 125 (1981), S. 47-51.

BRUNNER, U./H. HAEFNER: Altsüdarabische Bewässerungsoasen.- Die Erde 121 (1990), S. 135-153.

BRUNDSEN, D. et al.:The Bahrain surface materials resources surveys and its application in regional planning.- G.J. 145 (1979), S. 1-35.

BÜDEL, J.: Klima-morphologische Arbeiten in Äthiopien im Frühjahr 1953.- E. 8 (1954), S. 139-156.

BÜDEL, J.: Klima-Geomorphologie.- Berlin, Stuttgart 1977.

BUDYKO, M.I.: Ismenenija klimata (Die Veränderung des Klimas).- Leningrad 1974.

BUNKER, D.G.: The south-west borderlands of Rub al Khali.- G.J. 119 (1953), S. 420-430.

CATON-THOMPSON, G./E.W. GARDNER: Climate, irrigation and early man in Hadhramaut.- G.J. 93 (1939), S. 18-38.

CHIESA, S. et al.: Geological and structural outline of Yemen Plateau.- Neues Jb. Geol., Paläont., Mh. 11 (1983), S. 641-656.

CLARIDGE, G.G.C./I.B. CAMPBELL: A comparison between hot and cold desert soils and soil processes.- Catena, Suppl. 1 (1982), S. 1-28.

CONRAD, V./L.W. POLLACK: Methods in climatology.- Cambridge (Mass.) 1950.

COUREL, M.F.: Etude de l'evolution recente des milieux saheliens a'partir des mesures fournies par les satellites.- These pour le doctorat. Univ. de Paris I, 1985.

DEIL, U.: Die Wadivegetation der nördlichen Tihama und Gebirgstihama der Arabischen Republik Jemen.- In: KÜRSCHNER, H. (Ed.): Contributions to the vegetation of southwest Asia.- Beihefte TAVO, R. A, Nr. 24.- Wiesbaden 1986, S. 167-195.

DEIL, U./K. MÜLLER-HOHENSTEIN: Beiträge zur Vegetation des Jemen I. Pflanzengesellschaften und Ökotopgefüge der Gebirgstihama am Beispiel des Beckens von At Tur (J.A.R.).- Phytocoenologia 13 (1985), S. 1-102.

DEMEK, J. et al.: Geomorphologische Kartierung in mittleren Maßstäben.- P.G.M., Ergänzungsheft 281 (1982).

DOE, B.: Southern Arabia.- London 1971.

DOSTAL, W.: Die Beduinen in Süd-Arabien.- Wiener Beitr. zur Kulturgeschichte und Linguistik. Veröff. Inst. f. Völkerkunde d. Univ. Wien 16 (1967).

EGER, H.: Runoff agriculture. A case study about the Yemeni highlands.- Jemen-Studien Bd. 7 (1987).

Literatur

ELLENBERG, H.: Grundlagen der Vegetationsgliederung. I.Teil: Aufgaben und Methoden der Vegetationskunde.- Stuttgart 1956.

ELLENBERG, H./D. MUELLER-DOMBOIS: Tentative physiognomic-ecological classification of plant formations of the earth.- Ber. Geobotan. Inst. E.T.H. Stiftung Rübel 37 (1967), S. 21-55.

EVENARY, M. et al.: The Negev.- The challenge of a desert.- Cambridge (Mass.) 1971.

FALCON, N.L. et al. (Ed.): Red Sea and Gulf of Aden. A discussion on the structure and evolution of the Red Sea and the nature of the Red Sea, Gulf of Aden and Ethiopia rift junction.- Phil. Trans. Royal Soc. London A 267 (1970).

FALHOM, M.A.: Geographische Charakteristik der Landwirtschaft der VDRJ.- Diss. Univ. Halle, Sekt. Geographie 1984.

FALKNER, F.R.: Die Trockengrenze des Regenfeldbaus in Afrika.- P.G.M. 84 (1938), S. 209-219.

FAO: A framework for land evaluation.- Soils Bull. 32 (1976).

FAO: Report on the agro-ecological zones project. Vol. 2: Results for Southwest Asia.- World Resources Report 48/2.- Rom 1978.

FAO/UNESCO: Vegetation map of the mediterranean zone.- Arid Zone Research 30.- Paris 1969.

FAO/UNESCO: Soil map of the world 1:5 Mill..
Vol. 1: Legend.- Paris 1974.
Vol. 7: South Asia.- Paris 1977.

FAO/WORLD BANK: Report of the FAO/World Bank Cooperative Programme, investment centre No. 44/88 CI PDY. Wadi Hadramaut - agricultural project - phase III. Preparation Rep.- Rom 1988.

FELIX-HENNINGSEN, P.: Relief- und Bodenentwicklung der Goz-Zone.- Z.f.G. 28 (1984), S. 285-303.

FISHER, W.B.: Southern Yemen.- In: World Atlas of Agriculture, Vol. 2: Asia and Oceania.- Novara 1973, S. 469-474.

FISHER, W.B./H. BOWEN-JONES: Development surveys in the Middle East.- G.J. 140 (1974), S. 454-466.

FLOHN, H.: Über die Ursachen der Aridität Nordost-Afrikas.- Würzburger Geogr. Arbeiten 12 (1964), S. 25-41.

FLOHN, H.: Contributions to a synoptic climatology of the Red Sea trench and adjacent areas.- Bonner Meteorolog. Abh. 5 (1965), S. 2-35. (=1965 a)

FLOHN, H.: Klimaprobleme am Roten Meer.- E. 19 (1965), S. 179-191. (=1965 b).

FLOHN, H. (Ed.): General climatology. Vol. 2. World surveys of climatology.- Amsterdam u.a. 1969.

FLOHN, H.: Elements of a climatology of the indo-pakistan subcontinent.- Bonner Meteorolog. Abh. 14 (1970), S. 32-67.

FREY, W./H. KÜRSCHNER: Vorderer Orient - Vegetation.- TAVO-Kartenblatt A VI 1.- Wiesbaden 1989.

FRIEDERSDORFF, W./J. PILZ: Zu einigen Aspekten der Entwicklung der sozialökonomischen Basis in der VDRJ.- Asien, Afrika, Lateinamerika 12 (1984), S. 651-660.

GABALI, S.A./A.N. AL-GIFRI: Flora of South Yemen - Dicotyledons: a provisional checklist.- Univ. Aden, Dept. of Biology, o.J..

GABRIEL, B.: Geographischer Wandel in der Oase Ben Galouf (Südtunesien).- Stuttgarter Geogr. Studien 91 (1977), S. 167-211.

GANSSEN, R.: Trockengebiete. Böden, Bodennutzung, Bodenkultivierung, Bodengefährdung.- Mannheim, Zürich 1968.

GASS, I.G.: The evolution of volcanism in the junction area of the Red Sea, Gulf of Aden and Ethiopian rifts.- Phil. Trans. Royal Soc. London A 26 (1970), S. 369-381.

GEUKENS, F.: Yemen.- Geolog. Survey Prof. Paper 560 B (1966).

GNONAIM, O.A./B. GABRIEL: Desertification in Siwa oasis (Egypt) - symptoms and causes. Stuttgarter Geogr. Studien 95 (1980), S.157-172.

GIESSNER, K.: Hydrologische Aspekte zur Sahel-Problematik.- Die Erde 116 (1985), S. 137-157.

GILLILAND, H.B.: The vegetation of Eastern Somaliland.- J.E. 40 (1952), S. 91-124.

GIRDLER, R.W.: The role of translational and rotational movements in the formation of the Red Sea and Gulf of Aden.- Geolog. Survey Paper Canada 66-14 (1966), S. 65-75.

GIRDLER, R.W./P. STYLES: Seaflore spreading in the western Gulf of Aden.- Nature 271 (1978), S. 615-617.

GISCHLER, C.E.: Water resources in the Arab Middle East and North Africa.- London 1979.

GOODALL, D.W./R.A. PERRY: Arid-land ecosystems. Vol. 1 und 2.- Cambridge 1979 bzw. 1981.

GRAF, D.: Ökonomie und Ökologie der Naturraum-Nutzung.- Jena 1984.

GREENWOOD, J.E.G.W.: Photogeological map of the Western Aden Protectorate, scale 1:250 000, 2 sheets, 1159 A und B.- London 1967.

GREENWOOD, J.E.G.W./D. BLEACKLEY: Aden Protectorate.- Geolog. Survey Prof. Paper 560 C (1967).

GRIGORYFV, A.A.: Kosmiceskaja indikacija landsaftov zemli (Kosmische Indikation der Landschaften der Erde).- Leningrad 1975.

GRIGORYEV, A.A./M.I.BUDYKO: Svjaz balansov tepla i vlagi s intensivnosti'y geografičeskich processov (Die Beziehungen des Wärme- und Feuchtehaushaltes zur Intensität geographischer Prozesse).- Doklady Akad. Nauk SSSR 162 (1965), S. 151-154.

GROHMANN, A.: Südarabien als Wirtschaftsgebiet.- Schriften der Phil. Fakultät der Dt. Univ. Prag 7 (1930) und 13 (1933).

GROHMANN, A.: Arabien, Kulturgeschichte des alten Orients.- In: Handbuch d. Altertumswiss., Abt. 3, Teil 1, Bd. 3, Unterabschnitt 4.- München 1963.

GROUNDWATER DEV. CONS.: Wadi Tuban management study. Final report.- Groundwater Development Consultants Limited, Cambridge 1981.

HAASE, G.: Landschaftsökologische Detailuntersuchung und naturräumliche Gliederung.- P.G.M. 108 (1964), S. 8-30.

HAASE, G.: Zur Methodik großmaßstäbiger landschaftsökologischer und naturräumlicher Kartierung.- Wiss. Abh. Geogr. Gesellsch. DDR 5 (1967), S. 35-128.

Literatur

HAASE, G.: Zur Ausgliederung von Raumeinheiten der chorischen und regionischen Dimension.- P.G.M. 117 (1973), S. 81-90.

HAASE, G.: Struktur und Gliederung der Pedosphäre in der regionischen Dimension.- Beiträge z. Geographie, Suppl.bd. 29/3.- Berlin 1978. (=1978 a).

HAASE, G.: Zur Ableitung und Kennzeichnung von Naturpotentialen.- P.G.M. 122 (1978), S. 113-125. (=1978 b).

HAASE, G.: The development of a common methodology of inventory and survey in landscape ecology.- IALE, Proc. 1. Int. Sem. Roskilde 1984, Vol. 5, S. 68-108.

HAASE, G.: Medium scale landscape classification in the G.D.R.- Landscape Ecology 3 (1989), S. 29-41.

HAASE, G./H. RICHTER: Bemerkungen zum Entwurf der Karte "Naturräumliche Gliederung Nordsachsens 1:200 000".- In: Exkursionsführer Symposium Naturräumliche Gliederung, Leipzig 1965, S. 21-31.

HAGEDORN, H.: Untersuchungen über Relieftypen arider Räume an Beispielen aus dem Tibesti-Gebirge und seiner Umgebung.- Z.f.G., Suppl.bd. 11 (1971).

HAIN, W.: Die landwirtschaftliche Erschließung der jemenitischen Tihama.- Beiträge z. tropischen Landwirtschaft und Veterinärmedizin 7 (1969), S. 241-251.

HAMZA, W.: Zur Hydrologie und Geologie der Nord-Tihama.- Giessener Geolog. Schriften 33 (1982).

HEMMING, C.T.: The ecology of coastal areas of north Eritrea.- J.E. 49 (1961), S. 55-78.

HENNING, I./D. HENNING: Die klimatologische Wasserbilanz der Kontinente.- Münstersche Geogr. Arbeiten 19 (1984).

HETTNER, A.: Die Geographie. Ihre Geschichte, ihr Wesen und ihre Methoden.- Breslau 1927.

HOLM, D.A.: Desert geomorphology in the Arabian Peninsula.- Science 132 (1960), S. 1369-1379.

HOWARD, J.A./C.W. MITCHELL: Phyto-geomorphic classification of the landscape.- Geoforum 11 (1980), S. 85-106.

HUNTING MAP: People's Democratic Republic of Yemen 1:500 000.- Hunting Surveys Limited. Borehamwood 1979.

HURNI, H.: Klima und Dynamik der Höhenstufung von der letzten Kaltzeit bis zur Gegenwart. (Hochgebirge von Semien-Äthiopien, Vol. 2).- Geographica Bernensia. Beiheft z. Jb. Geogr. Gesellschaft Bern, 7 (1982).

HUZAYYIN, S.A.: Notes on climatic conditions in south-west Arabia.- Quarterly J. Royal Meteorol. Society 71 (1945), S. 129-140.

IBRAHIM, F.N.: Ecological imbalance in the Republic of Sudan.- Bayreuther Geowiss. Arbeiten 6 (1984).

INGRAMS, W.H.: A journey to the Sei'ar country and through the Wadi Maseila.- G.J. 88 (1936), S. 524-551.

INGRAMS, W.H.: The Hadramaut. Present and future.- G.J. 92 (1938), S. 289-312.

ISAČENKO, A.G.: Osnovy landšaftovenija i fiziko-geografičeskoe rajonirovanie (Grundlagen der Landschaftskunde und physisch-geographischen Rayonierung).- Moskau 1965.

JADO, A.R./J.G. ZÖTL (Ed.): Quarternary period in Saudi-Arabia. Vol. 2.- Wien, New York 1984.

JÄKEL, D.: Statements der Arbeitsgruppe Geoökologie (zur Sahelforschung).- Die Erde 116 (1985), S. 227-228.

JÄTZOLD, R.: Ein Beitrag zur Klassifikation des Agrarklimas der Tropen.- Tübinger Geogr. Studien 34, Sonderbd. 3 (1970), S. 57-69.

JANZEN, J.: Die Nomaden Dhofars (Sultanat Oman) - traditionelle Lebensformen im Wandel.- Bamberger Geogr. Schriften 3 (1980).

JANZEN, J./F. SCHOLZ: Die Weihrauchwirtschaft Dhofars.- Innsbrucker Geogr. Studien 5 (1979), S. 501-541.

JUNGFER, E.: Grundwasserergänzung und Grundwassernutzung in den Wüsten des Jemen.- G.R. 39 (1987), S. 408-410.

KADOMURA, H.: Late Glacial - early Holocene environmental changes in tropical Africa.- Geogr. Report Tokyo Metropol. Univ. 21 (1986), S. 1-22.

KASSAS, M.: Habitat and plant communities in the Egyptian deserts. I. Introduction.- J.E. 40 (1952), S. 342-351.

KASSAS, M.: On the ecology of the Red Sea coastal land.- J.E. 45 (1957), S. 187-203.

KASSAS, M./W.A. GIRGIS: Habitat and plant communities in the Egyptian desert. VII. Geographical facies of plant communities.- J.E. 58 (1970), S. 335-350.

KASSAS, M./M. IMAM: Habitat and plant communities in the Egyptian desert. III. The wadi bed ecosystems.- J.E. 42 (1954), S. 424-441.

KESSLER, A.: Zur Klimatologie der Strahlungsbilanz auf der Erdoberfläche.- E. 17 (1973), S. 1-10.

KING, J.W.II et al.: Soil survey of the Yemen Arabic Republic.- Final report for the Near East Bureau, U.S. Agency for Internat. Development, Dept. of State, Washington, D.C., Dept. of Agronomy, Cornell Univ. 1983.

KLAUS, D.: Klimatologische und klimaökologische Aspekte der Dürre im Sahel.- Erdwiss. Forschung 16.- Wiesbaden 1981.

KNAPP, R.: Die Vegetation von Afrika.- Jena 1973.

KÖNIG, P.: Zonation of vegetation in the mountainous region of south-western Saudi Arabia ('Asir, Tihama).- In: KÜRSCHNER, H.: Contributions to the vegetation of southwest Asia.- Beihefte TAVO, R. A, Nr. 24.- Wiesbaden 1986, S. 137-164.

KÖPPEN, W.: Grundriß der Klimakunde.- Leipzig, Berlin 1923.

KONDRATYEV, K.J. et al.: On the relationship between the earth-atmosphere system albedo and the earth's surface albedo.- In: Earth survey problems.- Berlin 1974, S. 472-482.

KOPP, H.: Der Einfluß temporärer Arbeitsmigration auf die Agrarentwicklung in der Arabischen Republik Jemen.- E. 31 (1977), S. 226-230.

KOPP, H.: Agrargeographie der Arabischen Republik Jemen.- Erlanger Geogr. Arbeiten, Sonderbd. 11 (1981).

KOPP, H.: Die Entwicklung von Viehhaltung und Holznutzung im Rahmen der Agrarstruktur des Beckens von At Tur.- In: KOPP, H./G. SCHWEIZER (Hrsg.): Entwicklungsprozesse in der Arabischen Republik Jemen.- Jemen-Studien, Bd. 1.- Wiesbaden 1984, S. 75-86.

Literatur

KOPP, H.: Jemenitische Landschaften: Vom Menschen gestaltete Natur.- Jemen-Report 18 (1987), S. 8-22.

KRAFT, W. et al.: Die hydrogeologischen Verhältnisse in der mittleren Tihama.- Z.f. angewandte Geologie 17 (1971), S. 239-249.

KRISHNAMURTI, T.N.: Tropical meteorology. Compendium of meteorology, Vol. 2, part 4. WMO-No. 364.- Genf 1979.

KUGLER, H.: Das Georelief und seine kartographische Modellierung.- Diss. Univ. Halle, Sekt. Geographie 1974.

KUGLER, H.: Themakartographische Aspekte der landschaftlichen Regionalgliederung.- Wiss. Z. Univ. Halle, Mat.-nat. R. (1983), H. 3, S. 3-11.

LAMB, P.J.: Persistence of subsaharian drought.- Nature 229 (1982), S. 46-47.

LAUER, W.: Vom Wesen der Tropen.- Akad. Wiss. u. Lit. Mainz, Abh. Mat.-nat. Klasse 1975, H. 3. (=1975 a).

LAUER, W.: Klimatische Grundzüge der Höhenstufung tropischer Gebirge.- Abh. Dt. Geographentag, Wiesbaden 40 (1975), S. 76-90. (=1975 b).

LAUER, W./P. FRANKENBERG: Jahresgang der Trockengrenze in Afrika.- E. 33 (1979), S. 249-257.

LAUER, W./P. FRANKENBERG: Untersuchungen zur Humidität und Aridität von Afrika.- Bonner Geogr. Abh. 66 (1981).

LAUGHTON, A.S.: The Gulf of Aden in relation to the Red Sea and the Afar depression of Ethiopia.- Geolog. Survey Paper Canada 66-14 (1966), S. 78-97.

LAUGHTON, A.S. et al.: The evolution of the Gulf of Aden.- Phil. Trans. Royal Soc. London A 267 (1970), S. 227-266.

LAUTENSACH, H.: Der geographische Formenwandel.- Colloq. Geogr. 3 (1952).

LEBEDEV, A.N./O.G. SOROSAN: Klimaty Afriki (Klimate Afrikas).- Leningrad 1967.

LEHMANN, E.: Regionale Geographie und naturräumliche Gliederung.- Wiss. Abh. Geogr. Gesellsch. DDR 5 (1967), S. 1-21.

LE HOUEROU, H.-N.: An assessment of the primary and secondary productivity of the arid grazing land ecosystems of North Africa.- In: Ecophysiological foundations of ecosystems production in arid zone. Int. Symposium Leningrad 1972, S. 168-172.

LEIDLMAIR, A.: Hadhramaut, Bevölkerung und Wirtschaft.- Bonner Geogr. Abh. 30 (1961), S. 11-41.

LEIDLMAIR, A.: Klimamorphologische Probleme im Hadramaut.- Tübinger Geogr. Studien, Sonderbd. 1 (1962), S. 41-48.

LEIDLMAIR, A.: As-Sauda, eine südarabische Vulkanlandschaft.- In: Beiträge zur Quartär- und Landschaftsforschung (Fink-Festschrift), Wien 1978, S. 307-312.

LERCH, G.: Pflanzenökologie.- Berlin 1985.

LESER, H.: Landschaftsökologische Grundlagenforschung in Trockengebieten. Dargestellt an Beispielen aus der Kalahari und ihren Randgebieten.- E. 25 (1971), S. 209-223.

LESER, H.: Angewandte physische Geographie und Landschaftsökologie als regionale Geographie.- Geogr. Z. 62 (1974), S. 161-178.

LESER, H.: Landschaftsökologie.- Stuttgart 1976.

LESER, H.: Das 5. Basler Geomethodische Kolloquium: Ökologische Aspekte der Desertifikation und das Problem der Wüstenabgrenzung.- Geomethodica 5 (1980), S. 5-16. (=1980 a).

LESER, H.: Ökologische Aspekte der Desertifikation und das Problem der Wüstenabgrenzung.- Geomethodica 5 (1980), S. 165-171. (=1980 b).

LESER, H.: Natürliches Potential und Raumnutzungsprobleme im südlichen Afrika.- Geoökodynamik 1 (1980), S. 37-64. (=1980 c).

LIETH, H.: The use of correlation models to predict primary productivity from precipitation or evaporation.- Ecological Studies 19 (1976), S. 392-407.

LÖFFLER, E.: Landsat-Bilder als Hilfsmittel geographischer Forschung - Möglichkeiten und Grenzen.- Die Erde 112 (1981), S. 11-31.

LOEW, G.: La diversite regionale J.A.R.- Revue Geogr. Lyon 52 (1977), S. 55-70.

LÜKEN, H.: Evaluation of soils for agricultural development projects.- Nature Resources and Development 7 (1978), S. 7-23.

MALTZAN, A.v.: Reise nach Südarabien.- Braunschweig 1873.

MANNSFELD, K.: Landschaftsanalyse und Ableitung von Naturpotentialen.- Abh. Sächsische Akad. Wiss. z. Leipzig, Mat.-nat. Klasse 55/13 (1983).

MARTIN, G./L. KNAPP: Die Hydrogeologie des Umm er Radhuma-Dolomit-Wasserträgers.- Geolog. Jb., R. C 17 (1977), S. 37-57.

MC CLURE, H.A.: Radiocarbon chronology of late Quaternary lakes in the Arabian desert.- Nature 263 (1976), S. 755.

MC GINNIES, W.G. (Ed.): Deserts of the world. - An appraisal of research into their environment.- Tucson (Ariz.) 1968.

MC KEE, E.D. (Ed.): A study of global sand seas.- US-Geolog. Survey Prof. Paper 1052 (1979).

MECKELEIN, W.: Forschungen in der zentralen Sahara. Klimageomorphologie.- Braunschweig 1959.

MECKELEIN, W.: Saharian oasis in crisis.- Stuttgarter Geogr. Studien 95 (1980), S. 173-203.

MEIGS, P.: World distribution of arid and semi-arid homoclimates.- In: Arid zone research 1, Paris 1953, S. 203-210.

MENJE, R.: Burye subaridnye tropičeskie pošvy zapadnoj Afriki (Braune subaride tropische Böden Westafrikas).- In: Geografija i klassifikacija počv Asii.- Moskau 1965, S. 182-188.

MENSCHING, H.: Bergfußflächen und System der Flächenbildung in den ariden Subtropen und Tropen.- Geolog. Rundschau 58 (1968), S. 62-81.

MENSCHING, H.: Aktuelle Morphodynamik im afrikanischen Sahel.- Abh. Akad. Wiss. Göttingen, Mat.-nat. Klasse 3/29 (1974), S. 22-38.

MENSCHING, H.: Beobachtungen und Bemerkungen zu alten Dünengürteln der Sahelzone südlich der Sahara als paläoklimatischer Anzeiger.- Stuttgarter Geogr. Studien 93 (1979), S. 67-78.

MENSCHING, H.: Ein komplexes Phänomen der Degradierung und Zerstörung des marginaltropischen Ökosystems in der Sahelzone.- Geomethodica 5 (1980), S. 17-40.

Literatur

MENSCHING, H.: Die Wirksamkeit des "Arid-morphodynamischen Systems" am mediterranen Nordrand und am randtropischen Südrand der Sahara.- Geoökodynamik 4 (1983), S. 173-190.

MENSCHING, H. et al.: Sudan - Sahel - Sahara. Geomorphologische Beobachtungen auf einer Forschungsexpedition nach West- und Nordafrika.- Jb. Geogr. Gesellsch. Hannover f. 1969, 1970.

MENSCHING, H./F. IBRAHIM: Das Problem der Desertification.- Geogr. Z. 64 (1976), S. 81-93.

MEULEN, D.v./H.v. WISSMANN: Hadramaut - some of its mysteries unveiled.- Leyden 1932.

MEYNEN, E./J. SCHMITHÜSEN: Handbuch der naturräumlichen Gliederung Deutschlands.- Bad Godesberg 1953-1962.

MITCHELL, C.W.: The interpretation of dayas on aerial photographs.- Ber. III. Int. Symposium Photointerpretation Dresden 1970, S. 507-517.

MITCHELL, C.W./R.M.S. PERRIN: The subdivision of hot deserts of the world into physiographic units.- Actes 2. Int. Symposium Air Photo Interpretation Paris 1966, S. 1855-1872.

MITCHELL, C.W. et al.: An analysis of terrain classification for long-range prediction of conditions in deserts.- G.J. 145 (1979), S. 72-85.

MITCHELL, C.W./S.G. WILLIMOT: Dayas of the Moroccan Sahara and other arid regions.- G.J. 140 (1974), S. 441-453.

MOHAMMAD, M.R.: A survey of Cenozoic basalt outcroups (al-harraat) in Saudi-Arabia and Yemen.- In: GARDINER, V. (Ed.): Int. Geomorphology 1986, part II, London 1987, S. 1241-1247.

MONOD, T.: Modes "contracte" et "diffus" de la vegetation Saharienne.- In: CLOUDSLEY-THOMPSON, J.L. (Ed.): Biology of deserts.- London 1954, S. 35-44.

MOSELEY, F.: Problems of water supply, development and use in Audhali, Datina and Eastern Fadhli, Southern Yemen.- Overseas Geology and Mineral Research 1971, S. 309-327.

MÜLLER, M.J.: Selected climatic data for a global set of standard stations for vegetation sciences.- The Hague u.a. 1982.

MÜLLER-HOHENSTEIN, K.: Methodische Probleme vegetationskundlichen Arbeitens in semiariden Räumen am Beispiel des Nordjemen.- Geomethodica 11 (1986), S. 109-143.

MÜLLER-HOHENSTEIN, K.: Zur Arealkunde der Arabischen Halbinsel.- E. 119 (1988), S. 65-74.

MÜLLER-HOHENSTEIN, K. et al.: Applied vegetation studies in the Yemen Arab Republic: Range management and terrace stabilization.- Catena 14 (1987), S. 249-265.

MURZAEVA, V.J. et al.: Pluvialnye obstanovki psodnego plejstocena i goloczena v aridnej zone Azzii i Afriki (Pluviale Bedingungen des Spätpleistozäns und Holozäns in der ariden Zone Asiens und Afrikas).- Izvest. Akad. Nauk SSSR, Ser. Geograf. 1984, H. 4, S. 15-25.

NEEF, E.: Dimensionen geographischer Betrachtung.- Forschungen und Fortschritte 37 (1963), S. 361-363. (=1963 a)

NEEF, E.: Topologische und chorologische Arbeitsweisen in der Landschaftsforschung.- P.G.M. 107 (1963), S. 249-259.

NEEF, E.: Zur Frage des gebietswirtschaftlichen Potentials.- Forschungen und Fortschritte 40 (1966), S. 65-70.

NEEF, E.: Theoretische Grundlagen der Landschaftslehre.- Gotha, Leipzig 1967.

NEEF, E.: Die geosphärische Dimension in der regionalgeographischen Betrachtung.- Przeglad Geograf. 40 (1968), S. 733-746.

NEUMEISTER, H.: Das System Landschaft und die Landschaftsgenese.- G.B. 16 (1971), S. 119-133.

NIKOLAEV, V.A.: Problemy regionalnogo landšaftovedenija (Probleme der regionalen Landschaftsforschung).- Moskau 1979.

NILSSON, E.: Ancient changes of climate in British East Africa and Abyssinia.- Geogr. Annaler 31 (1949), S. 204-211.

NOVIKOVA, N.M.: Opyt sostavlenija predvaritel'noi karty rastitel'nosti Arabii (Erfahrungen beim Entwurf einer vorläufigen Vegetationskarte Arabiens).- Geobotan. Kartografija 1970, S. 61-71.

OLSSON, L.: An integrative study of desertification.- Lund Studies in Geogr., Ser. C 13 (1985).

OZEROVA, G.N./J.D. DMITREVSKIJ: Kartografičeskij metod vyjavlenija i ocenki prirodnogo agropotentiala pri makroissledovanii territorii (Kartographische Methode zur Darstellung und Bewertung des natürlichen Agrarpotentials bei der großräumigen Territorialforschung).- I.V.G.O. 107 (1975), S. 357-363.

PACHUR, H.-J./H.-P. RÖPER: The Lybian desert and northern Sudan during the late Pleistocene and Holocene.- Berliner Geowiss. Abh. A 50 (1984), S. 249-284.

PAFFEN, K.: Die natürliche Landschaft und ihre räumliche Gliederung.- Forschungen z. dt. Landeskunde 68 (1953).

PAGEL, H./S. AL MURAB: Zur Kenntnis einiger Böden Jemens.- Beiträge z. tropischen Landwirtschaft und Veterinärmedizin 4 (1966), S. 271-280.

PALLISTER, J.W.: Notes on the geomorphology of the northern regions, Somali Republic.- G.J. 129 (1963), S. 184-187.

PALMER, T.N.: Influence of the Atlantic, Pacific and Indian Oceans on Sahel rainfall.- Nature 322/6076 (1986), S. 251-253.

PAVLOV, N.V.: Botaničeskaja geografija zarubešnych stran (Botanische Geographie des Auslandes).- Moskau 1965.

PHILBY, H.: Shebas daughters.- London 1939.

PICARD, L.: On Afro-Arabian tectonics.- Geolog. Rundschau 59 (1969), S. 337-381.

PICHI-SERMOLLI, R.E.G.: The arid vegetation types of tropical countries and their classification.- Arid Zone Research 6.- Paris 1955, S. 302-360.

PIOTROVSKIJ, B.B.: Kul'tura drevnego Jemena (Die Kultur des antiken Jemen).- Vestnik Akad. Nauk SSSR 1983, H. 3, S. 23-32.

PORATH, B.: Geomorphologisch-quartärgeologische Untersuchungen im Hadramawt (VDR Jemen).- Diss. Univ. Halle, Sekt. Geographie 1989.

PREOBRAZHENSKY, V.S.: Trends of development of landscape ecology in the USSR.- IALE, Proc. 1. Int. Sem. Roskilde 1984, Vol. 5, S. 17-28.

RATHJENS, C./G. KERNER: Das Klima des Jemen.- DWD-Seewetteramt, Einzelveröffentl. 11 (1956).

RATHJENS, C./H.v. WISSMANN: Südarabien-Reise. Bd. 3: Landeskundliche Ergebnisse.- Abh. a.d. Gebiet d. Auslandskunde 40 (1934).

Literatur

REMMELE, G.: Die Niederschlagsverhältnisse im Südwesten der Arabischen Halbinsel.- E. 43 (1989), S. 27-36.

RICHTER, H.: Naturräumliche Ordnung.- Wiss. Abh. Geogr. Gesellsch. DDR 5 (1967), S. 129-160.

RICHTER, H.: Beitrag zum Modell des Geokomplexes.- P.G.M., Ergänzungsheft 271 (1968), S. 39-48.

RICHTER, H.: Eine naturräumliche Gliederung der DDR auf der Grundlage von Naturraumtypen.- Beiträge z. Geogr. 29/1.- Berlin 1978, S. 323-340.

RICHTHOFEN, F.v.: Aufgaben und Methoden der heutigen Geographie.- Akad. Antrittsrede, Univ. Leipzig 27.4.1883.- Leipzig 1883.

RITTER, W.: Central Saudi Arabia.- Wiener Geogr. Schriften 43-45 (1975), S. 205-228.

RITTER, W.: Did Arabian oases run dry? - Stuttgarter Geogr. Studien 95 (1980), S. 73-92.

RODIN, L.E. et al.: Productivity of the world's main ecosystems.- In: REICHLE, D.E. et al. (Ed.): Productivity of world ecosystems.- Washington 1970, S. 13-26.

RUDLOFF, W.: World-Climates.- Stuttgart 1981.

SCHAFFER, G.: Ensuring man's food supplies by development new land and preserving cultivated land.- Applied Geogr. and Development 16 (1980), S. 7-27.

SCHMITHÜSEN, J.: Vegetationsforschung und ökologische Standortslehre in ihrer Bedeutung für die Geographie der Kulturlandschaft.- Z. Gesellsch. f. Erdkunde z. Berlin 1942, S. 113-157.

SCHMITHÜSEN, J.: Allgemeine Vegetationsgeographie.- Berlin 1968.

SCHMITHÜSEN, J.: Allgemeine Geosynergetik.- Berlin, New York 1976.

SCHOCH, R.: Regionale Gliederung der JAR mit Hilfe von Landsat-Aufnahmen.- Bamberger Geogr. Schriften 1 (1978), S. 43-50. (=1978 a).

SCHOCH, R.: Die antike Kulturlandschaft des Stadtbezirkes Saba und die heutige Oase von Marib, JAR.- Geogr. Helvetica 33 (1978), S. 121-129. (=1978 b).

SCHOCH, R./M. GERIG: Y.A.R. - a contribution to the forthcoming agricultural census.- Dir. of Development, Cooperation and Humanitarian Aid Bern.- Zürich 1980.

SCHOLZ, F.: Landverteilung und Oasensterben. Das Beispiel der omanischen Küstenebene "Al Batinah". - E. 36 (1982), S. 199-207.

SCHRAMM, H. et al.: Geological expedition G.D.R. - P.D.R.Y.. Final Report.- Halle 1986.

SCHREIBER, D.: Entwurf einer Klimaeinteilung für landwirtschaftliche Belange.- Bochumer Geogr. Arbeiten, Sonderreihe 3 (1973).

SCHWARTZ, O.: Flora des tropischen Arabien.- Mitt. Inst. f. allg. Botanik Hamburg 10 (1939).

SCOTT, H.: A journey to the Yemen.- G.J. 93 (1939), S. 97-125.

SDASUK, G.V.: Regional development and regional planning in countries of the Third World.- Geoforum 7 (1976), S. 193-201.

SEMMEL, A.: Zur jungquartären Klima- und Reliefentwicklung in der Danakilwüste und ihren westlichen Randgebieten.- E. 25 (1971), S. 199-209.

SHINDOU, S./Y. TAGUTSCHI: Water resources of J.A.R. - hydrogeology.- Science Report Inst. Geosciences, Univ. Tsukuba, Ser. B 2 (1981), S. 77-100.

SINIZYN, V.M.: Vvedenie v palaeoklimatologiju (Einführung in die Paläoklimatologie).- Leningrad 1967.

SOGREAH: Wadi Beihan irrigation project. Techn. Report No. 4: Water resources survey. Sogreah - Grenoble 1978.

SOGREAH: Assessment of water resources potential for Fuwah, Al-Mukalla, Ghail-Ba-Wazier, Aschihr and Khird area. Sogreah - Grenoble 1980.

SPRAVOČNIK, KLIMAT.: Klimatičeskij spravočnik zarubešnoj Asii (Klimahandbuch des ausländischen Asien).- Leningrad 1974.

STAT. D. AUSL.: Statistik des Auslandes: Länderkurzbericht Jemen, DVR.- Stuttgart, Mainz 1985.

STEFFEN, H. et al.: Yemen Arabic Republic. Final report on the airphoto interpretation project of the Swiss Technical Co-operation Service, Berne carried out for the Central Planning Organisation, Sana.- Bern, Zürich 1978.

STEINER, J.: Bearbeitung der von O. Simony 1898/99 in Südarabien, auf Sokotra gesammelten Flechten.- Denkschrift Akad. Wiss. Wien, Mat.-nat. Klasse 71/1 (1907), S. 93-102.

STOCKER, O.: The water-photosynthesis syndrome and the geographical plant distribution in the Sahara deserts.- In: Water and plant life. Ecological Studies 19 (1976), S. 506-521.

STORIE, R.E.: Soil and land classification for irrigation development.- 8. Int. Congr. Soil Science Bukarest 1964, Vol. 5, S. 873-882.

STRANZ, D.: Über den Regen in Afrika und die Trockenheit der letzten Jahre im Sahel.- DWD-Wetterdienst, Einzelveröffentl. 88 (1975).

STRAUB, R.: Böden als Nutzungspotential im System der semiariden Tropen.- Jemen-Studien, Bd. 4.- Wiesbaden 1986.

STRAUB, R.: Vorderer Orient - Böden. 1:8 Mill..- TAVO Kartenblatt A II 6.- Wiesbaden 1988. (=1988 a).

STRAUB, R.: Bodengesellschaften des Vorderen Orients.- Beihefte z. TAVO, R. A, Nr. 16.- Wiesbaden 1988 (=1988 b).

SZEKIELDA, K.-H.: Investigations with satellites on eutrophication of coastal regions. Part VII: Response of the Somali upwelling onto monsoonal changes.- Mitt. Geolog.-Paläont. Inst. Univ. Hamburg 66 (1988), S. 1-30.

TAKAHASHI, K./H. ARAKAWA: Climates of southern and west Asia.- World Survey of Climatology Vol. 9.- Amsterdam u.a. 1981.

TEKTON. KARTA EVRASII: Tektoničeskaja karta Evrasii, list 5 (Tektonische Karte Eurasiens, Teil 5).- Moskau 1966.

THALEN, D.C.P.: Prozesse der Desertifikation und Probleme der Wüstenabgrenzung.- Geomethodica 5 (1980), S. 43-80.

THESIGER, W.: A new journey in Southern Arabia.- G.J. 108 (1946), S. 129-145.

THESIGER, W.: A further journey across the empty quarter.- G.J. 113 (1949), S. 21-46.

Literatur

TRAVAGLIA, C./C.W. MITCHELL: Consultancy on remote sensing programme for land and water surveys P.D.R.Y.. Applications of satellite remote sensing for land and water resources appraisal.- FAO RSC-Ser. 9, TCP/PDY/0104 (Mi), Techn. Rep.- Rom 1982.

TREWARTHA, G.T.: The earth's problem climates.- Madison 1961.

TROLL, C.: Wüstensteppen und Nebeloasen im südnubischen Küstengebirge.- Z. Gesellsch. f. Erdkunde z. Berlin 1935, S. 241-281.

TROLL, C.: Luftbildplan und ökologische Bodenforschung.- Z. Gesellsch. f. Erdkunde z. Berlin 1939, S. 241-311.

TROLL, C.: Die geographische Landschaft und ihre Erforschung.- Studium Generale 3 (1950), S. 163-181.

TROLL, C.: Die tropischen Gebirge. Ihre dreidimensionale klimatische und pflanzengeographische Zonierung.- Bonner Geogr. Abh. 25 (1959).

TROLL, C.: Die räumliche Differenzierung der Entwicklungsländer in ihrer Bedeutung für die Entwicklungshilfe.- Erdkundliches Wissen 13 (1966).

TROLL, C.: Die naturräumliche Gliederung Nord-Äthiopiens.- E. 24 (1970), S. 249-268.

TROLL, C./K.H. PAFFEN: Karte der Jahreszeiten-Klimate der Erde.- E. 18 (1964), S. 5-28.

UN-CONF.: Desertification: an overview. Item 4 of the Prov. Agenda Processes and Causes of Desertification.- UN-Conference on Desertification Nairobi 1977.

UN-CONF.: UN-Conference on Desertification Nairobi 1977:

    A/CONF. 74/5: Climate and desertification. (=1977 a).

    A/CONF. 74/24: Transnational project: The management of the major regional aquifers in northeast Africa and the Arabian Peninsula. (=1977 b).

    A/CONF. 74/7: Ecological change and desertification. (=1977 c).

    A/CONF. 74/28: Transnational project to monitor desertification processes and related natural resources in arid and semi-arid areas of Southwest-Asia. (=1977 d).

UNESCO: International classification and mapping of vegetation.- Paris 1973.

VARADINOV, S.G. et al.: Rastenijavodstvo Narodnoi Demokratičeskoj Jemen (Pflanzenproduktion der VDR Jemen).- Trudy po prikladn. botanike, genetike i selekzijii 68 (1980), S. 87-95.

VARISCO, D.M.: Sayl and ghayl. The ecology of water allocation.- Human Ecology 11 (1983), S. 365-383.

VERSTAPPEN, H.T.: Aerial imagery and regionalisation.- Int. Archiv Photogrammetrie 18 (1970), S. 25-46.

VESSEY-FITZGERALD, D.F.: Vegetation of the Red Sea coast south of Jedda, Saudi-Arabia. J.E. 43 (1955), S. 477-489.

VESSEY-FITZGERALD, D.F.: Vegetation of the Red Sea coast north of Jeddah.- J.E. 45 (1957), S. 547-562.

VILLWOCK, G.: Landschaftliche Raumgliederung der VDR Jemen als Grundlage für die Beurteilung der natürlichen Ressourcen.- P.G.M. 133 (1989), S. 89-97. (=1989 a).

VILLWOCK, G.: Fernerkundungsgestützte Kartierung der großräumigen Reliefstruktur in der VDR Jemen.- Hallesches Jb. f. Geowiss. 15 (1989), S. 43-56. (=1989 b).

VINK, A.P.A.: The role of physical geography in integrated surveys of developing countries.- Tijdschr. Econ. Geogr. 59 (1968), S. 294-312.

VINK, A.P.A.: Land use in advancing agriculture.- Berlin u.a. 1975.

VINOGRADOV, B.V.: Kosmičeskije metody isučenija prirodnoi sredy (Kosmische Methoden zur Untersuchung der natürlichen Umwelt).- Moskau 1976.

VOGEL, H.: Bodenerosion im Terrassenfeldbau. Kulturlandschaftszerstörung durch Landnutzungswandel im Haraz-Gebirge/Nordjemen.- Jemen-Studien, Bd. 8.- Wiesbaden 1988.

VOGG, R.: Bodenressourcen arider Gebiete.- Stuttgarter Geogr. Studien 9 (1981).

VOS, A.d.: Africa, a devasted continent, man's impact on the ecology.- Den Haag 1975.

WALTER, H.: Die Vegetation der Erde in ökophysiologischer Betrachtung. Bd. 1: Tropen und Subtropen.- Jena 1962. (=1962 a).

WALTER, H.: Neue Gesichtspunkte zur Beurteilung des Wasserhaushaltes von Wüstenpflanzen.- Tübinger Geogr. Studien, Sonderbd. 1 (1962), S. 109-114. (=1962 b).

WALTER, H./S.-W. BRECKLE: Ökologie der Erde. Bd. 2: Spezielle Ökologie der tropischen und subtropischen Zonen.- Stuttgart 1984.

WALTER, H./H. LIETH: Klimadiagramm-Weltatlas.- Jena 1960.

WALTER. H./E. WALTER: Das Gesetz der relativen Standortskonstanz, das Wesen der Pflanzengemeinschaften.- Ber. Dt. Botan. Gesellsch. 66 (1953), S. 228-236.

WEISCHET, W.: Die räumliche Differenzierung klimatologischer Betrachtungsweisen.- E. 10 (1956), S. 109-122.

WEISCHET, W.: Der tropisch-konvektive und der außertropisch-advektive Typ der vertikalen Niederschlagsverteilung.- E. 19 (1965), S. 6-14.

WELLSTED, J.R.: Reisen in Arabien.- Halle 1842.

WILDENHAHN, E.: Wasserwirtschaftliche und landwirtschaftliche Verhältnisse im Südwesten Saudi-Arabiens.- Wasserwirtschaft 70 (1980), S. 337-341.

WILHELMY, H.: Klimamorphologie der Massengesteine.- Braunschweig 1958.

WINSTANLEY, D.: Recent rainfall trends in Africa, the Middle East and India.- Nature 243 (1973), S. 464-465, Nature 245 (1973), S. 190-194.

WISSMANN, H.v.: Arabien.- In: Handbuch der geographischen Wissenschaften, Bd. 9 b: Vorder- und Südasien.- Potsdam 1933.

WISSMANN, H.v.:Brieflicher Bericht über eine Reise von Aden durch das Audhhilla - und Awaliq-Land und das Wadi Djirdan nach Hadramaut.- Geogr. Z. 45 (1939), S. 335-343.

WISSMANN, H.v.: Karte der Vegetationsgebiete Südarabiens.- In: BURRET, M.: Die Palmen Arabiens. Botanisches Jb. 73 (1943), Tafel XV.

WISSMANN, H.v.: Pflanzenklimatische Grenzen der warmen Tropen.- E. 2 (1948), S. 81-92.

WISSMANN, H.v.: Geographische Grundlagen und Frühzeit der Geschichte Südarabiens.- Saeculum 4 (1953), S. 61-114.

WISSMANN, H.v.: Karsterscheinungen in Hadramaut.- P.G.M., Ergänzungsheft 262 (1957), S. 259-268.

Literatur

WISSMANN, H.v.: Zur Archäologie und antiken Geographie von Süd-Arabien.- Uitgaven v.h. Nederl. hist.-archaeol. Inst. Istanbul 24 (1968).

WISSMANN, H.v.: Die Juniperus-Wälder in Arabien.- Erdwiss. Forschungen 4 (1972), S. 157-176.

WISSMANN, H.v./M. HÖFNER: Zur historischen Geographie des vorislamischen Südarabien.- Akad. Wiss. u. Lit. Mainz, Abh. Geistes- u. sozialwiss. Klasse 1952/4.

WISSMANN, H.v. et al.: Beiträge zur Tektonik Arabiens.- Geolog. Rundschau 33 (1942), S. 221-353.

WOHLFAHRT, E.: Die Arabische Halbinsel.- Berlin, Wien 1980.

WREDE, A.v.: Reise in Hadhramaut, Beled Beny, 'Yssa und Beled el Hadschar.- Braunschweig 1870.

WRIGHT, R.L.: Principles in a geomorphological approach to land classification.- Z.f.G. 16 (1972), S. 352-373.

YARON, B./A.P.A. VINK: Soil survey for irrigation.- In: YARON, B. et al.: Arid zone irrigation.- Berlin u.a. 1973.

ZAPOROCEC, A./F.D. HOLE: Resource suitability analysis in regional planning.- Geoforum 77 (1976), S. 13-22.

ZOHARY, M.: Geobotanical foundations of the Middle East.- Stuttgart, Amsterdam 1973.

BILDTAFELN

Die Bildtafeln vermitteln Ausschnitte ausgewählter Landschaftseinheiten der oberen chorischen Dimension (siehe Kap. 8). Alle Aufnahmen stammen vom Verfasser.

Foto 1: Jibal Jihaf-Massiv (ca. 2300 m ü.M.) nordwestlich von Ad-Dali (30.12.84).
LT: Semihumid-semiarides, gemäßigt warmes Gebirge in Vulkaniten (G2)

Foto 2: Becken von Ad-Dali (ca. 1500 m ü.M.) (30.12.84)
LT: Semihumid-semiarides, gemäßigt warmes Becken mit sandig-schluffigen Substraten (G5)

Foto 3: Hochplateau des Jibal al-Kar (2000 m ü.M.) östlich von Maula Matar, ca. 50 km nordwestlich von Mukallā (10.1.85). Vegetation u.a. mit Euphorbia balsamifera, Euryops arabicus, Cadia purpurea, Dodonaea viscosa.
LT: Semihumid-semiarides, gemäßigt warmes Bruchschollen-Gebirge in Kalksteinen (G3)

Foto 4: Wadi Hiru im zentralen Küstengebirge (ca. 800 m ü.M.), ca. 30 km westlich von Burum (1.2.85)
LT: Bergland der unteren Lagen in Magmatiten und Metamorphiten (B1)

Foto 5: Küstenbergland von Mukallā mit Quelloase Thilah al-Ulya (ca. 600 m ü.M.), ca. 10 km nordwestlich von Mukallā (15.11.84)
LT: Bruchschollen-Bergland der unteren Lagen in Kalksteinen (B3)

Foto 6: Hochfläche des Jawl nördlich des Wadi Huweirah (ca. 1400 m ü.M.), ca. 60 km nördlich von Mukallā (6.1.85)
LT: Tief und dicht zertaltes Plateau in Kalksteinen (P1)

Foto 7: Hochfläche des Jawl nördlich des Wadi Hawl (ca. 1350 m ü.M.), ca. 50 km nordwestlich von Jibath (2.3.85)
LT: Gering zertaltes Plateau in Kalksteinen (P2)

Foto 8: Wadi Djirdan (Jardān) (1150 m ü.M.), ca. 70 km nordöstlich von Atak (8.3.85)
LT: Haupttal im Plateaubereich (P8)

Foto 9: Wadi Qurayr (ca. 700 m ü.M.), ca. 25 km östlich von Habban (1.4.85)
LT: Haupttal der unteren Gebirge und Bergländer (B7)

Foto 10: As-Sauda-Bergland nordwestlich von Schukra (ca. 1000 m ü.M.) (11.11.84)
LT: Bergland der unteren Lagen in (jungen) Vulkaniten (B2)

Foto 11: Dathina-Becken (ca. 900 m ü.M.) und Steilabfall des Kaur al-Awalik (ca. 1500 m ü.M.) bei Mudijah (20.1.85)
LT: Intramontanes Becken der unteren Lagen mit schluffig-sandigen und kiesigen Substraten (B6)

Foto 12: Westrand der Jaww Khudayf-Serirebenen (ca. 800 m ü.M.) bei Ajadh (25.3.85)
LT: Schwemmebenen mit kiesig-steinigen, z.T. verfestigten Substraten (F1)

Foto 13: Küstenebene bei Aden mit Sabkhah-Flächen, im Hintergrund Aden mit dem Jibal Schamsan (530 m ü.M.) (26.4.85)
LT: Küstenebene mit kiesig-sandigen, z.T. verfestigten Substraten (F3)/Einzelberggruppen in Vulkaniten (F7)

Foto 14: Nebka-Sandfelder in der Küstenebene westlich von Zinjibar mit Aeluropus massauensis (25.2.85)
LT: Sand- und Dünenfelder des Küstengebietes (F4)

Foto 15: Kontrahierte Vegetationsausbildung (u.a. mit Acacia spec., Euphorbia cactus, Euphorbia schimperi) auf dem Plateau des Jibal Sabrat (ca. 1000 m ü.M.), 20 km südöstlich des Wadi Jibith (26.2.85)

Foto 16: Ackerflächen auf anthropogen-alluvialen Schluffterrassen im Wadi Djirdan (Jardān) mit Ziziphus spina-christi als Schattenbäumen (10.3.85)

Anlage 6: Hauptphasen und -prozesse der tertiär–quartären Landschaftsgenese Südwest-Arabiens

Zeit	Mill. Jahre v.h.	Westteil			Ostteil			Klima	Vegetation
		Tektonik	Vulkanismus	Exogene Prozesse	Tektonik	Vulkanismus	Exogene Prozesse		
Paläozän	58	Hebung	Aden Trap Series	seit Kreide vorwiegend kontinetale Entwicklung (Abtragung, lokale Akkumulation)	Jawf Küstengebiet, Sabatayn-Graben		transgressiv-marine Sedimentation (Umm ar Radhuma-Formation)		
Eozän	37				Bildung von Sattel-Mulden-Strukturen		marine Sedimentation (Jiza-Formation)	?	
							evaporit.-marine Sedimentation (Rus-Formation)	semiarid–semihumid	
							marin-evaporitische Sedimentation (Habshiya-Formation)		
							Bildung einer Emergenzfläche		
Oligozän	25		?	fluviolakustrine Sedimentation	Hebung 1. Phase		transgressiv-marine, z.T. evaporitisch-kontinentale Sedimentation; lokal, v. a. im Küstengebiet Abtragung (Peneplainisierung mit flachem Talsystem?)	humid? semihumid semiarid	tropische Vegetation ?
Miozän	10	Block-faulting an den Rändern			Beginn der 2. Phase				
Pliozän Früh-	1,5	weitere Hebung mit stärksten Beträgen an den Rändern	Aden Volcanic Series	wie Ostteil	Hauptphase	Aden Volcanic Series	kontinental (fluvial, proluvial, lakustr.), z.T. marine Sedim., intensive Tiefenerosion, Anlage des Talnetzmusters, BB, KB	semiarid semiarid-semihumid	Savanne, Gehölze
Mittel- Pleistozän	1,1 0,035				? Hauptphase Mehrphasige Taphrogenese, Bruchhebung		vorwiegend episodische Akkumulation und Denudation, trad. Weiterentwicklung des Reliefs in Feuchtphasen: Akkumulation (fluvial, proluvial), gravitative Prozesse, KB, BB; in ariden Phasen: dominant äolische Dynamik	Wechsel semiarid-arid/ hyperarid	Savanne, Halbwüste, Wüste,
Spät-	0,011		?						
Holozän							episodisch proluviale Dynamik, äolische Prozesse seit 3000 J. v. h. Kulturentwicklung	arid-hyperarid	Halbwüste, Wüste

BB – Bodenbildung   KB – Krustenbildung

Zusammengestellt nach: BEYDOUN (1964, 1970), GREENWOOD/BLEACKLEY (1967), LAUGHTON (1966, et al. 1970), GEUKENS (1966), AZZAROLI (1968), PICARD (1969), GASS (1970), MC CLURE (1976), SAYARI/ZÖTL (1978), GIRDLER/STYLES (1978), CHIESA et al. (1983), JADO/ZÖTL (1984).

Anlage 7: Hauptphasen der pliozän-quartären Landschaftsgenese Süd-Arabiens

Mill. J.v.h.		Klima	Korrelate Bildungen	Vegetation	Meeres-niveau	Süd-Sahara[2]	Süd-Sahara[3]	Sahel[4]	
3,5	Pliozän	semiarid	fluv. Schluffe, Mergel, Sande		+130				
		semiarid-semihumid	fluv. Kiese, Terrassen (100m) Bodenbild. (80-90m)	Savannen, Gehölze (?Wälder)					
1,1	Früh-Pleistozän		Terrassen (30-60m)						O-Afrika:[7] 4 Phasen d. Gamblian-Pluvials
	Mittel-Pleisto-zän	arid-semiarid 0,065-0,053 altern. Feucht- u. Trockenph.	fluv. Schluffe, Terrassen (10-20m) Krustenbild.	Halbwüste (Steppe)					
x 10³ J.v.h. 35									
30		feucht, semi-arid ("Pluvial")	fluv. Kiese, laku-strine Bildungen, Bodenbild. u. Krusten Terrassen (5-10m)	Halbwüste, Savannen-Grasland					
	Spät-							arid (Ogolien I)	
								Übergang arid-feucht	
20	Pleisto-					Überg. z. hyperarid	arid	feucht ("Pluvial")	
	zän	hyperarid	äolische Sande, Dünen nur lokal fluviale Sedimente	Halbwüste, Wüste	-100 b. -300 +10	hyperarid		Übergang feucht-arid	
								arid (Ogolien II)	
						feuchter m. Schwankung.		Überg. arid-feucht	Zentral-[8] sahara feucht m. Seenbild.
10	Holozän					lakustrin, ganzjähr. N	humid		
						trocken		feucht ("Pluvial")	Gilf Kebir[5] Danakil[6] semiarid "Pluvial"
		semiarid ("Subpluv.")	Kiese, Sande, fluv. lakustr. Bild. ger. Bodenbild.	Halbwüste, Savanne	+2	feucht, warm	arid		
		hyperarid-arid	äolische Sande u. Dünen	Halbwüste, Wüste			feucht		
						hyperarid			
			Menschl. Kulturen u. Landschafts-veränderungen			arid	arid		

Quellen:
[1] MC CLURE (1978), JADO/ZÖTL (1984); [2] FLOHN/NICHOLSON (1980, in KADOMURA 1986); [3] MENSCHING (1979); [4] zusammengestellt b. COUREL (1985); [5] PACHUR/RÖPER (1984); [6] SEMMEL (1971); [7] NILSSON (1949); [8] GABRIEL (1977)

Anlage 8: Verfügbare meteorologische Daten für das Gebiet der VDRJ und für benachbarte Gebiete (Stand 1986)

Station	Lage	Höhe (m.ü.M.)	Temperatur t_M	$t_{max/min}$	Abs. Max./Min.	Niederschlag N_M	Tages-max.	N-tage	Jahres-Reihen	Bewölkung	Rel. Feuchte	Wind	Strahlung	Luftdruck
Aden – Khormaksar (M)	12°50'/45°01'	3	41/B 25/HCD 10/AL	34/KS ?/T 10/AL 25/HCD	34/KS 25/HCD 6/AL	47+20/KS 33/B 37/HCD 13/AL	47+20/KS 37/HCD	47+20/KS 13/M 6/AL	35/AP 37/HCD	16/KS	14/HCD 23/A 11/KS 13/AL	16/KS	4/KE ?/M ?/AL	41/B
Lahej (A)	13°05'/44°55'	135	9/A			9/A					9/A			
Al Fiyush (A)	13°00'/45°00'	45	9/A			9/A					9/A			
Al Kawd (A)	13°05'/45°20'	15	24/A			24/A					24/A			
Ja'ar (A)	13°15'/45°20'	62	4/A											
Mukallā-Riyan (M)	14°01'/49°25'	25	25+12/HCD 18/KS	18/KS 25+12/HCD 13/AL	18/KS 25+12/HCD 13/AL	25+12/HCD 6/AL	25+12 HCD	13/M 19/KS 13/AL	25+12/HCD		13/AL 25/A 16+12/HCD			
Dhala (A)	13°42'/44°44'	1500	5+5/A ?/T	?/T		5+5/A					5+5 A			
Mukayrās (A)	13°56'/45°42'	2200	5+4/A	?/T		5/A					4/A			
Attāq (M)	14°32'/46°44'	1100	7/A											
Bayhān (A)	14°45'/45°40'	1300	3/A ?/T	?/T										
Say'un (A)	16°00'/49°00'	565	8/A 5/HCD	5/HCD	5/HCD	8/A 5/HCD	5/HCD		5/HCD		8/A 5/HCD			
Perim (M)	12°39'/43°24'	27	8/M 10/AL	8/M 10/AL	9/M 10/AL	20/AP 9/M 9/AL	9/M	20/AP 9/M 9/AL	20/AP	?/F 5/KS	4/M ?/KS 8/AL	5/KS		
Salalah (Oman)	17°03'/54°06'	17	18/KS 12/M 10/AL	18/KS 12/M 4/AL	18/KS 12/M 30/AL	19/KS 12/M 9/AL	19/KS 12/M	19/KS 12/M 4/AL	35/J		19/KS 6/M 4/AL			
JAR: Sana	15°23'/44°12'	2320	?/T 11/AL	?/T 11/AL	11/AL	10/F ?/R 15/AL		?/R 15/AL		?/F	?/AL	?/R	?/R	
Taizz	13°36'/43°57'	1375	?/T 5/AL	?/T 5/AL	6/AL	4/F 6/AL		4/F			5/AL			
Hodeida	14°48'/42°25'	20	7/AL	7/AL	10/AL	6/AL		5/AL			7/AL			
W. Zabid C.	14°08'/43°28'	240	6/AL	6/AL	5/AL	7/AL		4/AL			5/AL		5/AL	

Erläuterungen:
M   Meteorolog. Station
A   Agrarmeteorolog. Station
41/B   Länge der Meßreihe/Quelle
?   Länge der Reihe unbekannt

A   ABDULBAKI (1984)
AL ALEX (1985)
AP APELT (1929)
B   BAUR (1962)
F   FLOHN (1965 b)
HCD Head Climatology Division Aden (1985)
J   JANZEN (1980)
KE KESSLER (1973)
KS SPRAVOCNIK (1974)
M   MÜLLER (1982)
R   RUDLOFF (1981)
T   TAKAHASHI/ARAKAWA (1981)

Anlage 10: Merkmale der wichtigsten Bodentypen

Bodentyp	Substratmerkmale	Horizontmerkmale	Wassermerkmale	Synonyme Bezeichnungen
Fluviosols (J)	alluviale Talsedimente mit lehmig-schluffiger Textur, kalkhaltig (5-60%), pH»7,5	geringe Profildifferenzierung, heller A_h möglich	gute Leit- und Speicherfähigkeit, im Untergrund zumeist Grundwasser	alluvial soils, Fluvents, loesslike soils
Regosols (R)	äolische Sande, rezente Dünen, grobporenreich, nicht salzhaltig	keine bzw. geringe Profildifferenzierung, geringe Nährstoffbindung	geringe Wasserkapazität, grundwasserfern, hohe Infiltration	Psamments, Erg-Böden, Orthents
Arenosols (Q)	fluviale und proluviale Sande, Kiese, flachgründig, steinig, grobporenreich	heller A_h, bräunlicher B-Horizont möglich, sehr schwach humos, Anreicherung von Kalk und Gips	z.T. grundwassernahe, sonst wie Regosols	Psamments, Serir-Böden
Solonchaks (Z)	lehmig-sandig, siallitisch-halomorphe Verwitterung	heller A_h, sehr schwach humos, Akkumulation von Salzen im Oberboden, z. T. als Kruste, z. T. hygromorphe Merkmale	Aufstieg salzhaltiger Grundwässer, z. T. hoher Grundwasserstand, episodische Überflutung	Salorthids, Sabkhas
Yermosols (Y)	Lockersedimente und Verwitterungsdecken, z. T. fossile Kalkkrusten, alkalisch	sehr schwach humos bzw. humusfrei	arides Feuchteregime, extrem trocken; geringe Wasserkapazität, grundwasserfern	Graue, braune Wüstenböden, Aridisols
Haplic Y. (Y_h)	sandig-lehmige Substrate, z. T. steinig	sehr heller A_h, bräunlicher B-Horizont		Camborthids
Luvic Y. (Y_l)	sandig-lehmige Substrate, z. T. steinig	Tonanreicherung im B-Horizont, Gips- und Kalkanreicherung im Unterboden		Argids
Calcic Y. (Y_k)	sehr flachgründig, steinig, kalkhaltiges Verwitterungsmaterial, Steinpflaster an der Oberfläche	sekundärer Kalkhorizont im Unterboden, schluffreicher Verwitterungshorizont im Oberboden		Calciorthids, Staub-Yerma
Gypsic Y. (Y_y)	gipshaltige Substrate	sekundärer Gipshorizont im Unterboden		Gypsorthids
Lithosols (I)	extrem flachgründig, über Festgestein, extrem steinig	keine Horizontdifferenzierung, oft Salzanreicherungen	sehr geringe Wasserkapazität, z. T. Feuchte in Klüften	lithic subgroups Hammada
Xerosols (X)	sandig-lehmig, alkalisch bis neutral, bedeutende Austauschkapazität, kalkhaltig,	heller A_h, bräunlicher oder tonangereicherter B-Horizont, deutlichere Profildifferenzierung, schwach humos (0,5-1%)	grundwasserfern, episodische Durchschlämmung	Serozem, Grauerden Mollic Aridisols, semidesert soils
Anthropogene Terrassenböden	vorwiegend lehmige Verwitterungsprodukte basischer Vulkanite, kalkhaltig, anthropogene Substraterneuerung (Rigolerden)	humoser Kulturhorizont (20-25 cm), mäßig humos (2,5%), gute Nährstoffversorgung	Zuflußwasser, z. T. Bewässerung, hohe Erosionsgefährdung durch Abspülung	
Oasenböden	schluffig-lehmige, z. T. tonige Alluvialsedimente, pH 8-8,5, bei Versalzung bis 9,3 kalkhaltig (15-50%)	anthropogene Überprägungen der Fluviosols, bei Bewässerung z.T. hygromorphe Merkmale, schwach humos («1%), Salzanreicherung	künstliche Bewässerung	

Zusammengestellt nach AUBERT (1962), ASMAEV (1965), FAO/UNESCO 1977, VOGG (1981), ABDULBAKI (1984), AL-HUBAISHI/MÜLLER-HOHENSTEIN (1984), STRAUB (1986).

Anlage 11: Vergleich der Vegetationsformationen der VDRJ mit Formationen benachbarter Gebiete

Vegetations-formation (s. Tab. 33)	VDR Jemen		Nordjemen (JAR)		Arabien	NE-Afrika, Sahara	Äthiopien, Sudan	Somalia
	ZOHARY (1973)	FAO/UNESCO (1969)	AL-HUBAISHI/MÜLLER-HOHENSTEIN (1984)	RATHJENS/WISSMANN (1934), WISSMANN (1972)	VESEY-FITZGERALD (1955, 1957)	KNAPP (1973)	TROLL (1935), KASSAS (1957)	GILLILAND (1952), PICHI-SERMOLLI (1955)
1	Xerophylle evergreen thickets (Olea-Tarchonanthus-Ass.)	shrub/tree-pseudosteppe, savannah, open dry forest w. Olea-Dodonea	evergreen broadleaved woodland	Hartlaubgehölze m. Olea (ü. 1500 m)	montane Olea-Tarchonanthus-Ass.	submont. Hartlaubgebüsche, Trockengehölze (1400-2500 m)	mesophyt.-semixerophyt. Buschwald m. Sukkulenten u. Hartlaubgehölzen	mixed evergreen shrub, mountain savannah
2	Acacia-Commiphora shrubland (1000-1500 m)	mountains thorny shrub	submontan drought-deciduous woodland	semixeophyller Buschwald d. Myrrhenregion (500-1000 m)	orchard spazings w. Acacia-Commiphora-Ass. (500-1500 m)	Commiphora- u. Akazien-Trockengehölze (500-1200 m)	Xerphyt. Dornsteppen	xeroph. open woodland subdesert shrub, thikets w. Acacia, Commiphora, Grewia
3+4	Acacia-Maerua-orchard bush, contracted shrubland	subdesert format. with tropical bias	drought-deciduous lowland woodland, semidesert dwarf shrubland	semixerophyller Buschwald m. Acacia, Maerua (u. 500 m)	Acacia-Maerua-Ass.	Offene Akazien-Trockengehölze (500-1000 m), offene Kleinstrauchform.	Xerophyt. Wüstensteppe m. Sukkulenten Dornbusch i. Wadis, Acacia-Balanites-Capparis-Zone	subdesert shrub, submarine bush, Acacia-desert shrub
5	Saharo-Arabian interior sand desert vegetation	sparse ephemerophyte vegetation	episodical desert forb formation		Veg. of central sands w. dom. ephemerals	Veg. d. Flugsande		
6	Halophytes ass. along coasts		salt swamp formation	Salzpflanzengebüsch	coastal saltbush	Halophyten-Veg. d. Wüsten u. Halbwüsten	salt-marches	
8a+7	wadi formations, pseudosavannahs w. Acacia		riverine a. wadi form.			Acacia- u. Tamarix-Gehölze d. Wadis		valleys w. Acacia, Ziziphus, Tamarix
8b			evergreen saisonal forest	Mesophyller Galeriewald		Berg-Auenwälder		
9		Sands with Calligonum	drought-deciduous dwarf-shrubland	Wüstensteppen m. Panicum	Tussock-savannah, coastal white sand ass.	Horstgrasreiche Veg. auf tiefgründigen Sanden	Halbwüsten- und Wüstenveg. d. Küste	maritime Veg.
10						Sukkulentenreiche Euphorbiengehölze nebelreicher Lagen (1000-2500 m)	Nebelgebüsche u. -gehölze	

Anlage 9: Kennzeichung der Makroformentypen des Georeliefs

Makroformentyp	Dominante subordinierte Formen	Relief-amplitude (in m)	Lithologie	Charakter der Morphogenese	Hauptprozesse der aktuellen Morphodynamik
1.1 Gebirge und Bergländer in gehobenen präkambrischen Strukturen	Steilhänge (v. a. Bruchstufenhänge) Grat- und Rückenberge Kerb- und Kerbsohlentäler Fragmente von Verebnungsflächen	400–600 200–400	Metamorphite, Magmatite	tektostrukturell denudativ und fluvial-erosiv	episodisch dominant lineare Erosion, lokal Talakkumulation
1.2. Gebirge und Bergländer in gehobenen, mächtigen Vulkanitdecken	steilhängige Bergmassive Steilhänge, Einzelberge Kerb- und Sohlentäler	400–600 200–400	Vulkanite	vulkanogen-tektostrukturell denudativ und fluvialerosiv	episodisch dominant lineare Erosion, lokal Talakkumulation
1.3. Schwach reliefierte Hochebenen auf exhumierten Rumpfflächen	Hügelgebiete flache Sohlentäler	unter 100	Metamorphite, Magmatite	prätertiäre Flächenbildung; denudative Exhumierung	episodisch fluviale Dynamik
1.4. Bruchschollen-Bergländer und -Gebirge in tektonisch stark bewegten Sedimentiten	Stufenhänge, Schichtrippen Schichtakkordanzflächen Kerb- und Kastentäler	200–400	Kalksteine, Sandsteine	tektostrukturell, lithostrukturell denudativ und fluvialerosiv	episodisch fluviale, dominant lineare Erosion, lokale Akkumulation
1.5. Gebirge und Bergländer in bruchtektonisch stark bewegten Gesteinen des Grundgebirges	mittel-, steilhängige Bergketten und Einzelmassive Kerb- und Kerbsohlentäler	400–600 100–400	Metamorphite, Magmatite	tektostrukturell, lithostrukturell denudativ und fluvialerosiv	episodisch fluviale, dominant lineare Erosion, lokale Akkumulation
1.6. Plateaus und Tafelbergreliefs auf gehobenen, flach lagernden Sedimentiten					
1.6.1. mit dichter, tiefer Zertalung	Kasten- und Kerbsohlentäler schmale Schichttafeln (Landterrassen), Gräben und flache Bruchstufen	200–300	Kalksteine, Gipse	lithostrukturell, denudative Abtragung	episodisch dominant flächenhafte Abtragung, Stufen-Flächen-Prozeßkomplex, lokale Akkumulation in Tälern
1.6.2. mit geringer Zertalung	Tafelbergzüge, Landterrassen flache Schichtstufen, Hügelrelief	unter 100	Kalksteine, Gipse	lithostrukturell, denudative Abtragung	episodisch dominant flächenhafte Abtragung, Stufen-Flächen-Prozeßkomplex, lokale Akkumulation in Tälern
1.6.3. mit weitständiger flacher Zertalung	breite Sohlentäler, Schichttafeln Hügelrelief	unter 100	Gipse, Kalkstein	lithostrukturell, denudative Abtragung	episodisch dominant flächenhafte Abtragung, Stufen-Flächen-Prozeßkomplex, lokale Akkumulation in Tälern
1.6.4. Flach zertalte Abdachungsflächen, in Akkumulationsreliefs übergehend	breite, flache Sohlentäler flache Schichttafeln Ausliegerberge	unter 100	Gipse, Kalkstein, Kiese, Sande	lithostrukturell, denudativ; fluvial-proluvial erosiv und akkumulativ	episodisch dominant flächenhafte Abtragung und Talakkumulation
1.7. Hügel- und flache Tafelbergreliefs in Sedimentiten	flache Hügel und Tafelberge Sohlentäler	unter 100	Gipse, Schluff- und Tonsteine, Mergel, Kalkstein	lithostrukturell, denudativ	episodisch flächenhafte und lineare Abtragung
1.8. Hügelgebiete auf tiefliegenden, exhumierten Rumpfflächen	Hügel und -gruppen flache Sohlentäler	unter 100	Metamorphite, Magmatite	prätertiäre Flächenbildung; denudative Exhumierung und Abtragung	episodisch flächenhafte und lineare Abtragung
2. Jungvulkanogene Decken und Einzelberggruppen	vulkanische Einzelkegel, Vukanitplateaus, Blockpackungen	bis 200	Vulkanite (Neogen-Quartär)	vulkanogen, erosive Abtragung	episodisch proluviale Erosion und Akkumulation
3.1. Proluvial-fluviale Flachformen					
3.1.1. Schwemmebenen und Fußflächen des Binnenlandes	Flachhänge (Spülpediment) flache Muldentäler, steilhängige Terrassen und Zeugenberge Schwemmebenen	unter 100	Kiese, Schotter Konglomerate Sande	denudative, flächenhafte Akkumulation und Abtragung	episodisch dominant flächenhafte Abtragung und Akkumulation äolische Dynamik
3.1.2. Küstenebene mit Übergang zu marinen Formen	Flachhänge, flache Muldentäler Strandterrassen, Abrasionsflächen	unter 100	Kiese, Schotter, Sande, marine Sedimente ("beachrocks")	denudative, flächenhafte Akkumulation und Abtragung	episodisch dominant flächenhafte Abtragung und Akkumulation, äolische Dynamik
3.2. Intramontane Becken	Schwemmflächen, Insel- und Zeugenberge, flache Sohlentäler	unter 100	Sande, Kiese, Schluffe, Festgesteine	tektostrukturell, lithostrukturell, denudativ-erosive Ausräumung	episodisch fluviale Akkumulation und Erosion, Deflation
3.3. Fluvial-alluviale Talbereiche	kastenförmige Hochflutbetten Terrassen, Talglacis, Schwemmfächer	unter 50	Schotter, Kiese Sande, Schluffe	lithostrukturell, tektostrukturell, fluviale Erosion und Akkumulation	episodisch intensive fluviale Erosion, lokale Akkumulation
3.4. Schwemmfächer und Deltas	flache Kastentäler, Schwemmflächen	unter 50	Schotter, Kiese, Sande, Schluffe	fluviale Akkumulation	episodisch fluviale Akkumulation und Erosion, lokal äolische Dynamik
3.5. Äolische Sand- und Dünenfelder	Sandfelder ("sheets"), zusammengesetzte Längsdünen, Sterndünen Barchane	bis 100	Sande	äolische Flugsandakkumulation	aktive äolische Dynamik

Anlage 12: Hauptmerkmale der Vegetationsformationen

Formation (s. Tab. 33)	Höhenspanne (i. m. ü. M.)	N_J (mm)	Dominante Wuchsformen	Leitgattungen und -arten	Anthropogene Einflüsse	Verbreitung
1	1800– über 2000	300–400	e s S, m S, Su	Olea africana, Tarchonanthus camphoralis, Cadia varia, Cordia ovalis, Dodonea viscosa, Gymnosporia, Pavetta, Rhamnus, Euryops arabicum, Psiadia, Lavendula, Otostegia, Euphorbia, Kalonchoe	stark (Ackerbau, Terrassenfeldbau, Holzgewinnung)	Hochlagen der westlichen Gebirge und südliche Abdachung von Hadramawt
2	ca. 500– 1500	100–200	d S, Su, pK, s S,	Acacia, Commiphora, Cadaba, Adenium, Aloe, Euphorbia combretum. In Tälern wie Formation 3 + Ficus, Themeda, Grewia, Boscia, Baleria	stark (Beweidung, Holzgewinnung)	westliche Gebirge, Küstengebirge von Hadramawt
3	100–1500	150–50	d S, Su, pK, RS	Acacia, Maerua, Leptadenia pyrotechn., Lycium, Euphorbia, Aloe, Caralluma. In den Tälern: Acacia, Ziziphus, Calotropis Indigofera u. a.	stellenweise stark (Beweidung, Holzgewinnung)	Hochflächen von Hadramawt und Mahrā, untere Gebirgslagen
4	unter 500– 1500	unter 50– 100	d S, Ch, RS, pK	Acacia, Maerua, Tephrosia, Fagonia, Zygophyllum, Dipterygium, Leptadenia	mäßig bis gering (Beweidung)	Randebenen von Rub al Khali, Ramlat Saba'tayn; Jaww Khudayf
5	unter 500– 1000	unter 50	RS, a/p G, K, Ch	Calligonum comosum, Aristida plumosa, Dipterygium glaucum, Leptadenia, Cornulaca, Tribulus, Fagonia	gering, ohne (fehlende Besiedlung)	Rub al Khali, Ramlat Saba'tayn
6	0–100	50–100	Ha, pG, Ch	Panicum turg., Pennisetum, Aelorupus, Cyperus, Dipterygium, Tephrosia	mäßig (z. T. Beweidung)	Sandgebiete um Aden, Shuqrā, Balhaf
7	0–50	50–100	s S, m S, B, Ha	Tamarix, Salvadora persica, Salsola, Suaeda, Limonium	stark (Bewässerungsfeldbau, Beweidung, Holzgewinnung)	Deltas von Abiyan, Ahwar, Mayfah Hajr
8a		50–200	d S, mi S, s S, m B, G, Ha	Acacia, Ziziphus, Tamarix, Gymnosporia, Calotropis, Salvadora, Ficus, Hyphaene u. v. a.	stark (wie 7)	große Talböden der mittleren und unteren Lagen
8b	1500– über 2000	über 200/ 300	m S, B, e S, B	Ficus, Cordia abyssinica, Populus, Tamarindus, Rhus, Grewia	stark (wie 7)	Täler der oberen Lagen der westlichen Gebirge
9	über 1400	200	Su, s S	Olea, Dracaena, Euphorbia, Aloe, Adenium, Lavendula, Sansevieria	mäßig bis gering (Beweidung)	Steilabfälle der westlichen Gebirge und S-Hadramawts
10	0–20	50–100	Ha, G, Ch	Suaeda, Salsola, Zygohyllum, Halopeplis, Traganum, Aelorupus, Spreobolus u. a.	gering	Küstensaum und Salzebenen der Küste

Erläuterung: Wuchsformen

- S – Sträucher
- B – Bäume
- RS – Rutensträucher
- Su – Sukkulenten
- Ha – Halophyten
- K – Kräuter
- Ch – Chamaephyten
- G – Gräser
- p – perennierend
- a – ephemer
- e – immergrün
- s – skleromorph
- m – malakophyll
- mi – mikrophyll
- d – laubabwerfend

Anlage 13: Hauptmerkmale der Landschaftstypen der oberen chorischen Dimension

B – Typen der unteren Lagen der Gebirge und Bergländer

Typ	Reliefgestalt	Lithologie	Bodentypen-Gesellsch.	Wasserverhältn.	Vegetationsformation	Anteil an Landesfläche (%)
B1	Steil- u. mittelhängige Gebirge u. Bergländer m. intensiver Zertalung	B	I – Y	e–p S^-	dS, kS	3,2
B2	wie B1, Einzelberggruppen u. Basaltplateaus	Vu	I – Y	e–p S^-	kS	1,5
B3	Bruchschollen-Bergland m. intensiver Zertalung	Kst, Sst	I – Y_k	e–p S^-	kS, dS	6,1
B4	Steilhängiges, dicht zertaltes Bergland	Sst	I – Y_k	e S^-	kS	0,6
B5	Welliges Kuppenrelief m. flacher Zertalung	B	I – Y	e S^-	kS	0,3
B6	Intramontane Becken m. flacher Zertalung	S, Z, K	$Y_k – Y_l$, Q_c	e–p S^+, GW	Psa, kS	0,4
B7	Steilhängige Kasten- u. Kerbsohlentäler m. breitem Talboden	K, S, Z	$J_e – Q_c$, J_c	e–p S^+, GW	Psa	0,7

P – Typen der Plateaubereiche

Typ	Reliefgestalt	Lithologie	Bodentypen-Gesellsch.	Wasserverhältn.	Vegetationsformation	Anteil an Landesfläche (%)
P1	Plateaus m. dichter, tiefer Zertalung	Kst	Y_k – I	e S^- – e' S^-	kS	24,6
P2	Plateaus m. Tafelbergen u. weitgespannter, tiefer Zertalung	Kst, Zst	Y_k – I	e S^-	kS	2,8
P3	Plateaus m. weitgespannter, flacher Zertalung durch Sohlentäler	Kst, Zst	Y_k – I	e S^-	kS	3,6
P4	Ebene u. hügelige Plateaus m. tiefer u. dichter Zertalung	Gi, Kst	Y_y – I, Y_k	e S^-	kS	2,8
P5	wie P2	Gi, Kst	Y_y – I, Y_k	e–e' S^-	kS	1,2
P6	wie P3	Gi, Kst	Y_y – I, Y_k	e–e' S^-	kS	8,0
P7	Weitflächiges Tafelbergrelief m. eingeschalteten Schwemmebenen	Gi, Kst, K, S	$Y_k – Q_c$, Y_y	e' S^-	kS	2,7
P8	Steilhängig-wandige Kasten- u. flache Sohlentäler	S, K, Z	$J_e – J_c$, Q_c	e–e' S^+, GW	Psa, kS	2,8
P9	Intensiv zertaltes Hügelrelief	Gi	I – Y_y	e S^-	kS	0,1

F – Typen der Flachländer

Typ	Reliefgestalt	Lithologie	Bodentypen-Gesellsch.	Wasserverhältn.	Vegetationsformation	Anteil an Landesfläche (%)
F1	Weiträumige, proluvial-alluviale Fußflächen u. Schwemmebenen	K, Kg, S	$Y_k – Q_c$	e S^-	kSa	14,6
F2	Weitflächige Dünenfelder u. Sandebenen	S	$R_c – Q_c$	e' S^-	eS	9,5
F3	Proluvial-alluviale Fußflächen u. Schwemmebenen	K, S, Kg	$Q_c – R_c$, Y_h	e S^-, GW	kS, HaZ	3,4
F4	Äolische Sand- u. Dünenfelder	S	$R_c – Q_c$	e S^+	Tu	1,4
F5	Ebene, flach zerschnittene Schwemmflächen	Z, S	$J_e – Q_c$, Z	p S^+, GW	Bu	0,4
F6	Kegel- u. Gratberge und -gruppen	B	I	e S^-	kS	0,1
F7	wie F6	Vu	I	e S^-	kS	0,5
F8	Kegel- u. Plateauberge u. -gruppen	Kst, Sst	I	e S^-	kS	0,2
F9	Flach zertaltes Kuppen- u. Tafelbergrelief	Kst, Gi, Zst, Kg	$Y_k – Y_y$, I	e S^-	kS	1,0
F10	Steil- u. mittelhängiges Hügelrelief	Sst	I – Y_k	e S^-	kS	0,5

G – Typen der oberen und mittleren Lagen der Gebirge und Steilabdachungen

Typ	N_J (mm)	Anz. humider Monate	t_J (°C)	t_{Jan} (°C)	t_{Jl} (°C)	Reliefcharakter	Lithologie	Bodentypen-Gesellsch.	Wasserverhält.	Veget. form.	Anteil an Landesfläche (%)
G1	300–400	2–4	16–22	14–16	23–25	Kamm- u. Rückengebirge; steil zertalt	B	I – X	p S^-	Hl, su BS	0,1
G2	"	"	"	"	"	Steil zertaltes Gebirge m. Einzelmassiven	Vu	I – Y_h, X	p S^-	"	0,2
G3	"	"	"	"	"	Bruchschollen-Bergland m. tiefer Zertalung	Kst	I – Y_k	p S^-	Hl	0,3
G4	"	"	"	"	"	Flachhügelige Hochebenen m. flacher Zertalung	B, S, Z	$Y_k – X$, Y_l	p S^+ (GW)	su BS	0,03
G5	"	"	"	"	"	Flach zertalte, intramontane Becken	S, Z, K	$Y_k – X$, Q_c	p S^+, GW	Hl, su Bs	0,03
G6	200–300	2–3	16–20	11–14	23–25	wie G1	B	I – Y	p S^-	dS	1,6
G7	"	"	"	"	"	wie G4	B	$Y_k – Y_l$, Q_c	p S^+, GW	su BS	0,4
G8	150–200	1–2	22–26	16–22	25–27	Steil zertaltes Kamm- u. Rückengebirge bzw. -bergland	B	T – Y	p S^-	dS	2,0
G9	"	"	"	"	"	wie G2	Vu	I – Y_h	p S^-	dS	0,3
G10	"	"	"	"	"	wie G3	Kst	I – Y_k	p S^-	dS	1,4
G11	"	"	"	"	"	Steilhängige Tafelbergmassive	Kst	I	p S^-	dS	0,04
G12	"	"	"	"	"	wie G5	S, Z, K	$Y_k – Y_l$, Q_c	p S^+, GW	dS, Psa	0,1

Erläuterungen zu den Anlagen 13 und 14

Makroformentypen des Reliefs (siehe auch Anlage 9)

- Ge – Gebirge
- Be – Bergländer
- Br – Bruchschollen-Bergländer
- He – Hochebenen
- ImB – Intramontane Becken
- Ebg – Einzelberggruppen
- PdZ – Plateaus mit dichter, tiefer Zertalung
- PgZ – Plateaus mit geringer Zertalung
- PfZ – Plateaus mit flacher Zertalung
- E, Ff – Schwemmebenen, Fußflächen
- Hü – Hügelreliefs
- Üa – Übergangsabdachung
- Dü – Dünen- und Sandfelder
- Ht – Breite Haupttäler, Talebenen
- De – Küstendeltas

Lithologie

- B – Magmatite und Metamorphite
- Vu – Vulkanite
- Sst – Sandsteine
- Kst – Kalksteine
- Zst – Schluffsteine
- Gi – Gipse, Anhydrite
- Kg – Konglomerate
- Z – Schluffe, Sandlehme
- S – Sand
- K – Kiese, Schotter
- Q – Lockersedimente

Wasserverhältnisse

- S – zeitweiliger Hochflutabfluß
- G – perennierende Gewässer
- S^- – vorwiegend Ab- und Durchfluß
- S^+ – vorwiegend Zufluß
- e – episodisch   e' – schwach episodisch
- p – periodisch
- GW – oberflächennahe Grundwasservorkommen in größerer Verbreitung

Bodentypen siehe Tabelle 32

Vegetationsformationen siehe Tabelle 33

Anlage 14: Hauptmerkmale der Landschaftsregionen

Landschaftsregion	Typ d. Regionalklimas (s. Tab. 23)	N_J (in mm)	t_J (in °C)	Makroformentyp des Reliefs	Höhenspanne (in m ü. M.)	Lithologie	Dominante Bodentypen (s. Tab. 32)	Dominante Vegetationsformationen (s. Tab. 33)	Abflußverhältnisse (Abfluß in l/s/km²)	Landschaftswasserbilanz N_J – pLV (in mm)	Potentielle Biomassenettoproduktion (in t/ha/a)	Dominante Landschaftstypen d. oberen chorischen Dimension (Flächenanteil in %) (Siehe Anl. 5)	Gesamtfläche (km²)
1	1	300–400	16–22	Ge, He, ImB	1500–2400	Vu, B	I, X, Q_c	Hl, suBS	pS, G (0,5–1,0)	–200––400	5–7	G1 (33), G2 (48), G5 (10)	970
2	3	150–200	22–26	Ge, Be	1100–1800	B, Vu	I, Y	dS	pS, G (0,5–1)	–600––700	3–3,5	G8 (65), G9 (26), G12 (9)	2230
3	2	150–200	16–20	He, Ge	1800–2400	B	Y, Q_c, I	dS, suBS	pS (0,1–0,5)	–100––300	3–3,5	G6 (54), G7 (46)	2010
4	2	200	u. 18	Ge	1800–2100	B	I, Y	dS	pS (o,1–0,5)	–100––300	3,5	G6 (93), G7 (7)	2590
5	2	200	18–20	Ge	1300–2100	B	I, Y	dS	pS (0,1–0,5)	–100––300	3,5	G6 (95)	830
6	3	100–200	18–22	Ge, Be, Ht	1100–1600	B, Q	I, Y, Q_c, J	dS, Psa	pS (0,1–0,5)	–400––600	2–3,5	G8 (59), G13 (31)	5300
7	4	150–200	22–26	Be, Br, Ht	600–1000	B, Vu, Kst	I, Y	dS, kS	pS (u. 0,1)	–400––600	3–3,5	B1 (43), B2 (32), B3 (22)	6300
8	3/4	100–200	u. 26	Be, Ebg	300–1500	Vu	I, Y	kS, dS, suBS	e–pS	–400––500	2–3,5	B2 (84), G9 (16)	2610
9	4	100	26–28	ImB, Ebg	700–1000	Q	Y_k, Q_c	Psa, kS	pS, GW	–500––600	2	B6 (79), B1 (10), B3 (10)	1260
10	4	100	26–28	Ge, Be	300–1500	B	I, Y	kS	e–pS	–400––500	2	B1 (60), B5 (17), G8 (15)	5150
11	4	50–100	26–28	Br, Be	400–1800	Kst, Sst	I, Y	kS, dS	e–pS (0,5–1)	–400––500	1–2	B3 (47), B4 (39)	3140
12	4	100	u. 26	Ge	700–1600	B	I, Y	kS	e–pS	–400––500	2	B1 (91), G8 (9)	1070
13	4	100–200	26–28	Br	300–1000	Kst, Sst, B	I, Y	kS, dS	pS, G (0,5–1)	–300––500	2–3,5	B3 (72), B1 (24)	5590
14	1	200–ü. 300	22–26	Br. PdZ	1500–2200	Kst, Sst	I, Y	Hl, dS, suBS	pS (0,5–1)	–100––300	3,5–5	G10 (76), G3 (24)	4060
15	4	100	22–26	Br	500–1000	Kst	I, Y	kS, dS	p–eS (0,1–0,5)	–200––500	2	B3 (96)	5790
16	3/4	100–200	u. 26	Br	500–1000	Kst	I, Y	dS	pS	–200––500	2–3,5	B3 (76), G10 (23)	2510
17	4	100	u. 26	Br	200–1000	Kst, Sst	I, Y	dS, kS	pS	–200––400	2	B3 (96)	2800
18	4	50	ü. 28	E, Ff, Dü, De	0–400	Q, Vu	Q_c, R_c, Y, Z	kS, HaZ, Tu	e–pS	–400––500	1	F3 (52), F4 (29), F5 (12)	7710
19	4	50	ü. 26	E, Ff, Dü, Ebg	0–600	Q, Vu	Q_c, R_c, Z, I	kS, Tu, HaZ	eS	–400––500	1	F3 (66), F4 (21), F7 (11)	5490
20	4	50–100	ü. 26	Hü, E, Ff, Ebg	0–300	Gi, Kst, Kg, Q, Vu	Y, I, Q_c	kS	eS	–200––400	1–2	F9 (58), F3 (26), F7 (12)	3300
21	4	100	ü. 26	E, Ff, Dü	0–500	Q	Q_c, R_c	kS, Tu	eS	–200––400	2	F3 (58), F4 (42)	990
22	4	100	ü. 26	Hü, E, Ff	0–200	Gi, Kst, Kg, Q	Y, I, Q_c	kS	eS	–200––400	2	F9 (53), F3 (47)	1810
23	5	100–150	22–26	PdZ, PgZ	1000–1800	Kst, Zst	Y, I	kS	eS (u. 0,1)	–300––500	2–3	P1 (80), P2 (19)	20200
24	5	100–150	22–26	PdZ	1000–1500	Gi, Kst	Y, I	kS	eS	–300––500	2–3	P4 (70), P1 (27)	7990
25	5	100	ü. 26	PdZ, Ht	600–1000	Kst	Y, I	kS	eS (GW) (u. 0,1)	–500––800	2	P1 (95)	26000
26	5	100	26	PdZ	600–1000	Kst	Y, I	kS	eS (GW)	–600––800	2	P1 (96)	6400
27	5	100	26	PdZ	500–1000	Gi, Kst	Y, I	kS	eS	–400––500	2	P4 (72), P1 (28)	2120
28	5	100	ü. 26	PfZ, PgZ, Ht	300–800	Gi, Kst, Q	Y, I, Q_c	kS	eS (u. 0,1)	–400––600	2	P6 (75), P8 (11)	7400
29	5	50–100	26	PgZ, PdZ	600–1000	Gi, Kst, Zst	Y, I	kS	eS	–600––800	1–2	P6 (33), P5 (28), P3 (25), P1 (9)	10770
30	5	50–100	26	PdZ, Ht	600–1000	Kst, Zst	Y, I	kS	eS	–500––800	1–2	P1 (99)	10270
31	5	50–100	26–28	PfZ, PgZ, Ht	800–1000	Kst, Zst, Q	Y, I, Q_c	kS	eS	–500––700	1–2	P3 (81), P8 (7), P2 (11)	12900
32	6	50–100	26–28	PdZ, Ht, E	500–800	Kst, Gi	Y, I, Q_c	kS	eS	–700––800	1–2	P1 (88), P8 (7)	13610
33	6	50–100	26–28	PfZ, PgZ	500–700	Gi, Kst	Y, I	kS	eS	–700––800	1–2	P6 (95), P8 (5)	10400
34	6	50–100	26–28	PfZ, Ht	500–700	Gi, Kst	Y, I	kS	eS	–600––800	1–2	P6 (81), P8 (19)	7400
35	6	50	ü. 28	Üa, E, Ht	300–500	Q, Gi, Kst	Y, Q_c	kSa	eS	u. –800	1	F1 (51), P7 (40), P8 (9)	19630
36	6	50	ü. 28	E	300–500	Q	Y, Q_c	kSa	eS	u. –800	1	F1 (99)	5700
37	6	u. 50	ü. 28	Dü	300–500	Q	R_c, Q_c	eS	eS	u. –800	u. 1	F2 (99)	21290
38	6	u. 50	26–28	E, Dü	500–600	Q	Y, Q_c	kSa	eS	–700––800	u. 1	F1 (98)	3400
39	6	50	26–28	E, Be	600–1000	Q, Sst	Y, Q_c	kSa	eS	–600––800	1	F1 (85), F10 (12)	11400
40	5	50–100	26–28	Dü, E	800–1000	Q	R_c, Q_c	eS	eS	–500––700	1–2	F2 (94)	10100
41	5	50–100	22–26	E, Ff, Ebg.	800–1200	Q, Sst	Y, Q_c	kSa	eS	–500––600	1–2	F1 (96)	8100
42	5	50–100	ü. 26	Ht	600–800	Q	J, Q_c	Psa	pS, GW	–700––800	1–2	P8 (94)	2200

Anlage 15: Vorschlag für ein System der Landschaftskartierung der VDRJ

Inhalt der Kartierung	Dimensionsbereich der Landschaftsforschung	Bearbeitungsgebiet	Zu kartierende Hauptmerkmale	Hauptmethoden	Darstellungsmaßstab	Beispiele in vorliegender Arbeit
Großräumige Inventarisierung der Partialkomplexe						
– Klima	Obere chorische Dimension	Gesamtgebiet	T, N, RF, pV	raumbezogene Auswertung von Meßdaten	1 : 4 Mill.	Abb. 6, 7, 11, 17, 18, 21
– Lithologie	Obere chorische Dimension	Gesamtgebiet	Hauptgesteine und -substrate	Auswertung von geologischen Karten	1 : 2 Mill. – 1 : 1 Mill.	
– Relief	Obere chorische Dimension	Gesamtgebiet	Makroformen Prozeßbereiche	Auswertung von FED, topographischen Karten	1 : 2 Mill. – 1 : 1 Mill.	Anlage 2
– Wasser	Obere chorische Dimension	Gesamtgebiet	Entwässerungsnetz, Oberflächenabfluß, Hygrogeologie und Grundwasservorkommen	Auswertung von Meßdaten, FED, Teilgebietskartierung	1 : 4 Mill. – 1 : 2 Mill.	Abb. 25
– Böden	Obere chorische Dimension	Gesamtgebiet	Bodengesellschaften, Merkmale der Leitböden	Teilgebietskartierung Auswertung FED	1 : 4 Mill. – 1 : 2 Mill.	Abb. 26
– Vegetation	Obere chorische Dimension	Gesamtgebiet	Vegetationsformationen und Hauptarten	Teilgebietskartierung Auswertung FED	1 : 4 Mill. – 1 : 2 Mill.	Abb. 27
Großräumige typologische Landschaftsgliederung	Obere chorische Dimension	Gesamtgebiet	Relief, Klima, Lithologie	Kompilation der Partialkomplexerkundung, Auswertung FED	1 : 2 Mill. – 1 : 1 Mill.	Anlage 5
Großräumige Bewertung der agrarwirtschaftlichen Eignung	Obere chorische Dimension	Gesamtgebiet	Klimafruchtbarkeit, Bodenfruchtbarkeit, Wasserdargebot, Biomasseproduktion	Bonitierung der Partialkomplexmerkmale	1 : 2 Mill. – 1 : 1 Mill.	Anlage 3
Mittelmaßstäbige Übersichtskartierung	Untere chorische Dimension	Teilgebiete	Mesorelief, Lithologie, Substrat, Böden, Wasserverhältnisse	Auswertung FED (Luftbild), topographische Karten, partielle Geländekartierungen	1 : 200 000 – 1 : 100 000	Abb. 43, 44, 46, 48
Großmaßstäbige Detailkartierung	Untere chorische Dimension topische Dimension	projektbezogene Teilgebiete	Mesorelief, Böden, Substrate, Wasserverhältnisse, Vegetationszusammensetzung und -verteilung, aktuelle Dynamik	Geländekartierungen, geoökologische Analyse, Probennahme, Vegetationsaufnahme, Auswertung FED (Luftbilder)	1 : 50 000 – 1 : 10 000	Abb. 41, 42

FED – Fernerkundungsdaten (Kosmische Aufnahmen, Luftbilder)